Probst
Leistungselektronik für Bachelors

👟 Bleiben Sie einfach auf dem Laufenden:
www.hanser.de/newsletter
Sofort anmelden und Monat für Monat
die neuesten Infos und Updates erhalten

Uwe Probst

Leistungselektronik für Bachelors

Grundlagen und praktische Anwendungen

mit 188 Bildern

Fachbuchverlag Leipzig
im Carl Hanser Verlag

Prof. Dr. Uwe Probst
Fachhochschule Gießen-Friedberg
Fachbereich Elektro- und Informationstechnik

Alle in diesem Buch enthaltenen Programme, Verfahren und elektronischen Schaltungen wurden nach bestem Wissen erstellt und mit Sorgfalt getestet. Dennoch sind Fehler nicht ganz auszuschließen. Aus diesem Grund ist das im vorliegenden Buch enthaltene Programm-Material mit keiner Verpflichtung oder Garantie irgendeiner Art verbunden. Autor und Verlag übernehmen infolgedessen keine Verantwortung und werden keine daraus folgende oder sonstige Haftung übernehmen, die auf irgendeine Art aus der Benutzung dieses Programm-Materials oder Teilen davon entsteht.

Die Wiedergabe von Gebrauchsnamen, Handelsnamen, Warenbezeichnungen usw. in diesem Werk berechtigt auch ohne besondere Kennzeichnung nicht zu der Annahme, dass solche Namen im Sinne der Warenzeichen- und Markenschutz-Gesetzgebung als frei zu betrachten wären und daher von jedermann benutzt werden dürften.

Bibliografische Information der Deutschen Nationalbibliothek
Die Deutsche Nationalbibliothek verzeichnet diese Publikation in der Deutschen
Nationalbibliografie; detaillierte bibliografische Daten sind im Internet
über http://dnb.d-nb.de abrufbar.

ISBN 978-3-446-40784-8

Dieses Werk ist urheberrechtlich geschützt.
Alle Rechte, auch die der Übersetzung, des Nachdruckes und der Vervielfältigung des Buches, oder Teilen daraus, vorbehalten. Kein Teil des Werkes darf ohne schriftliche Genehmigung des Verlages in irgendeiner Form (Fotokopie, Mikrofilm oder ein anderes Verfahren), auch nicht für Zwecke der Unterrichtsgestaltung – mit Ausnahme der in den §§ 53, 54 URG genannten Sonderfälle –, reproduziert oder unter Verwendung elektronischer Systeme verarbeitet, vervielfältigt oder verbreitet werden.

© 2008 Carl Hanser Verlag München
Internet: http://www.hanser.de

Lektorat: Dipl.-Ing. Erika Hotho
Herstellung: Dipl.-Ing. Franziska Kaufmann
Druck und Bindung: Kösel, Krugzell
Printed in Germany

Vorwort

Bis zum Ende des Jahrzehnts sollen im Zuge der Umsetzung des Bologna-Prozesses nahezu alle Diplom-Studiengänge auf die neuen Bachelor- und Masterprogramme umgestellt werden. Durch die Neuordnung werden die Präsenzphasen an den Hochschulen gekürzt und Studierende zu mehr Eigenarbeit veranlasst. Diese Eigenarbeit anhand von Beispielen und überschaubaren Übungsaufgaben zielgerichtet zu strukturieren sowie mit einfach handhabbaren und über das Internet bedienbaren Simulationsprogrammen zu unterstützen, ist ein wesentliches Ziel dieses Buches.

Die Inhalte basieren auf der gleichnamigen Vorlesung „Leistungselektronik", die ich seit 2002 an der FH-Gießen-Friedberg in dieser Form anbiete. Mathematische Grundlagen, die für das Verständnis und die Auslegung leistungselektronischer Schaltungen unerlässlich sind, werden im ersten Kapitel vorgestellt. Ausgehend von einer Darstellung der modernen Halbleiterbauelemente im Kapitel 2 folgt im Kapitel 3 eine umfassende Beschreibung der netzgeführten Stromrichter und ihrer Funktionsweise. Kapitel 4 ist den Gleichstromstellern und ihren Steuerverfahren gewidmet, die eine Grundlage der modernen Schaltnetzteile bilden. Im Kapitel 5 werden die Grundschaltungen der Gleichstromsteller zu ein- und dreiphasigen spannungseinprägenden Wechselrichtern und den zugehörigen Steuerverfahren erweitert. Diese sind zentraler Bestandteil der modernen elektrischen Antriebstechnik und finden ebenso Anwendung beim Netzanschluss von umweltfreundlichen Solargeneratoren.

Neben vielen Beispielen enthält das Buch eine Fülle von Übungsaufgaben mit ausführlichen Lösungsvorschlägen. Sie sollen die Studierenden bei der intensiven Auseinandersetzung mit dem behandelten Stoff begleiten. Für nahezu alle besprochenen Schaltungen stehen kleine funktionsfähige Simulationsprogramme auf meiner Homepage zur Verfügung. Diese Java-Applets zeigen – wie bei Simulationsprogrammen üblich – die charakteristischen Zeitverläufe der Zustandsgrößen, die für die Schaltung entscheidend sind. Zusätzlich bieten sie eine animierte Darstellung der jeweils leitenden Schaltungszweige und erleichtern so das Verständnis ihrer Funktionsweise.

Dieses Buch richtet sich an Studierende und Mitarbeiter der Elektrotechnik an Universitäten und Fachhochschulen sowie an Ingenieure in der Praxis, die sich einen

Einblick in die Wirkungsweise von leistungselektronischen Bauelementen und Schaltungen verschaffen wollen.

Ich danke allen an dieser Arbeit beteiligten Studenten und Mitarbeitern der Fachhochschule Gießen-Friedberg, insbesondere meinem Kollegen Prof. Dr. Oliver Zirn für intensive Diskussionen sowie Dipl.-Ing. Matthias Loth für den engagierten Einsatz bei der Umsetzung wichtiger Schaltungen in praxisgerechte Laborversuche. Schließlich gebührt ein besonderer Dank meiner Ehefrau Brigitte sowie meinen beiden Söhnen Joris und Malte, die große Teile der Arbeit Korrektur gelesen haben.

Gießen, im Oktober 2007   Uwe Probst

URL der Internetseite mit den Applets zum Buch:

(http://www.Leistungselektronik.de.vu)

URL meiner Homepage:

(http://homepages.fh-giessen.de/Probst/Leistungselektronik/applets/index.html)

Inhaltsverzeichnis

1	**Einführung in die Leistungselektronik**		**11**
1.1	Grundlagen		11
1.2	Eigenschaften des Schaltbetriebs		14
	1.2.1	Gleich-, Wechsel-, Mischgrößen	14
	1.2.2	Arithmetischer Mittelwert	15
	1.2.3	Effektivwert	17
	1.2.4	Gesamteffektivwert, Klirrfaktor, Formfaktor und Welligkeit	22
	1.2.5	Überschlägige Berechnung bei einfachen Kurvenverläufen	23
1.3	Leistungsbilanz bei Stromrichtern		28
	1.3.1	Leistungsfaktor bei sinusförmigen Größen	28
	1.3.2	Fourier-Analyse	30
	1.3.3	Blindleistung bei Stromrichtern	31
1.4	Betriebsquadranten		38
1.5	Lösungen		39
2	**Leistungshalbleiter**		**45**
2.1	Vergleich von idealen und realen Schaltern		45
2.2	Diode		50
2.3	Thyristor		54
	2.3.1	Eigenschaften, Schaltverhalten und Kennlinien	54
	2.3.2	Spannungsbelastbarkeit und Überspannungsschutz	56
2.4	Transistoren		61
	2.4.1	MOSFET (Unipolar-Transistor)	61
	2.4.2	Bipolar-Transistor	65
	2.4.3	IGBT	67
	2.4.4	Gemeinsamkeiten von Transistoren	68
2.5	Abschaltbare Thyristoren		70
	2.5.1	Gate-Turn-Off-Thyristor (GTO)	70
	2.5.2	Integrated-Gate-Commutated-Thyristor (IGCT)	71
2.6	Erwärmung und Kühlung von Leistungshalbleitern		72
	2.6.1	Durchlassverluste bei Thyristoren und Dioden	73

	2.6.2	Verluste bei Transistoren	75
	2.6.2.1	Durchlassverluste	75
	2.6.2.2	Schaltverluste	77
	2.6.3	Wärmetransport und Auslegung der Kühlung	79
2.7	Lösungen		85

3 Stromrichterschaltungen mit Dioden und Thyristoren 91

3.1	Einpuls-Gleichrichter M1		91
	3.1.1	Aufbau der Schaltung	92
	3.1.2	Funktionsweise der ungesteuerten M1U-Schaltung	93
	3.1.3	Funktionsweise der gesteuerten M1C-Schaltung	94
3.2	Zweiphasige Mittelpunktschaltung M2		98
	3.2.1	Aufbau und Funktionsweise	98
	3.2.2	Stromglättung	103
	3.2.3	Steuergesetz im nicht lückenden Betrieb	107
3.3	Dreiphasige Mittelpunktschaltung M3		109
	3.3.1	M3-Schaltung bei ohmscher Last	109
	3.3.1.1	Steuergesetz im nicht lückenden Betrieb	115
	3.3.1.2	Steuergesetz im Lückbetrieb	116
	3.3.2	M3-Schaltung bei idealer Glättung	117
	3.3.3	Glättungsdrossel	121
	3.3.4	Wechselrichterbetrieb	124
	3.3.5	Auswirkung und Berechnung der Kommutierung	126
	3.3.5.1	Kommutierung bei netzgeführten Stromrichtern	126
	3.3.5.2	Auswirkung der Überlappung	131
	3.3.5.3	Wechselrichtergrenze	134
	3.3.5.4	Gleichspannungsersatzschaltbild für Mittelwerte	135
	3.3.6	Mittelpunktschaltungen mit verbundenen Anoden	137
	3.3.7	Netzströme und Transformatorbauleistung	139
3.4	Brückenschaltungen netzgeführter Stromrichter		142
	3.4.1	Vollgesteuerte Drehstrombrückenschaltung B6C	142
	3.4.2	Brückenschaltung B2C	147
3.5	Umkehrstromrichter		151
3.6	Lösungen		154

4 Gleichstromsteller 163

4.1	Einführung	163
4.2	Tiefsetzsteller	166

	4.2.1	Grundschaltung 166
	4.2.2	Realer Tiefsetzsteller 169
	4.2.3	Dimensionierung des LC-Filters 170
	4.2.4	Stromwelligkeit 171
	4.2.5	Betrieb mit lückendem Strom 176
4.3	Hochsetzsteller 181
	4.3.1	Grundlegende Arbeitsweise 181
	4.3.2	Betrieb mit lückendem Strom 185
4.4	Mehrquadrantensteller 187
	4.4.1	Zweiquadrantensteller mit Stromumkehr 187
	4.4.2	Zweiquadrantensteller mit Spannungsumkehr 189
4.5	Vollbrücke 196
	4.5.1	Allgemeine Einführung 196
	4.5.2	Pulsweitenmodulation 200
	4.5.2.1	Pulsweitenmodulation mit zwei Spannungsniveaus (PWM2) 201
	4.5.2.2	PWM mit drei Spannungsniveaus (PWM3) 204
4.6	Ansteuerschaltungen für MOS-Transistoren 215
	4.6.1	Grundlagen 215
	4.6.2	CMOS-Gatter 218
	4.6.3	Gegentaktstufe 218
	4.6.4	Beschleunigtes Abschalten 219
	4.6.5	Treiber-ICs 220
	4.6.6	Potenzialfreie Ansteuerung mit Impulsübertrager 222
4.7	Lösungen 226

5 Umrichter mit Gleichspannungs-Zwischenkreis 239
5.1	Einführung 239
5.2	Einphasige spannungseinprägende Wechselrichter 242
	5.2.1 Halbbrücke mit Grundfrequenztaktung 242
	5.2.2 Vierquadrantensteller mit Grundfrequenztaktung 246
	5.2.3 Steuerverfahren zur Verstellung von Frequenz und Amplitude 249
	5.2.3.1 Pulsamplitudenmodulation 249
	5.2.3.2 Vierquadrantensteller mit Unterschwingungsverfahren 250
5.3	Dreiphasiger spannungseinprägender Wechselrichter 264
	5.3.1 Grundlegender Aufbau und Steuerverfahren 264
	5.3.1.1 Grundfrequenztaktung 265
	5.3.1.2 Unterschwingungsverfahren 273
	5.3.2 Ergänzende Komponenten 282

5.4 Lösungen 284

A   Literaturverweise 287

B   Sachwortverzeichnis 289

C   Formelzeichen 295

1 Einführung in die Leistungselektronik

1.1 Grundlagen

Lernziele

Der Lernende …

- unterscheidet die Begriffe schalten, steuern, umrichten, gleichrichten
- begründet die Vorteile des Schaltbetriebs
- kennt die unterschiedlichen Einsatzgebiete der Leistungselektronik

Die Leistungselektronik ist ein wesentliches Teilgebiet der Automatisierungstechnik. Zudem findet man sie in vielen anderen Bereichen des täglichen Lebens. Moderne Traktionsanwendungen (U-Bahnen, Straßenbahnen, ICE), einfache drehzahlregelbare elektrische Bohrmaschinen, Computernetzteile oder der Dimmer zur Helligkeitssteuerung von Glühbirnen basieren auf leistungselektronischen Schaltungen. Zunehmend mehr Haushaltsgeräte (Waschmaschinen, Kühlschränke, Geschirrspüler) werden zur Verbesserung ihres Wirkungsgrades mit Motoren ausgestattet, deren Drehzahl über Stromrichter energieeffizient gesteuert werden kann.

Gegenwärtig beträgt der Anteil der elektrischen Energie am Gesamtenergieverbrauch etwa 40 %, wird aber bis 2040 auf 60 % anwachsen. Gleichzeitig wird der Anteil der elektrischen Energie, die über leistungselektronische Schaltungen gesteuert wird, von 40 % im Jahr 2000 auf 80 % im Jahr 2015 ansteigen. Damit entwickelt sich die Leistungselektronik zu einer der Schlüsseltechnologien der kommenden Jahre.

Leistungselektronische Schaltungen werden eingesetzt, um möglichst verlustarm elektrische Energie einer Spannungsebene in elektrische Energie mit einer anderen Spannung umzuwandeln.

Am Beispiel der Helligkeitssteuerung einer Glühbirne wird dies deutlich: Sie leuchtet umso heller, je größer der Strom ist, der durch den Glühdraht fließt. Um die Höhe des Stromes und damit die Leuchtstärke der Lampe zu beeinflussen, muss die Spannung, mit der die Lampe versorgt wird, geändert werden können.

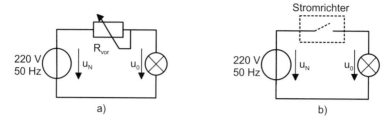

Bild 1.1 Helligkeitssteuerung einer Glühbirne a) mit Vorwiderstand,;b) mit Schaltbetrieb (Dimmer)

Bild 1.1 zeigt dafür prinzipiell verschiedene Möglichkeiten auf. Im Teilbild a) wird ein einstellbarer Vorwiderstand verwendet. Je nach Stellung des Schleifers fällt am Vorwiderstand ein mehr oder weniger großer Teil der Netzspannung ab. Die Spannung u_0 an der Lampe ist um diesen Betrag kleiner als die Netzspannung. Somit kann durch Verändern der Schleiferstellung die Größe der Spannung u_0 gesteuert werden.

$$u_0 = \frac{R_{\text{Glühbirne}}}{R_{\text{Vor}} + R_{\text{Glühbirne}}} \cdot u_N$$

Unabhängig von der Stellung des Schleifers fließt hierbei immer Strom durch Lampe und Vorwiderstand. Diese Art der Helligkeitssteuerung ist nicht optimal, weil der Spannungsabfall am Vorwiderstand in Verbindung mit dem fließenden Strom in Wärme umgesetzt wird und somit Energie nutzlos verloren geht.

In **Bild 1.1** b) wird statt des Vorwiderstandes als einfachste Variante eines Stromrichters ein elektronischer Schalter verwendet. Ist der Schalter geschlossen, so liegt die Netzspannung an der Lampe. Ist der Schalter geöffnet, dann ist die Spannung an der Lampe null und es fließt kein Strom. Diese Betriebsart heißt Schaltbetrieb.

Schalter ein: $u_0 = u_N$ Schalter aus: $u_0 = 0$

Die grundlegenden Unterschiede zwischen beiden Betriebsarten werden in den Zeitverläufen in **Bild 1.2** deutlich.

Ist der Widerstandswert des Vorwiderstandes gleich dem der Lampe, so erhält man für $u_0(t)$ den oberen Zeitverlauf. Wird der Schalter 5 ms nach jedem Nulldurchgang der Netzspannung bis zum nächsten Spannungsnulldurchgang geschlossen und danach wieder geöffnet, ergibt sich für die Spannung $u_0(t)$ an der Lampe der unten dargestellte Zeitverlauf.

Beide Zeitverläufe führen zur selben Helligkeit der Lampe. Im Unterschied zum Betrieb mit Vorwiderstand wird die Helligkeit beim Schaltbetrieb durch Verändern der Einschaltdauer des Schalters relativ zur Periodendauer der Netzspannung gesteuert.

1.1 Grundlagen

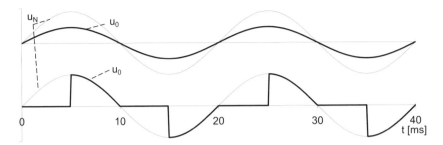

Bild 1.2 Zeitverläufe von $u_0(t)$: oben mit Vorwiderstand; unten mit Schaltbetrieb

Dadurch fließt beim Schaltbetrieb aber nur zeitweise Strom; der Vorwiderstand und die damit verbundenen Verluste entfallen. An diesem einfachen Beispiel wird bereits deutlich, wie wichtig der Schaltbetrieb für die Leistungselektronik ist. Auch wenn der Schalter zunächst idealisierend als verlustfrei angesehen wird, erhält man als qualitatives Ergebnis dieser einführenden Betrachtung:

> Durch den *Schaltbetrieb* (switching mode) bleiben die Verluste in Stromrichtern gering. Die erreichbaren Wirkungsgrade sind sehr hoch.

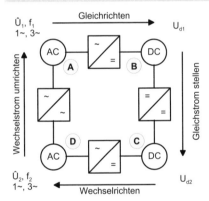

Bild 1.3 Anwendungsgebiete der Leistungselektronik

Bild 1.3 fasst die Anwendungsgebiete der Leistungselektronik zusammen. Neben der Amplitudenverstellung von Gleich-, Wechsel- oder Drehspannungen (Stellen) ermöglicht sie auch die Umwandlung von Wechsel- oder Drehspannung in Gleichspannung (Gleichrichten) und die Erzeugung von Wechsel- oder Drehspannungen mit variabler Frequenz und Amplitude aus Gleichspannungen (Wechselrichten). Des Weiteren kann eine Wechsel- oder Drehspannung einer Amplitude und Frequenz in eine Wechsel- oder Drehspannung anderer Amplitude und anderer Frequenz gewandelt werden (Umrichten). Dazu werden unterschiedliche Schaltungen eingesetzt.

1.2 Eigenschaften des Schaltbetriebs

Lernziele

Der Lernende …

- kennt die Unterschiede zwischen Mittel- und Effektivwert
- berechnet Mittel- und Effektivwerte von Strömen und Spannungen für Zeitverläufe, die für die Leistungselektronik charakteristisch sind
- berechnet Kenngrößen (Welligkeit, Klirrfaktor) von Schaltungen

1.2.1 Gleich-, Wechsel-, Mischgrößen

Die Gemeinsamkeit aller Schaltungen der Leistungselektronik ist der Schaltbetrieb. Daraus resultiert, dass sich Spannungs- und Stromverläufe, die das Schaltungsverhalten beschreiben, aus Teilabschnitten mit teilweise sprungförmigen Übergängen zusammensetzen. Man erkennt dies am Zeitverlauf von $u_0(t)$ in **Bild 1.2** unten.

Der Prozess besteht hier aus zwei Teilen der sinusförmigen Netzspannung für 5 ms < t < 10 ms und 15 ms < t < 20 ms sowie null während der restlichen Zeit und ist eine reine Wechselgröße. Typische Zeitverläufe bei anderen Schaltungen der Leistungselektronik können sich aus reinen Gleich- oder reinen Wechselgrößen oder Kombinationen von beiden zusammensetzen. Besteht ein Zeitverlauf aus Gleich- und Wechselanteilen, spricht man von einer Mischgröße.

Bild 1.4 zeigt den Verlauf einer solchen Mischspannung $u_d(t)$. Sie besteht nur aus den positiven Halbwellen einer sinusförmigen Spannung und hat daher einen positiven Mittelwert. Dieser arithmetische Mittelwert U_d der Spannung $u_d(t)$ wird auch Gleichanteil genannt. Er entspricht dem Flächeninhalt zwischen dem Zeitverlauf $u_d(t)$ und der Zeitachse t, wobei Flächen oberhalb der Zeitachse positiv und Flächen unterhalb der Zeitachse negativ gezählt werden. Dieser Flächeninhalt wird auch als Spannungs-Zeit-Fläche bezeichnet.

Subtrahiert man den Mittelwert U_d vom Zeitverlauf $u_d(t)$, so ergibt sich der Wechselanteil $u_{d\sim}(t)$ der Mischgröße. Dieser Wechselanteil zeichnet sich dadurch aus, dass positive und negative Spannungs-Zeit-Flächen gleich groß sind. Insgesamt kann man sich vorstellen, dass eine Mischgröße aus der Addition eines reinen Wechselanteils zu einem Gleichanteil entsteht.

$$u_d(t) = U_d + u_{d\sim}(t) \tag{1.1}$$

1.2 Eigenschaften des Schaltbetriebs

Die Zeitverläufe, um die es in der Leistungselektronik geht, können Gleich-, Wechsel- oder Mischgrößen sein, die ihrerseits Mittelwert, Effektivwert und Scheitelwert haben. Um den Überblick zu behalten, werden alle zeitlich veränderlichen Größen ($u_d(t)$, $u_{d\sim}(t)$ in **Bild 1.4**) mit Kleinbuchstaben bezeichnet. Größen, die nicht zeitabhängig sind (Scheitelwert $\hat{U}_d$, Mittelwert U_d in **Bild 1.4**), erhalten Großbuchstaben.

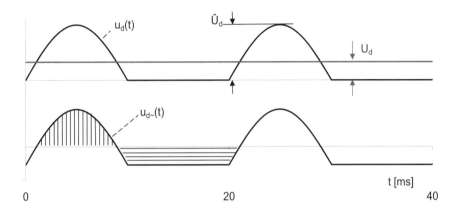

Bild 1.4 Zeitverlauf einer Mischspannung, oben: Mischspannung $u_d(t)$, arithmetischer Mittelwert U_d; unten: Wechselanteil $u_\sim(t)$

Zur Beschreibung von Mischgrößen wird in der Leistungselektronik eine ganze Reihe unterschiedlicher Begriffe verwendet. Die wichtigsten werden in den folgenden Abschnitten erläutert.

1.2.2 Arithmetischer Mittelwert

Der arithmetische Mittelwert eines Zeitverlaufs wird auch Gleichanteil genannt. Um ihn zu berechnen, muss die Spannungs-Zeit-Fläche – also der Flächeninhalt zwischen dem Zeitverlauf der Spannung und der Zeitachse – bestimmt werden.

Näherungsweise Berechnung

Zunächst wird an einem Beispiel eine überschlägige Berechnung vorgenommen und anschließend auf die exakte mathematische Darstellung erweitert [Felderhoff97].

Beispiel 1.1 Berechnung der Spannungs-Zeit-Fläche einer Sinushalbwelle

Zur überschlägigen Berechnung wird die Sinushalbwelle nach **Bild 1.5** durch eine Treppenfunktion angenähert. Die Gesamtfläche ergibt sich durch die Summation der einzelnen

Flächeninhalte der Treppenstufen. Aufgrund der Symmetrie der Halbwelle zu π/2 genügt es, die Treppenstufen der ersten Viertelperiode zu summieren und das Ergebnis zu verdoppeln.

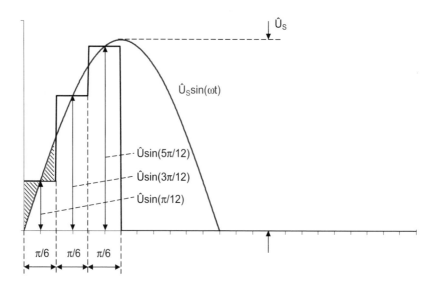

Bild 1.5 Mittelwertberechnung durch Treppenfunktion

Im Beispiel wird die Näherung durch drei Rechtecke vorgenommen. Jedes von ihnen hat die Breite π/6. Die Höhe ergibt sich aus dem Wert der Sinushalbwelle genau in der Mitte des jeweiligen Rechtecks. Für die drei eingezeichneten Rechtecke betragen die Höhen Ûsin(π/12), Ûsin(3π/12) sowie Ûsin(5π/12). Der Flächeninhalt $F/2$ der Viertelperiode entspricht näherungsweise der Summe der drei Rechteckflächen und ergibt sich zu

$$\frac{F}{2} = \left[\frac{\pi}{6}\sin(\frac{\pi}{12}) + \frac{\pi}{6}\sin(\frac{3\cdot\pi}{12}) + \frac{\pi}{6}\sin(\frac{5\cdot\pi}{12})\right] \cdot \hat{U}_S$$

$$F = 2 \cdot \left[\frac{\pi}{6}\sin(\frac{\pi}{12}) + \frac{\pi}{6}\sin(\frac{3\cdot\pi}{12}) + \frac{\pi}{6}\sin(\frac{5\cdot\pi}{12})\right] \cdot \hat{U}_S$$

Der Flächeninhalt der Halbperiode ist doppelt so groß wie der der Viertelperiode. Dividiert man den Flächeninhalt F durch die Periodendauer 2π, so erhält man den überschlägigen arithmetischen Mittelwert. Je kleiner die Breite der Treppenstufen, umso genauer wird die Annäherung der Überschlagsrechnung.

$$U_d = \frac{F}{2\pi} = \frac{2 \cdot \left[\frac{\pi}{6}\sin(\frac{\pi}{12}) + \frac{\pi}{6}\sin(\frac{3\cdot\pi}{12}) + \frac{\pi}{6}\sin(\frac{5\cdot\pi}{12})\right] \cdot \hat{U}_S}{2\pi} = 0.321 \cdot \hat{U}_S$$

1.2 Eigenschaften des Schaltbetriebs

Anhand der schraffierten Dreiecke in **Bild 1.5** wird das Prinzip der Näherung deutlich. Werden die Rechtecke ausreichend schmal, so sind die Flächeninhalte der beiden schraffierten Dreiecke etwa gleich groß. Damit entspricht die Summe der Rechteckflächen näherungsweise der Fläche unter der Sinushalbwelle.

Mathematisch exakte Berechnung

Wesentlich genauer und mathematisch exakt geschieht die Bestimmung des Mittelwertes durch das bestimmte Integral nach Gl. (1.2).

$$U_d = \frac{1}{T} \cdot \int_0^T \hat{U}_s \cdot \sin \omega t \cdot dt = \frac{1}{2\pi} \cdot \int_0^{2\pi} \hat{U}_s \cdot \sin \omega t \cdot d\omega t \qquad (1.2)$$

Angewendet auf **Beispiel 1.1** der pulsierenden Gleichspannung ergibt sich für deren arithmetischen Mittelwert folgende exakte Lösung:

$$U_d = \frac{1}{2\pi} \cdot \int_0^{\pi} \hat{U}_s \cdot \sin \omega t \cdot d\omega t + \int_{\pi}^{2\pi} 0 \cdot d\omega t = \frac{\hat{U}_s}{2\pi} \cdot [-\cos \omega t]_0^{\pi} = \frac{\hat{U}_s}{2\pi} \cdot [-(-1)-(-1)] = \frac{\hat{U}_s}{\pi}$$

$$U_d = 0{,}318 \cdot \hat{U}_s$$

Die Abweichung zwischen der exakten Lösung und dem Ergebnis aus **Beispiel 1.1** ist vergleichsweise gering.

> Der *arithmetische Mittelwert* (arithmetic mean value, arithmetic average value) eines Zeitverlaufs ist der in ihm enthaltene Gleichanteil. Mathematisch entspricht er dem Flächeninhalt der Kurve bezogen auf die Zeitachse

Allgemein wird der arithmetische Mittelwert mit Großbuchstaben bezeichnet. In Halbleiterdatenblättern verwendet man den Index AV (<u>A</u>verage <u>V</u>alue) für Mittelwerte. Das wird auch in diesem Buch so gehandhabt.

1.2.3 Effektivwert

Aufgrund des ohmschen Gesetzes hängt bei linearen Stromkreisen die umgesetzte Leistung quadratisch von Strom oder Spannung ab.

$$p = \frac{u^2}{R} \qquad\qquad p = i^2 \cdot R$$

> Sind Strom und Spannung keine Gleichgrößen, sondern periodische zeitabhängige Größen, so muss zur Leistungsberechnung der quadratische Mittelwert verwendet werden. Dieser heißt *Effektivwert* und wird im Englischen Root Mean Square genannt.

Mathematisch ergibt sich der Effektivwert als Mittelwert des quadrierten Zeitverlaufs.

$$U_{\text{RMS}} = \sqrt{\frac{1}{T} \cdot \int_0^T u^2(t) \cdot dt} = \sqrt{\frac{1}{2\pi} \cdot \int_0^{2\pi} u^2(\omega t) \cdot d\omega t} \qquad (1.3)$$

Effektivwerte werden u. a. benötigt, um die Wärmebelastung von Halbleitern und die Ausgangsleistung von Wechselrichtern zu berechnen sowie Transformatoren auszulegen.

Im Deutschen dient der Index „eff" zur Kennzeichnung von Effektivwerten. Halbleiterdatenblätter sind üblicherweise in Englisch verfasst. Dort wird der Begriff Root Mean Square als Bezeichnung für den Effektivwert benutzt. Daher lautet die Indexbezeichnung für Effektivwertangaben in Datenblättern meist RMS. Die Bezeichnung RMS für den Effektivwert wird auch in diesem Buch gebraucht.

Beispiel 1.2 Angabe der Strombelastbarkeit

Zur Beschreibung der Strombelastbarkeit gibt man im Datenblatt den maximalen Effektivwert I_{TRMSM} des Bauelementstroms an. Die Indizes haben folgende Bedeutung:

T: Bauelementtyp, beispielsweise Thyristor

RMS: Root Mean Square (quadratischer Mittelwert)

M: maximal

I_{TRMSM} bezeichnet demnach den maximal zulässigen Effektivwert mit dem der Thyristor belastet werden darf.

Beispiel 1.3 Effektivwert einer sinusförmigen Spannung

Es soll der Effektivwert des Zeitverlaufs $\hat{U}\sin(\omega t)$ aus **Bild 1.6** berechnet werden.

Lösung:

Zunächst muss der Zeitverlauf $u(\omega t)$ quadriert werden.

$$u(\omega t) = \hat{U} \cdot \sin \omega t \quad \Rightarrow \quad u^2(\omega t) = (\hat{U} \cdot \sin \omega t)^2 = \hat{U}^2 \cdot \sin^2 \omega t$$

1.2 Eigenschaften des Schaltbetriebs

Anschließend wird der quadrierte Zeitverlauf nach Gl. (1.3) integriert.

$$U_{RMS} = \sqrt{\frac{1}{2\pi} \cdot \int_0^{2\pi} (\hat{U} \cdot \sin \omega t)^2 \cdot d\omega t} = \sqrt{\frac{1}{2\pi} \cdot \int_0^{2\pi} \hat{U}^2 \cdot \sin \omega t^2 \cdot d\omega t}$$

Zweckmäßigerweise schlägt man die Lösung der Integraloperation in einer mathematischen Tabelle nach.

$$U_{RMS} = \sqrt{\frac{1}{2\pi} \cdot \hat{U}^2 \cdot \left[-\frac{1}{2}\sin(\omega t) \cdot \cos(\omega t) + \frac{\omega t}{2} \right]_0^{2\pi}}$$

Setzt man die Integrationsgrenzen ein, so ergibt sich der bekannte Zusammenhang zwischen Scheitel- und Effektivwert bei sinusförmigen Größen.

$$U_{RMS} = \sqrt{\frac{1}{2\pi} \cdot \hat{U}^2 \cdot \left[(-\frac{1}{2}\sin(2\pi) \cdot \cos(2\pi) + \frac{2\pi}{2}) - (-\frac{1}{2}\sin(0) \cdot \cos(0) + \frac{0}{2}) \right]}$$

$$U_{RMS} = \sqrt{\frac{1}{2\pi} \cdot \hat{U}^2 \cdot \left[0 + \frac{2\pi}{2} - (0) + \frac{0}{2} \right]} = \sqrt{\frac{1}{2\pi} \cdot \hat{U}^2 \cdot \frac{2\pi}{2}} = \sqrt{\frac{\hat{U}^2}{2}} = \frac{\hat{U}}{\sqrt{2}}$$

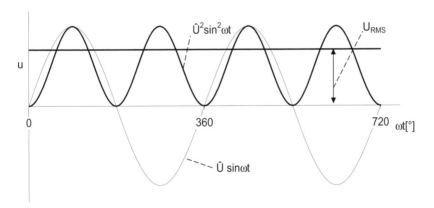

Bild 1.6 Sinusförmige Spannung $\hat{U}\sin\omega t$, quadrierte sinusförmige Spannung $\hat{U}^2\sin^2(\omega t)$ und Effektivwert U_{RMS}

Übung 1.1

Berechnen Sie den Effektivwert der sinusförmigen Halbwellen in **Bild 1.7**.

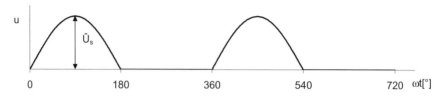

Bild 1.7 Zeitverlauf zur Übung 1.1

Übung 1.2

Berechnen Sie Effektivwert und Mittelwert der angeschnittenen sinusförmigen Halbwellen in **Bild 1.8** in Abhängigkeit vom Winkel α.

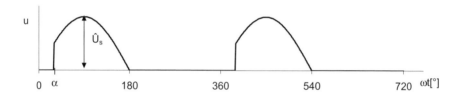

Bild 1.8 Zeitverlauf zur Übung 1.2

Übung 1.3

Berechnen Sie den Effektivwert und Mittelwert der sinusförmigen Halbwellen in **Bild 1.9**.

1.2 Eigenschaften des Schaltbetriebs

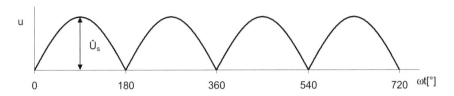

Bild 1.9 Zeitverlauf zur Übung 1.3

Übung 1.4

Berechnen Sie Effektivwert und Mittelwert der sinusförmigen Halbwellen in **Bild 1.10** in Abhängigkeit vom Winkel α.

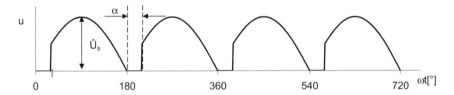

Bild 1.10 Zeitverlauf zur Übung 1.4

Übung 1.5

Berechnen Sie den Effektivwert des Stromverlaufs aus **Bild 1.11** in Abhängigkeit von τ, T und I_d.

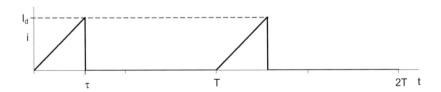

Bild 1.11 Zeitverlauf zur Übung 1.5

1.2.4 Gesamteffektivwert, Klirrfaktor, Formfaktor und Welligkeit

Ausgehend von Mittelwert und Effektivwert sind weitere Begriffe üblich, um Mischgrößen zu beschreiben.

Gesamteffektivwert

Nach Gl. (1.1) kann eine Mischspannung als Addition von Gleich- und Wechselanteil aufgefasst werden. Der Gesamteffektivwert der Mischgröße setzt sich daher zusammen aus dem quadratischen Mittelwert des Gleichanteils U_d und dem Effektivwert des Wechselanteils $U_{RMS,\sim}$. Somit gilt:

$$U_{RMS,ges}^2 = U_d^2 + U_{RMS,\sim}^2 \quad \Rightarrow \quad U_{RMS,ges} = \sqrt{U_d^2 + U_{RMS,\sim}^2} \tag{1.4}$$

Der *Gesamteffektivwert* einer Mischgröße ergibt sich aus der geometrischen Summe der Einzeleffektivwerte.

Welligkeit

Bei Gleichrichtern ist von Interesse, wie viel Wechselspannungsanteile in der gleichgerichteten Spannung enthalten sind.

Bezieht man den Effektivwert des Wechselanteils (ripple content) auf den Gleichanteil (DC component), so bekommt man ein Maß für den prozentualen Wechselspannungsgehalt der Mischgröße. Dieses Maß wird als *Welligkeit* (ripple) bezeichnet und kann für Spannungen und Ströme gleichermaßen verwendet werden.

$$w_u = \frac{U_{RMS,\sim}}{U_d} = \sqrt{\frac{U_{RMS,ges}^2 - U_d^2}{U_d^2}} = \sqrt{\frac{U_{RMS,ges}^2}{U_d^2} - 1} \quad w_i = \frac{I_{RMS,\sim}}{I_d} = \sqrt{\frac{I_{RMS,ges}^2}{I_d^2} - 1} \tag{1.5}$$

Für reine Gleichgrößen wird $w = 0$. Reine Wechselgrößen zeichnen sich dadurch aus, dass kein Gleichanteil vorhanden ist und w sehr groß wird.

Klirrfaktor

Leistungselektronische Schaltungen ermöglichen auch die Umwandlung von Gleich- in Wechselspannungen. Bei dieser Umwandlung entstehen allerdings neben der

Wechselspannung mit der gewünschten Frequenz zusätzliche Spannungskomponenten mit anderen Frequenzen. Diese werden als Oberschwingungen bezeichnet und sind unerwünscht. Um die Güte eines solchen Wechselrichters zu beurteilen, wird der Begriff Klirrfaktor verwendet. Er bezeichnet das prozentuale Verhältnis zwischen dem Effektivwert aller Oberschwingungen und dem Effektivwert der Grundschwingung einer periodischen Größe. Ebenso wie die Welligkeit kann er für Spannungen und Ströme angegeben werden. Die englische Bezeichnung lautet $\underline{T}$otal $\underline{H}$armonic $\underline{D}$istortion (THD) und wird zusätzlich mit dem Index u versehen, wenn der Klirrfaktor der Spannung gemeint ist. Der Klirrfaktor des Stromes bekommt den Index i.

$$THD_u = \frac{U_{RMS,OS}}{U_{RMS,1}} \qquad THD_i = \frac{I_{RMS,OS}}{I_{RMS,1}}$$

Formfaktor

Unter dem Formfaktor F versteht man das Verhältnis zwischen dem Gesamteffektivwert einer elektrischen Größe und ihrem arithmetischen Mittelwert.

$$F = \frac{U_{d,RMS}}{U_d}$$

1.2.5 Überschlägige Berechnung bei einfachen Kurvenverläufen

Bei Zeitverläufen, die während einer Periode lediglich zwei diskrete Werte annehmen, können sowohl Mittelwert als auch Effektivwert auch ohne aufwändige Integralrechnung angegeben werden.

Beispiel 1.4 Berechnung von Mittel- und Effektivwert

Berechnen Sie Mittelwert und Effektivwert des rechteckigen Stromverlaufs in **Bild 1.12**

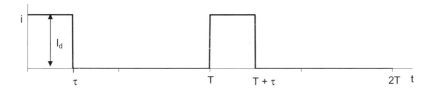

Bild 1.12 Zeitverlauf zum **Beispiel 1.4**

Lösung:

Der Mittelwert des Stromverlaufs ergibt sich zu

$$I_{d,AV} = \frac{1}{T} \cdot \left(\int_0^\tau I_d \cdot dt + \int_\tau^T 0 \cdot dt \right) = \frac{I_d}{T} [t]_0^\tau = \frac{I_d}{T} \tau$$

Definiert man das Tastverhältnis $D = \tau / T$, so erhält man

$$I_{d,AV} = D \cdot I_d$$

Allgemein berechnet man den Effektivwert des Stromverlaufs mit Gl. (1.3). Setzt man auch hier wieder den Tastgrad D ein, so ergibt sich

$$I_{RMS} = \sqrt{\frac{1}{T} \cdot \left(\int_0^\tau I_d^2 \cdot dt + \int_\tau^T 0 \cdot dt \right)} = \sqrt{\frac{I_d^2}{T} \cdot [t]_0^\tau} = I_d \cdot \sqrt{\frac{\tau}{T}} = I_d \cdot \sqrt{D}$$

Diese Ergebnisse können verallgemeinert werden. Ist $a(t)$ ein Zeitverlauf, der während $t < \tau$ den Wert A und während der restlichen Zeit der Periode T den Wert 0 annimmt, so beträgt dessen Mittelwert A_{AV}

$$A_{AV} = \frac{\tau}{T} \cdot A = D \cdot A$$

Für den Effektivwert A_{RMS} des Zeitverlaufs gilt dagegen:

$$A_{RMS} = \sqrt{\frac{\tau}{T}} \cdot A = \sqrt{D} \cdot A$$

In manchen Fällen kann man den zu untersuchenden Zeitverlauf in Teilverläufe zerlegen. Dies lohnt immer dann, wenn Mittel- und Effektivwerte dieser Teilverläufe einfach berechnet werden können.

Beispiel 1.5 Mittel- und Effektivwert des Stromverlaufs in **Bild 1.13**

Für den gegebenen Zeitverlauf sind in Abhängigkeit von τ, T und I_d der Mittelwert und der Effektivwert anzugeben.

Lösung:

Es handelt sich um einen reinen Wechselstrom. Daher ist der Mittelwert gleich null. Der Effektivwert beträgt:

1.2 Eigenschaften des Schaltbetriebs

$$I_{\text{RMS}} = \sqrt{\frac{1}{T} \cdot \left(\int_0^\tau I_d^2 dt + \int_{T-\tau}^T I_d^2 dt \right)} = \sqrt{\frac{1}{T} \cdot \left(\left[I_d^2 \cdot t\right]_0^\tau + \left[I_d^2 \cdot t\right]_{T-\tau}^T \right)}$$

$$I_{\text{RMS}} = \sqrt{\frac{1}{T} \cdot \left[\left[I_d^2 \cdot \tau - I_d^2 \cdot 0\right] + \left[I_d^2 \cdot T - I_d^2 \cdot (T-\tau)\right]\right]}$$

$$I_{\text{RMS}} = \sqrt{\frac{1}{T} \cdot \left[\left[I_d^2 \cdot \tau\right] + \left[I_d^2 \cdot T - I_d^2 \cdot T + I_d^2 \cdot \tau\right]\right]}$$

$$I_{\text{RMS}} = \sqrt{\frac{1}{T} \cdot \left[\left[I_d^2 \cdot \tau\right] + \left[I_d^2 \cdot \tau\right]\right]} = I_d \cdot \sqrt{\frac{2\tau}{T}}$$

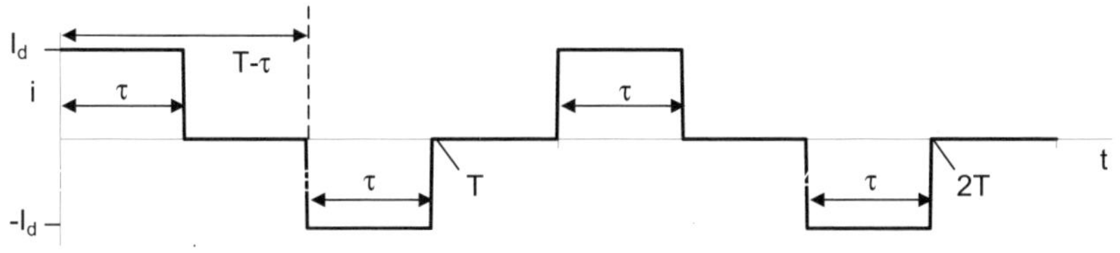

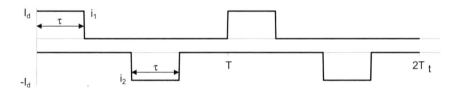

Bild 1.13 Zeitverlauf zu **Beispiel 1.5**

Einfacher wird die Berechnung, wenn man den vorliegenden Stromverlauf $i(t)$ aus **Bild 1.13** in zwei Anteile $i_1(t)$ und $i_2(t)$ wie in **Bild 1.14** zerlegt, die zusammengesetzt wieder den ursprünglichen Zeitverlauf ergeben.

Bild 1.14 Zeitverlauf zerlegt in zwei Einzelverläufe, zu **Beispiel 1.5**

Für jeden Teilverlauf $i_1(t)$ und $i_2(t)$ können jetzt Mittel- und Effektivwert vereinfacht berechnet werden. Der Gesamtmittelwert ergibt sich aus der Summe der einzelnen Mittelwerte.

$$I_{1,\text{AV}} = \frac{\tau}{T} \cdot I_d \quad \text{und} \quad I_{2,\text{AV}} = \frac{\tau}{T} \cdot (-I_d)$$

$$I_{\text{AV}} = I_{1,\text{AV}} + I_{2,\text{AV}} = \frac{\tau}{T} \cdot \left[I_d + (-I_d)\right] = 0$$

Ähnliches gilt für den Gesamteffektivwert. Allerdings müssen die Effektivwerte der Teilverläufe vor der Addition quadriert werden. Der Gesamteffektivwert entspricht der Wurzel aus dieser Summe.

$$I_{1,\text{RMS}} = \sqrt{\frac{\tau}{T}} \cdot I_d \quad \text{und} \quad I_{2,\text{RMS}} = \sqrt{\frac{\tau}{T}} \cdot I_d$$

$$I_{\text{RMS}} = \sqrt{(I_{1,\text{RMS}})^2 + (I_{2,\text{RMS}})^2} = \sqrt{\frac{\tau}{T} \cdot I_d^2 + \frac{\tau}{T} \cdot I_d^2} = \sqrt{\frac{2\tau}{T}} I_d$$

Übung 1.6

Berechnen Sie den Gesamteffektivwert der Spannung $u_{aM}(t)$, der im Zeitverlauf in **Bild 1.15** enthalten ist.

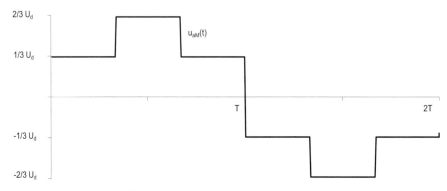

Bild 1.15 Zeitverlauf zu Übung 1.6

Abschätzung bei komplexen Kurvenverläufen

Wenn man nur an einer groben Abschätzung interessiert ist, können komplizierte Zeitverläufe häufig durch einen einfacheren Verlauf angenähert werden. Ist beispielsweise die Änderung $i_b - i_a$ des Stromverlaufs aus **Bild 1.14** ausreichend klein, dann kann der eigentlich trapezförmige Verlauf als nahezu rechteckförmig mit der Amplitude $\frac{1}{2}(i_b + i_a)$ angesehen werden. Unter dieser Annahme ergeben sich folgende Näherungswerte für Mittel- und Effektivwert (vgl. dazu die Ergebnisse der Übung 1.7):

$$I_{\text{AV}} = \frac{\tau}{T} \cdot \frac{1}{2}(i_b + i_a) = D \cdot \frac{1}{2}(i_b + i_a) \quad \text{sowie} \quad I_{\text{RMS}} = \sqrt{\frac{\tau}{T}} \cdot \frac{1}{2}(i_b + i_a) = \sqrt{D} \cdot \frac{1}{2}(i_b + i_a)$$

Übung 1.7

Ermitteln Sie den Effektivwert des Kurvenverlaufs aus **Bild 1.16** mit Hilfe der Ergebnisse von **Beispiel 1.4** und Übung 1.5.

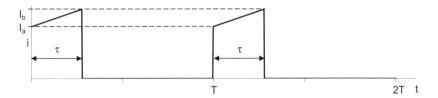

Bild 1.16 Zeitverlauf zur Übung 1.7

Übung 1.8

Ermitteln Sie den Gesamtklirrfaktor THD_u des Spannungsverlaufes $u(t)$ aus **Bild 1.17**.

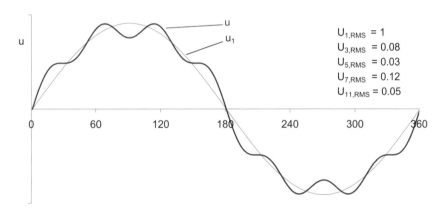

Bild 1.17 Zeitverlauf zur Übung 1.8

1.3 Leistungsbilanz bei Stromrichtern

Lernziele

Der Lernende ...

- kennt die Ursachen für den Blindleistungsbedarf bei Stromrichtern
- benennt unterschiedliche Arten der Blindleistung bei Stromrichtern
- berechnet den Grundschwingungsleistungsfaktor
- berechnet Blindleistungen bei einfachen Stromrichtern

1.3.1 Leistungsfaktor bei sinusförmigen Größen

Elektrische Verbraucher entnehmen dem speisenden Wechselstromnetz einen Strom I_{0RMS}. Alle Anlagenteile, die zwischen dem Netz und dem Verbraucher liegen (Zuleitungen, Transformatoren, Stromrichter), werden mit diesem Strom I_{0RMS} belastet. Dabei ist es völlig unerheblich, ob zwischen Strom und Spannung am Anschlusspunkt des Verbrauchers ein Phasenunterschied besteht oder nicht. Für die Verluste, die in den Anlagenteilen entstehen, welche dem Verbraucher vorgeschaltet sind, ist der Effektivwert des fließenden Stromes maßgeblich.

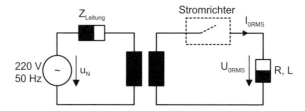

Bild 1.18 ohmsch-induktiver Verbraucher mit Stromrichter und Anlagenteilen

Die vom Verbraucher entnommene Scheinleistung S wird definiert als

$$S = U_{0RMS} \cdot I_{0RMS}$$

Die vom Verbraucher umgesetzte Wirkleistung P ist kleiner als die Scheinleistung S, wenn Strom und Spannung am Verbraucher nicht phasengleich sind. Für diesen häufigen Fall gilt:

$$\lambda = \frac{P}{S}$$

1.3 Leistungsbilanz bei Stromrichtern

Nur wenn sowohl der Verbraucherstrom $i_0(t)$ als auch die Verbraucherspannung $u_0(t)$ rein sinusförmige Größen sind, kann man von einem Phasenverschiebungswinkel φ sprechen. In diesem Fall gelten die grundlegenden Beziehungen

$$\lambda = \frac{P}{S} = \cos\varphi \qquad S^2 = P^2 + Q^2 \qquad \text{mit} \qquad P = S \cdot \cos\varphi \qquad \text{und} \qquad Q = S \cdot \sin\varphi$$

Stromrichter arbeiten vorwiegend im Schaltbetrieb. Nach **Bild 1.2** unten resultieren aus dem Schaltbetrieb Strom- und Spannungsverläufe, die keinen rein sinusförmigen Verlauf mehr darstellen, sondern Oberschwingungen enthalten.

Beispiel 1.6 Ermittlung von Wirk-, Blind- und Scheinleistung

Ermitteln Sie die bei Schaltbetrieb nach **Bild 1.2** unten im Verbraucher nach **Bild 1.1** b) umgesetzte Wirk-, Blind- und Scheinleistung, wenn der Widerstand der Glühbirne 10 Ω beträgt und der Stromrichter verlustfrei arbeitet.

Lösung:

Die Glühbirne ist ein rein ohmscher Verbraucher. Daher gilt für die Wirkleistung

$$P = U_{0RMS} \cdot I_{0RMS}$$

Die erforderlichen Effektivwerte wurden in Übung 1.4 ermittelt und betragen für $\alpha = 90°$

$$U_{0RMS} = \sqrt{\frac{\left(\sqrt{2}\cdot 220\,\text{V}\right)^2}{\pi} \cdot \left[\frac{1}{2}\cdot\pi - \frac{1}{2}\cdot\alpha + \frac{1}{4}\cdot\sin(2\alpha)\right]}$$

$$U_{0RMS} = \sqrt{2}\cdot 220\,\text{V} \cdot \sqrt{\left[\frac{1}{2} - \frac{1}{2\pi}\cdot\alpha + \frac{1}{4\pi}\cdot\sin(2\alpha)\right]}$$

$$U_{0RMS} = \sqrt{2}\cdot 220\,\text{V} \cdot \sqrt{\left[\frac{1}{2} - \frac{1}{2\pi}\cdot\frac{\pi}{2} + \frac{1}{4\pi}\cdot\sin(\pi)\right]} = \frac{\sqrt{2}\cdot 220\,\text{V}}{2} = 155.5\,\text{V}$$

Der Strom ist aufgrund der ohmschen Last in Phase mit der Spannung; daher kann der Stromeffektivwert aus dem Effektivwert der Spannung ermittelt werden.

$$I_{0RMS} = \frac{U_{0RMS}}{R} = \frac{155.5\,\text{V}}{10\,\Omega} = 15.55\,\text{A}$$

Daraus ergibt sich die Wirkleistung

$$P = U_{0RMS} \cdot I_{0RMS} = 155.5\,\text{V} \cdot 15.55\,\text{A} = 2419\,\text{W}$$

Die Scheinleistung, die das Netz bereitstellt, resultiert aus der Netzspannung U_N und dem Effektivwert des Stromes I_{0RMS}

$$S = U_N \cdot I_{0RMS} = 220\,\text{V} \cdot 15.55\,\text{A} = 3421\,\text{VA}$$

Für die Blindleistung erhält man nun

$$Q = \sqrt{S^2 - P^2} = \sqrt{(3421\,\text{VA})^2 - (2419\,\text{W})^2} = 2419\,\text{VA}$$

Daraus berechnet sich der Leistungsfaktor zu $\lambda = 0.5$.

> Bei Stromrichteranwendungen treten Blindleistungen auch dann auf, wenn eine rein ohmsche Last angeschlossen ist. Die Begriffe *Wirk-*, *Blind-* und *Scheinleistung* (active power, reactive power, apparent power) sowie der *Leistungsfaktor* (power factor) müssen daher für Anwendungen der Leistungselektronik erweitert werden.

1.3.2 Fourier-Analyse

Der französische Mathematiker Fourier hat nachgewiesen, dass jede nicht sinusförmige, aber periodische Funktion der Periodendauer T durch eine unendliche Summe sinusförmiger Teilschwingungen dargestellt werden kann.

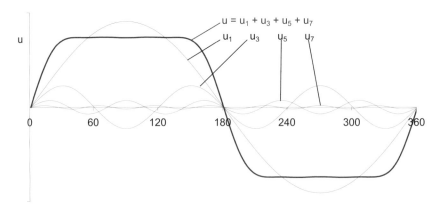

Bild 1.19 Synthese einer Rechteckwechselspannung aus Teilschwingungen

Ein solcher Zusammenhang ist in **Bild 1.19** gezeigt. Addiert man die Spannungen $u_1(t), u_3(t), u_5(t)$ und $u_7(t)$, so ergibt sich die grau gezeichnete Spannung $u(t)$, die einer Rechteckspannung schon sehr ähnlich sieht. In diesem Beispiel gilt für die sinusförmigen Teilspannungen:

1.3 Leistungsbilanz bei Stromrichtern

$$u_1(t) = \hat{U}_1 \cdot \sin(1 \cdot \omega t) \quad \text{mit } \hat{U}_1 = 1 \text{ sowie } \varphi_1 = 0°$$
$$u_3(t) = \hat{U}_3 \cdot \sin(3 \cdot \omega t - \varphi_3) \quad \text{mit } \hat{U}_3 = 0.25 \text{ sowie } \varphi_3 = 0°$$
$$u_5(t) = \hat{U}_5 \cdot \sin(5 \cdot \omega t - \varphi_5) \quad \text{mit } \hat{U}_5 = 0.08 \text{ sowie } \varphi_5 = 0°$$
$$u_7(t) = \hat{U}_7 \cdot \sin(7 \cdot \omega t - \varphi_7) \quad \text{mit } \hat{U}_7 = 0.02 \text{ sowie } \varphi_7 = 0°$$

Dieser Vorgang wird Synthese genannt. Bei Stromrichtern treten periodische, aber nicht sinusförmige Spannungen und Ströme auf. Deren Zerlegung in sinusförmige Teilfunktionen nennt man Fourier-Analyse.

Mathematisch korrekt lautet die Darstellung des Spannungsverlaufs $u_0(t)$ in **Bild 1.2** unten

$$\begin{aligned} u_0(t) = a_0 &+ a_1 \cos \omega t + a_2 \cos 2\omega t + a_3 \cos 3\omega t + \ldots + a_n \cos n\omega t + \\ &b_1 \sin \omega t + b_2 \sin 2\omega t + b_3 \sin 3\omega t + \ldots + b_n \sin n\omega t \end{aligned} \quad (1.6)$$

Hierbei wird die unendliche Summe nach dem n-ten Glied abgebrochen. Dies führt, wie in **Bild 1.19** zu sehen ist, nur zu geringen Fehlern, sofern n ausreichend groß ist. Die einzelnen sin- und cos-Glieder können unter Verwendung von trigonometrischen Additionstheoremen weiter zusammengefasst werden.

$$\begin{aligned} u_0(t) = U_0 &+ \hat{U}_{01} \sin(\omega t - \varphi_1) + \\ &\hat{U}_{02} \sin(2\omega t - \varphi_2) + \\ &\hat{U}_{03} \sin(3\omega t - \varphi_3) + \ldots + \hat{U}_{0n} \sin(n\omega t - \varphi_n) \\ u_0(t) = U_0 &+ u_{0\sim}(t) \end{aligned} \quad (1.7)$$

U_0 ist der in $u_0(t)$ enthaltene Mittelwert. Der Anteil mit der Ordnungszahl 01 heißt Grundschwingung. Alle weiteren Anteile werden als Oberschwingungen bezeichnet. Zusammengefasst ergeben Grund- und Oberschwingungen den Wechselanteil $u_{0\sim}(t)$.

Die Fourier-Koeffizienten, also alle a_i und b_i aus Gl. (1.6) bzw. U_0, U_{0i} und φ_i aus, Gl. (1.7), können mit mathematischen Verfahren für jeden gegebenen Zeitverlauf berechnet werden.

1.3.3 Blindleistung bei Stromrichtern

In **Beispiel 1.6** wurde deutlich, dass der Stromrichter vom Netz selbst dann Blindleistung verlangt, wenn der angeschlossene Verbraucher lediglich Wirkleistung beansprucht. Unter Verwendung der Fourier-Zerlegung wird dieses zunächst erstaunliche Verhalten erläutert.

Die Überlegungen sollen mit dem Applet ‚Wechselstromsteller' nachvollzogen werden.

Der Stromrichter zur Steuerung der Helligkeit einer Glühlampe aus **Bild 1.1** ist ein handelsüblicher Dimmer. Der Typ eines solchen Stromrichters wird Wechselstromsteller genannt. Nach **Bild 1.2** unten bewirkt ein Steuerwinkel von 90° eine angeschnittene Spannung $u_0(t)$, die aufgrund der ohmschen Last der Glühbirne einen formgleichen Stromverlauf $i_0(t)$ nach sich zieht. Dieser angeschnittene Strom fließt ebenfalls im Wechselstromnetz.

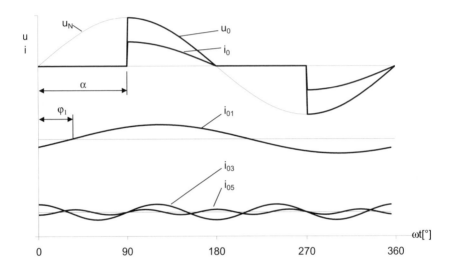

Bild 1.20 Spannungs- und Stromverläufe beim Wechselstromsteller mit ohmscher Belastung, oben: Lastspannung $u_0(t)$ und Laststrom $i_0(t)$, Mitte: Grundschwingung $i_{01}(t)$ des Laststroms, unten: Oberschwingungsströme

In **Bild 1.20** sind im oberen Teil nochmals die Zeitverläufe aus **Bild 1.2** unten dargestellt. Der Zeitverlauf $i_0(t)$ wurde einer Fourier-Zerlegung unterzogen. Im mittleren Bildteil ist die zugehörige Grundschwingung $i_{01}(t)$ wiedergegeben. Man erkennt, dass diese der Netzspannung um den Phasenwinkel φ_1 nacheilt.

Die Ansteuerung des Stromrichters erzeugt eine *Stromgrundschwingung* (fundamental component, first harmonic), die der Netzspannung nacheilt, so als ob dieser Strom durch einen ohmsch-induktiven Verbraucher hervorgerufen würde.

1.3 Leistungsbilanz bei Stromrichtern

Die der Netzspannung nacheilende Stromgrundschwingung belastet das Netz mit induktiver Blindleistung. Da dieser Blindleistungsbedarf aus der Verschiebung der Stromgrundschwingung in Bezug auf die Netzspannung herrührt, wird er auch Verschiebungsblindleistung genannt.

Die genaue Rechnung mit den Zahlenwerten aus **Beispiel 1.6** ergibt die Zeitfunktion der Grundschwingung zu

$$i_{01}(t) = \hat{I}_{01} \cdot \sin(\omega t - \varphi_1)$$
$$i_{01}(t) = \sqrt{2} \cdot 13\,\text{A} \cdot \sin(\omega t - 32.47°)$$

Der Stromkreis bestehend aus Netz, Stromrichter und ohmscher Last verhält sich so, als wären die Grund- und Oberschwingungen des Stroms $i_0(t)$ tatsächlich vorhanden. Demnach lässt sich die Blindleistung berechnen, die aufgrund des nacheilenden Stroms anfällt.

$$Q_1 = U_N \cdot \frac{\hat{I}_{01}}{\sqrt{2}} \cdot \sin(\varphi_1) = 220\,\text{V} \cdot 13\,\text{A} \cdot \sin(32.47°) = 1535\,\text{VA}$$

Vergleicht man Q_1 mit der Blindleistung, die in **Beispiel 1.6** berechnet wurde, stellt man zwischen beiden Werten eine Differenz von 884 VA fest. Dieser Unterschied ist einer weiteren Blindleistungskomponente zuzuschreiben. Zur Erläuterung zeigt der untere Teil von **Bild 1.20** die Oberschwingungen $i_{03}(t)$ und $i_{05}(t)$. Diese weisen in Bezug zur Netzspannung andere Phasenwinkel als die Grundschwingung $i_{01}(t)$ auf.

Die Frequenzen der Oberschwingungsströme sind ganzzahlige Vielfache der Netzfrequenz. Daher setzen diese (und alle weiteren) Oberschwingungsströme mit der Netzspannung keine Wirkleistung, sondern ausschließlich Blindleistung um. Letztere heißt Verzerrungsblindleistung, weil die Oberschwingungen letztlich den verzerrten, also nicht sinusförmigen Stromverlauf $i_0(t)$ bewirken.

> Stromrichter belasten das Netz mit *Blindleistung* (reactive power). Dieser Blindleistungsbedarf entsteht aufgrund des gesteuerten Betriebs und wird Steuerblindleistung (control reactive power) genannt. Sie setzt sich aus den Anteilen der Verschiebungsblindleistung sowie der Verzerrungsblindleistung zusammen.

Die Zeitverläufe von **Bild 1.21** und **Bild 1.22** wurden mit dem Applet ‚Wechselstromsteller' berechnet und zeigen die Verhältnisse bei der Schaltung nach **Bild 1.1** für die Steuerwinkel 0° und 90°. Diese Schaltung entspricht in der Wirkungsweise einem handelsüblichen Dimmer.

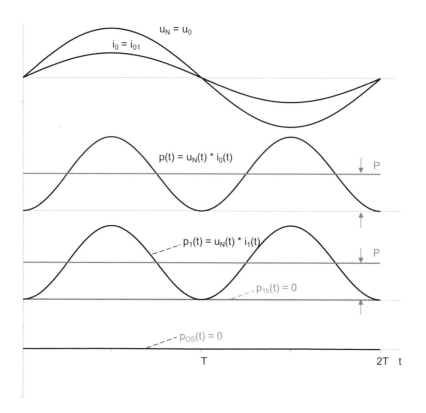

Bild 1.21 Leistung beim Wechselstromsteller mit ohmscher Belastung und $\alpha = 0°$; oben: Strom- und Spannungsverlauf an der Last, Mitte oben: Zeitverlauf der Gesamtleistung $p(t)$, Mitte unten: Grundschwingungswirkleistung $p_{1w}(t)$ und Grundschwingungsblindleistung $p_{1b}(t)$, unten: Verzerrungsleistung $p_{os}(t)$

Für den Steuerwinkel 0° ist in **Bild 1.21** die Lastspannung $u_0(t)$ identisch mit der Netzspannung. Der Strom $i_0(t)$ ist deshalb rein sinusförmig und phasengleich zur Netzspannung. Der Zeitverlauf der Gesamtleistung $p(t)$ entspricht dem der Grundschwingungsleistung $p_1(t)$; eine Blindleistung tritt nicht auf, da die Glühbirne eine rein ohmsche Last darstellt und keine Phasenverschiebung vorliegt. Die Mittelwerte beider Leistungskurven liefern die mittlere umgesetzte Wirkleistung P. Eine Verzerrungsblindleistung $p_{os}(t)$ ist wegen fehlender Oberschwingungsströme ebenfalls nicht vorhanden. Der Betrieb des Wechselstromstellers mit einem Steuerwinkel ungleich null ändert die Verhältnisse grundlegend; die zugehörigen Zeitverläufe für den Steuerwinkel 90° finden sich in **Bild 1.22**.

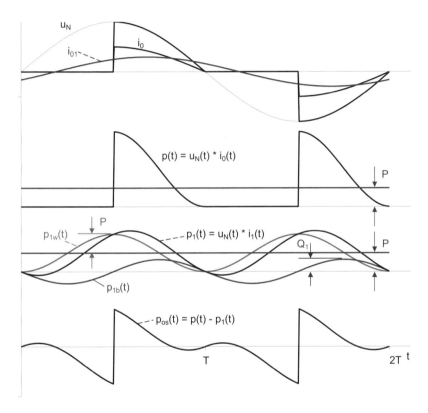

Bild 1.22 Leistung beim Wechselstromsteller mit ohmscher Belastung und $\alpha = 90°$; oben: Strom- und Spannungsverlauf an der Last, Mitte oben: Zeitverlauf der Gesamtleistung $p(t)$, Mitte unten: Grundschwingungswirkleistung $p_{1w}(t)$ und Grundschwingungsblindleistung $p_{1b}(t)$, unten: Verzerrungsleistung $p_{os}(t)$

Nur wenn der Schalter geschlossen ist, liegt Spannung an der Last. Der Verbraucherstrom $i_0(t)$ ist daher nicht mehr rein sinusförmig und enthält sowohl Grund- als auch Oberschwingungsanteile. Die Gesamtleistung $p(t)$ als Produkt von Netzspannung und Verbraucherstrom wird zeitweise null (**Bild 1.22**, obere Mitte). Der Mittelwert dieser Gesamtleistung ist die umgesetzte Wirkleistung P.

Die Grundschwingungsleistung $p_1(t)$ (**Bild 1.22**, untere Mitte) ergibt sich aus

$$p_1(t) = u_N(t) \cdot i_1(t)$$

Sie setzt sich zusammen aus dem Zeitverlauf der Wirkleistung $p_{1w}(t)$ sowie dem Zeitverlauf der Grundschwingungsblindleistung $p_{1b}(t)$.

$$p_{1w}(t) = U_N \cdot I_1 \cos\varphi_1 (1 - \cos(2\omega t)) = P \cdot (1 - \cos(2\omega t))$$
$$p_{1b}(t) = U_N \cdot I_1 \sin\varphi_1 \cdot \sin(2\omega t) = Q_1 \cdot \sin(2\omega t)$$

Die Wirkleistung $p_{1w}(t)$ nimmt nur positive Werte an. Mittel- und Scheitelwert von $p_{1w}(t)$ betragen P. Der Mittelwert der Grundschwingungsblindleistung $p_{1b}(t)$ ist null, da sie keine Wirkleistung darstellt. Ihr Scheitelwert ist Q_1.

Der Leistungsanteil $p_{os}(t)$, der durch die Oberschwingungen hervorgerufen wird, ist in **Bild 1.22** unten dargestellt. Er hat ebenso den Mittelwert null und wird Verzerrungsblindleistung genannt.

Beispiel 1.7 Ermittlung der unterschiedlichen Leistungsanteile

Mit Hilfe des Applets ‚Wechselstromsteller' sind die Leistungsanteile für einen Wechselstromsteller am 230 V-Netz zu ermitteln, der mit einem Steuerwinkel von 90° und rein ohmscher Last ($R = 10\,\Omega$) betrieben wird.

Lösung:

Im Applet wird ein Steuerwinkel von 90° eingestellt. Im oberen Bildteil sind die Zeitverläufe von Strom und Spannung an der Last gezeigt. Die im Applet integrierte Fourier-Analyse liefert zusätzlich die Zeitverläufe von $i_{R1}(t)$, $i_{R3}(t)$ sowie $i_{R5}(t)$. Der untere Bildteil enthält die Zeitverläufe der Leistungskomponenten $p_1(t)$, $p_{1w}(t)$, $p_{1b}(t)$ sowie $q_d(t)$. Außerdem werden die Werte für S_1, P, Q_1 und Q_d in Bezug auf die dem Netz entnommene Gesamtscheinleistung S_{Netz} angegeben.

Die nachfolgenden Gleichungen zeigen die Formeln zur Berechnung der Leistungskomponenten. Die rechte Spalte zeigt die Ergebnisse bezogen auf die Gesamtscheinleistung S_{Netz}. Der Index d bedeutet in diesem Zusammenhang Verzerrung (distortion).

$$S_{Netz} = U_N \cdot I_{0RMS} \qquad \frac{S_{Netz}}{U_N \cdot I_{0RMS}} = 1 = 100\%$$

$$P = U_N \cdot I_{01RMS} \cdot \cos\varphi_1 \qquad \frac{P}{S_{Netz}} = \frac{I_{01RMS}}{I_{0RMS}} \cdot \cos\varphi_1$$

$$Q_1 = U_N \cdot I_{01RMS} \cdot \sin\varphi_1 \qquad \frac{Q_1}{S_{Netz}} = \frac{I_{01RMS}}{I_{0RMS}} \cdot \cos\varphi_1$$

1.3 Leistungsbilanz bei Stromrichtern

$$Q_\text{d} = U_\text{N} \cdot \sqrt{I_{0\text{RMS}}^2 - I_{01\text{RMS}}^2} \qquad \frac{Q_\text{d}}{S_\text{Netz}} = \sqrt{\frac{I_{0\text{RMS}}^2 - I_{01\text{RMS}}^2}{I_{0\text{RMS}}^2}} = \sqrt{1 - \frac{I_{01\text{RMS}}^2}{I_{0\text{RMS}}^2}}$$

$$S_1 = U_\text{N} \cdot I_{01\text{RMS}} \qquad \frac{S_1}{S_\text{Netz}} = \frac{I_{01\text{RMS}}}{I_{0\text{RMS}}} \tag{1.8}$$

Für den vorliegenden Lastfall ergibt sich der Stromeffektivwert $I_{0\text{RMS}} = 15.55$ A aus Beispiel 1.6. Mit Hilfe der Angaben im Applet erhält man daraus den Effektivwert der Grundschwingung zu

$$I_{01\text{RMS}} = 0.838 \cdot I_{0\text{RMS}} = 0.838 \cdot 15.55\,\text{A} = 13.03\,\text{A}$$

Zur weiteren Rechnung ist die Kenntnis des Phasenwinkels φ_1 der Grundschwingung erforderlich. Diesen erhält man beispielsweise nach

$$\frac{Q_1}{P} = \frac{\sin\varphi_1}{\cos\varphi_1} = \tan\varphi_1 \quad\Rightarrow\quad \varphi_1 = \arctan\left(\frac{Q_1}{P}\right) = \arctan\left(\frac{0.45 \cdot S_\text{Netz}}{0.707 \cdot S_\text{Netz}}\right) = 32.47°$$

Die Wirkleistung, die dem Netz entnommen wird, ergibt sich zu

$$P = 220\,\text{V} \cdot I_{01\text{RMS}} \cdot \cos\varphi_1 = 220\,\text{V} \cdot 13.03\,\text{A} \cdot 0.843 = 2.41\,\text{kW}$$

Die vom Netz gelieferte Verschiebungs- oder Grundschwingungsblindleistung beträgt

$$Q_1 = 220\,\text{V} \cdot I_{01\text{RMS}} \cdot \sin\varphi_1 = 220\,\text{V} \cdot 13.03\,\text{A} \cdot 0.536 = 1.54\,\text{kVA}$$

Die Verzerrungsblindleistung Q_d erhält man aus

$$Q_\text{d} = 220\,\text{V} \cdot \sqrt{I_{0\text{RMS}}^2 - I_{01\text{RMS}}^2} = 220\,\text{V} \cdot \sqrt{(15.55\,\text{A})^2 - (13.03\,\text{A})^2}$$
$$Q_\text{d} = 220\,\text{V} \cdot 8.48\,\text{A} = 1.86\,\text{kVA}$$

Beide Blindleistungen ergeben die gesamte benötigte Steuerblindleistung:

$$\sqrt{Q_1^2 + Q_\text{d}^2} = \sqrt{(1.54\,\text{kVA})^2 + (1.86\,\text{kVA})^2} = 2.41\,\text{kVA}$$

Die dem Netz entnommene Scheinleistung ist die geometrische Summe aus Wirk- und Blindleistung:

$$S_\text{Netz} = \sqrt{P^2 + Q_1^2 + Q_\text{d}^2} = \sqrt{(2.41\,\text{kW})^2 + (1.54\,\text{kVA})^2 + (1.86\,\text{kVA})^2} = 3.4\,\text{kVA}$$

Dieses Ergebnis erhält man ebenso bei Berechnung der Gesamtscheinleistung nach Beispiel 1.6 aus Netzspannung und Effektivstrom:

$$S_\text{Netz} = 220\,\text{V} \cdot 15.55\,\text{A} = 3.4\,\text{kVA}$$

1.4 Betriebsquadranten

Je nach Aufbau und Ansteuerung der Schalter können Stromrichter am Ausgang unterschiedliche Spannungspolaritäten sowie positive und/oder negative Ausgangsströme liefern.

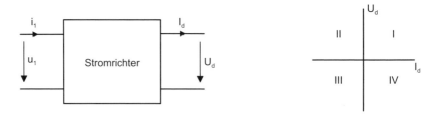

Bild 1.23 Betriebsquadranten bei Stromrichtern

Die Einteilung erfolgt nach den Strom- bzw. Spannungsrichtungen am Ausgang des Stromrichters. Man spricht von einem Einquadrantenstromrichter, wenn dieser lediglich eine Spannungspolarität und eine Stromrichtung aufweist. Je nachdem arbeitet er dann in einem der Quadranten I bis IV.

Ist der Stromrichter beispielsweise in der Lage, nur einen positiven Strom zu führen, kann aber positive und negative Spannungen am Ausgang liefern, so spricht man von einem Zweiquadrantenstromrichter. In diesem Fall erstreckt sich der Betriebsbereich auf die Quadranten I und IV in **Bild 1.23**.

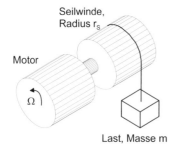

Bild 1.24 Antrieb zum Heben und Senken einer Last

Beispiel 1.8

Ein typischer Vertreter eines Zweiquadrantenantriebs ist der Motor zum Heben und Senken einer Last aus **Bild 1.24**. Er wird aus einem Stromrichter gespeist, der in diesem Bild nicht dargestellt ist. Wird der Motor mit positiver Spannung und positivem Strom versorgt, entsteht ein positives Drehmoment. Ist dieses vom Motor entwickelte Drehmoment größer als $M_L = m\,r_s$, so bewegt sich der Motor mit positiver Drehzahl $\Omega > 0$ und die Last wird angehoben. Der Antrieb arbeitet im ersten Quadranten (I).

Wird der Motorstrom so vermindert, dass das Motordrehmoment kleiner wird als das Drehmoment M_L der Last, bewegt sich die Last wieder nach unten. Die Drehrichtung des Motors und damit dessen Spannungspolarität kehrt sich um und wird negativ. Um das Senken der Last zu bremsen, sind aber dennoch ein positives Motormoment und ein positiver Strom erforderlich. Somit arbeitet der Antrieb jetzt mit negativer Spannung, aber nach wie vor positivem Strom. Dies entspricht dem Betrieb im Quadranten IV.

Im Abschnitt Brückenschaltungen im Kapitel 3 werden Stromrichter betrachtet, die positive und negative Ausgangsströme und Ausgangsspannungen bereitstellen. Stromrichter solcher Bauart heißen Vierquadrantenstromrichter und können in allen Quadranten von I bis IV arbeiten.

Übung 1.9

Der Motor einer Straßenbahnlokomotive wird über einen Stromrichter mit Energie versorgt. Reicht ein Zweiquadrantenstromrichter aus? Begründen Sie!

1.5 Lösungen

Übung 1.1

Der Winkel von 180° entspricht π im Bogenmaß. Für den Effektivwert der pulsierenden Gleichspannung erhält man:

$$U_{RMS} = \sqrt{\frac{1}{2\pi} \cdot \int_0^\pi \hat{U}_s^2 \sin^2(\omega t)\,d\omega t} = \sqrt{\frac{\hat{U}_s^2}{2\pi} \cdot \left[\frac{1}{2}\cdot \omega t - \frac{1}{4}\cdot \sin(2\omega t)\right]_0^\pi}$$

$$U_{RMS} = \sqrt{\frac{\hat{U}_s^2}{2\pi} \cdot \left[\frac{1}{2}\cdot \pi - \frac{1}{4}\cdot \sin(2\pi) - \left(\frac{1}{2}\cdot 0 - \frac{1}{4}\cdot \sin(0)\right)\right]} = \sqrt{\frac{\hat{U}_s^2}{2\pi} \cdot \frac{\pi}{2}} = \frac{\hat{U}_s}{2} = \frac{\sqrt{2}\cdot U_s}{2} = \frac{U_s}{\sqrt{2}}$$

Übung 1.2

Der Effektivwert des angeschnittenen Spannungsverlaufs ergibt sich zu

$$U_{\text{RMS}} = \sqrt{\frac{1}{2\pi} \cdot \int_{\alpha}^{\pi} \hat{U}_s^2 \sin^2(\omega t) d\omega t} = \sqrt{\frac{\hat{U}_s^2}{2\pi} \cdot \left[\frac{1}{2} \cdot \omega t - \frac{1}{4} \cdot \sin(2\omega t)\right]_{\alpha}^{\pi}}$$

$$U_{\text{RMS}} = \sqrt{\frac{\hat{U}_s^2}{2\pi} \cdot \left[\frac{1}{2} \cdot \pi - \frac{1}{4} \cdot \sin(2\pi) - (\frac{1}{2} \cdot \alpha - \frac{1}{4} \cdot \sin(2\alpha))\right]}$$

$$U_{\text{RMS}} = \sqrt{\frac{\hat{U}_s^2}{2\pi} \cdot \left[\frac{1}{2} \cdot \pi - \frac{1}{2} \cdot \alpha + \frac{1}{4} \cdot \sin(2\alpha)\right]} = \frac{\hat{U}_s}{\sqrt{2}} \sqrt{\left[\frac{1}{2} - \frac{1}{2\pi} \cdot \alpha + \frac{1}{4\pi} \cdot \sin(2\alpha)\right]}$$

Für den Mittelwert des angeschnittenen Spannungsverlaufs gilt

$$U_d = \frac{1}{2\pi} \cdot \int_{\alpha}^{\pi} \hat{U}_s \sin(\omega t) d\omega t = \frac{\hat{U}_s}{2\pi} \cdot [\cos(\omega t)]_{\alpha}^{\pi} = \frac{\hat{U}_s}{2\pi} \cdot [-\cos(\pi) - (-\cos(\alpha))] = \frac{\hat{U}_s}{2\pi} \cdot (1 + \cos \alpha)$$

Übung 1.3

Der Effektivwert der Gleichspannung ist genauso groß wie bei normaler, nicht gleichgerichteter Sinusspannung.

$$U_{\text{RMS}} = \sqrt{\frac{2}{2\pi} \cdot \int_{0}^{\pi} \hat{U}_s^2 \sin^2(\omega t) d\omega t} = \sqrt{\frac{2 \cdot \hat{U}_s^2}{2\pi} \cdot \left[\frac{1}{2} \cdot \omega t - \frac{1}{4} \cdot \sin(2\omega t)\right]_{0}^{\pi}}$$

$$U_{\text{RMS}} = \sqrt{\frac{2 \cdot \hat{U}_s^2}{2\pi} \cdot \left[\frac{1}{2} \cdot \pi - \frac{1}{4} \cdot \sin(2\pi) - (\frac{1}{2} \cdot 0 - \frac{1}{4} \cdot \sin(0))\right]} = \sqrt{\frac{2 \cdot \hat{U}_s^2}{2\pi} \cdot \frac{\pi}{2}}$$

$$U_{\text{RMS}} = \frac{\hat{U}_s}{\sqrt{2}} = \frac{\sqrt{2} \cdot U_s}{\sqrt{2}} = U_s$$

Mittelwert der Spannung:

$$U_d = \frac{2}{2\pi} \cdot \int_{0}^{\pi} \hat{U}_s \sin(\omega t) d\omega t = \frac{\hat{U}_s}{\pi} \cdot [\cos(\omega t)]_{0}^{\pi}$$

$$U_d = \frac{\hat{U}_s}{\pi} \cdot [-\cos(\pi) - (-\cos(0))] = \frac{\hat{U}_s}{\pi} \cdot 2 = \frac{2}{\pi} \cdot \hat{U}_s$$

Übung 1.4

Der Effektivwert der angeschnittenen Spannung ergibt sich zu

$$U_{\text{RMS}} = \sqrt{\frac{2}{2\pi} \cdot \int_{\alpha}^{\pi} \hat{U}_s^2 \sin^2(\omega t) d\omega t} = \sqrt{\frac{2 \cdot \hat{U}_s^2}{2\pi} \cdot \left[\frac{1}{2} \cdot \omega t - \frac{1}{4} \cdot \sin(2\omega t)\right]_{\alpha}^{\pi}}$$

$$U_{\text{RMS}} = \sqrt{\frac{2 \cdot \hat{U}_s^2}{2\pi} \cdot \left[\frac{1}{2} \cdot \pi - \frac{1}{4} \cdot \sin(2\pi) - (\frac{1}{2} \cdot \alpha - \frac{1}{4} \cdot \sin(2\alpha))\right]}$$

$$U_{\text{RMS}} = \sqrt{\frac{\hat{U}_s^2}{\pi} \cdot \left[\frac{1}{2} \cdot \pi - \frac{1}{2} \cdot \alpha + \frac{1}{4} \cdot \sin(2\alpha)\right]} = \hat{U}_s \cdot \sqrt{\frac{1}{2} - \frac{1}{2\pi} \cdot \alpha + \frac{1}{4\pi} \cdot \sin(2\alpha)}$$

Der Mittelwert der Spannung ist doppelt so groß wie der in Übung 1.2.

$$U_d = \frac{2}{2\pi} \cdot \int_{\alpha}^{\pi} \hat{U}_s \sin(\omega t) d\omega t = \frac{\hat{U}_s}{\pi} \cdot [\cos(\omega t)]_{\alpha}^{\pi}$$

$$U_d = \frac{\hat{U}_s}{\pi} \cdot [-\cos(\pi) - (-\cos(\alpha))] = \frac{\hat{U}_s}{\pi} \cdot (1 + \cos\alpha)$$

Übung 1.5

Den Effektivwert erhält man aus

$$I_{\text{RMS}} = \sqrt{\frac{1}{T} \cdot \int_0^{\tau} (\frac{I_d}{\tau} \cdot t)^2 dt} = \sqrt{\frac{1}{T} \cdot \left(\frac{I_d}{\tau}\right)^2 \cdot \left[\frac{1}{3} \cdot t^3\right]_0^{\tau}} = \sqrt{\frac{1}{T} \cdot \left(\frac{I_d}{\tau}\right)^2 \cdot \left[\frac{1}{3} \cdot \tau^3\right]} = I_d \cdot \sqrt{\frac{\tau}{3 \cdot T}}$$

$$I_{\text{RMS}} = I_d \cdot \sqrt{\frac{D}{3}}$$

Übung 1.6

Dieser Verlauf kann in zwei Teilverläufe $u_{\text{aM-1}}(t)$ und $u_{\text{aM-2}}(t)$ aufgeteilt werden. Dann erhält man die Darstellung von **Bild 1.25**.

In einer Halbperiode weisen beide Verläufe nur zwei diskrete Werte auf. Zur Berechnung des Effektivwertes wird daher eine Halbperiode angesetzt. Für $u_{\text{aM-1}}(t)$ beträgt die relative Leitdauer in einer Halbperiode $D = 2/3$ bei einer Amplitude von 1/3. Im Gegensatz dazu weist der Verlauf von $u_{\text{aM-2}}(t)$ bei einer Amplitude von 2/3 eine relative Leitdauer von $D = 1/3$ auf. Somit ergibt sich folgender Ansatz:

$$U_{aM,RMS} = \sqrt{U_{aM-1,RMS}^2 + U_{aM-2,RMS}^2}$$

$$U_{aM-1,RMS} = \sqrt{D} \cdot \frac{U_d}{3} = \sqrt{\frac{2}{3}} \cdot \frac{U_d}{3} \text{ sowie } U_{aM-2,RMS} = \sqrt{D} \cdot \frac{2 \cdot U_d}{3} = \sqrt{\frac{1}{3}} \cdot \frac{2 \cdot U_d}{3}$$

$$U_{aM,RMS} = \sqrt{\left(\sqrt{\frac{2}{3}} \cdot \frac{U_d}{3}\right)^2 + \left(\sqrt{\frac{1}{3}} \cdot \frac{2 \cdot U_d}{3}\right)^2} = \sqrt{\left(\frac{2}{3} \cdot \frac{1}{9} \cdot U_d^2\right) + \left(\frac{1}{3} \cdot \frac{4}{9} \cdot U_d^2\right)}$$

$$U_{aM,RMS} = \sqrt{\left(\frac{2}{27} \cdot U_d^2\right) + \left(\frac{4}{27} \cdot U_d^2\right)} = \sqrt{\frac{6}{27} \cdot U_d^2} = \sqrt{\frac{2 \cdot 3}{3 \cdot 9} \cdot U_d^2} = \sqrt{\left(\frac{2}{9}\right)} \cdot U_d$$

$$U_{aM,RMS} = \frac{\sqrt{2}}{3} \cdot U_d$$

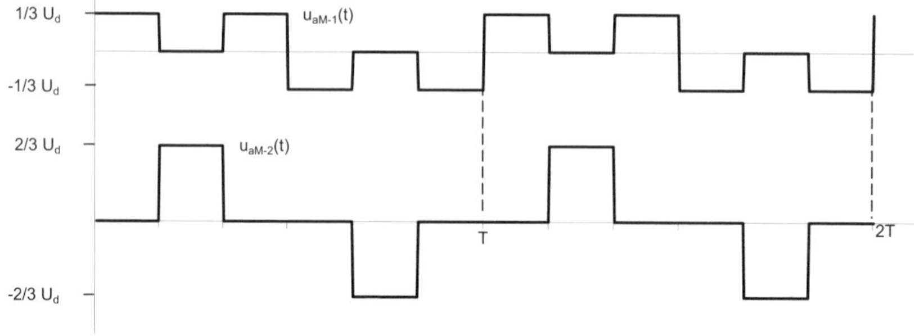

Bild 1.25 Zeitverlauf zum Lösungsvorschlag für Übung 1.6

Der Effektivwert des treppenförmigen Verlaufs aus **Bild 1.25** beträgt demnach $\sqrt{2}U_d/3$. Bei dreiphasigen Wechselrichtern beträgt die Spannung U_d häufig 540 V. Dann hat der Spannungsverlauf aus **Bild 1.25** den Gesamteffektivwert

$$U_{aM,RMS} = \frac{\sqrt{2}}{3} \cdot 540\,V = 255\,V$$

Übung 1.7

Der Gesamteffektivwert des Kurvenverlaufs aus **Bild 1.16** kann gemäß Gl. (1.4) ermittelt werden, wenn der Kurvenverlauf nach **Bild 1.26** zerlegt wird.

1.5 Lösungen

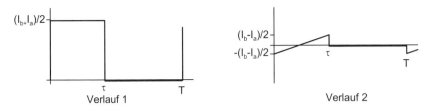

Bild 1.26 Lösungsvorschlag zur Übung 1.7

Die Effektivwerte von Verlauf 1 und 2 sind aus **Beispiel 1.4** und Übung 1.5 bekannt. Für den Gesamteffektivwert erhält man mit Gl. (1.4) und $D = \tau / T$

$$I_{RMS,ges} = \sqrt{I_{RMS,Verlauf1}^2 + I_{RMS,Verlauf2}^2} = \sqrt{\left(\frac{I_a + I_b}{2} \cdot \sqrt{D}\right)^2 + \left(\frac{I_b - I_a}{2} \cdot \sqrt{\frac{D}{3}}\right)^2}$$

$$I_{RMS,ges} = \sqrt{\frac{(I_a + I_b)^2}{4} \cdot D + \frac{(I_b - I_a)^2}{4} \cdot \frac{D}{3}} = \sqrt{\frac{D}{3} \cdot \left(I_b^2 + I_a \cdot I_b + I_a^2\right)}$$

Übung 1.8

In **Bild 1.17** sind die Effektivwerte der im Verlauf von $u(t)$ enthaltenen Oberschwingungsanteile gegeben. Daraus berechnet sich der Klirrfaktor zu

$$THD_u = \frac{U_{RMS,OS}}{U_{RMS,1}} = \frac{\sqrt{U_{RMS,3}^2 + U_{RMS,5}^2 + U_{RMS,7}^2 + U_{RMS,11}^2}}{U_{RMS,1}}$$

$$THD_u = \frac{U_{RMS,OS}}{U_{RMS,1}} = \frac{\sqrt{0.08^2 + 0.03^2 + 0.12^2 + 0.05^2}}{1} = \frac{0.155}{1} = 15.5\%$$

Übung 1.9

Die Straßenbahn muss in Vorwärtsrichtung beschleunigen können. Soll elektrisches Bremsen ermöglicht werden, so muss die Spannung am Motor umkehrbar sein. Für diese beiden Anwendungen ist ein Zweiquadrantenstromrichter notwendig. Soll die Lokomotive auch rückwärts fahren und sowohl beschleunigen als auch bremsen können, sind weitere zwei Quadranten erforderlich. Daher wird die Lokomotive mit einem Vierquadrantenstromrichter ausgestattet.

2 Leistungshalbleiter

2.1 Vergleich von idealen und realen Schaltern

Lernziele:

Der Lernende …

- vergleicht die Eigenschaften von idealen und realen Schaltern
- beschreibt grundlegende Anforderungen an elektronische Schalter der Leistungselektronik

Als Schalter in Stromrichtern werden Leistungshalbleiter eingesetzt. Man bezeichnet sie wegen ihrer Wirkung auf den Stromfluss auch als Halbleiterventile oder kurz Ventile. Leistungshalbleiter sind Dioden und Thyristoren sowie die verschiedenen Bauarten von Transistoren; sie werden in unterschiedlichen Schaltungstopologien genutzt. Um die Verluste, die bei der Energieumformung entstehen, so gering wie möglich zu halten, werden die Leistungshalbleiter im Schaltbetrieb eingesetzt.

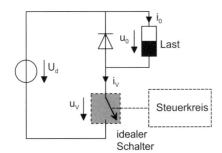

Bild 2.1 Tiefsetzsteller mit idealem Schalter und ohmsch-induktiver Last

Ein idealer Schalter im Sinne der Leistungselektronik hat die Fähigkeit, Stromfluss nur in einer Richtung zuzulassen; diese Richtung wird durch den Pfeil am Schaltersymbol gekennzeichnet. Der Stromfluss in umgekehrter Richtung wird gesperrt. Ein Schalter mit diesen Eigenschaften heißt gerichteter Schalter und ist in **Bild 2.1** dargestellt. Hier wird eine für leistungselektronische Anwendungen übliche Situation mit ohmsch-induktiver Last wiedergegeben. Der gesamte Laststrom fließt bei geschlossenem Schalter durch diesen hindurch. Die Diode sperrt. Wird der Schalter geöffnet, erzwingt die Induktivität einen weiteren Stromfluss, der nun über die Diode zustande kommt. Der Schalter ist während dieser Zeit stromlos.

Neben dem eigentlichen Schaltkontakt, der im Last- oder Hauptkreis liegt, besitzt ein steuerbarer elektronischer Schalter – ähnlich wie ein Relais – einen Steuerkreis. Die Schalthandlung (Schalter öffnen, Schalter schließen) wird durch ein Signal im Steuerkreis bewirkt.

Ein idealer Schalter weist folgende Eigenschaften auf:

a) Schalter *gesperrt*: Der Stromkreis ist geöffnet; es fließt kein Strom durch den Schalter. Obwohl die Sperrspannung u_v am Schalter anliegt, wird dennoch keine Leistung umgesetzt. Die am offenen Kontakt anliegende Spannung positiver oder negativer Polarität kann beliebig groß werden, ohne dass es zum Überschlag kommt.

b) Schalter *leitend*: Der Stromkreis ist geschlossen. Durch den Schalter fließt im Lastkreis ein Strom, der von der Höhe der Spannung und der im Lastkreis wirksamen Impedanz bestimmt wird. Am geschlossenen Schalter tritt kein Spannungsabfall auf ($u_v = 0$). Daher wird auch in diesem Fall im Schalter keine Leistung umgesetzt. Der Stromfluss ist nur in Pfeilrichtung möglich.

c) Die Betätigung des Schalters, also das Ein- bzw. Ausschalten, erfolgt verzögerungsfrei und leistungslos durch entsprechende Steuereingänge im Steuerkreis. Dabei tritt weder mechanischer noch elektrischer Schalterverschleiß auf.

d) Die Schaltfrequenz (switching frequency), also die Anzahl der Schaltspiele pro Sekunde, ist beliebig hoch; Verzögerungszeiten und Ladungsspeichereffekte kommen nicht vor.

Das Schaltverhalten eines solchen idealen Schalters ist in **Bild 2.2** dargestellt. Der obere Zeitverlauf zeigt das Signal des Steuerkreises. Es kann die beiden Zustände Ein und Aus annehmen. Die beiden mittleren Zeitverläufe zeigen den Strom i_v durch und die Spannung u_v am Schalter. Ist der Schalter geöffnet, so fließt kein Schalterstrom; die Spannung am Schalter ist ungleich null. Wird der Schalter eingeschaltet, so führt er den Laststrom; an einem idealen Schalter tritt im leitenden Zustand kein Spannungsabfall auf.

Im unteren Bildteil sind die Schalterverluste p_v abgebildet. Beim idealen Schalter treten Strom und Spannung niemals gleichzeitig auf. Daher entstehen weder während der Leitphase noch beim Ein- und Ausschalten Leistungsverluste.

2.1 Vergleich von idealen und realen Schaltern

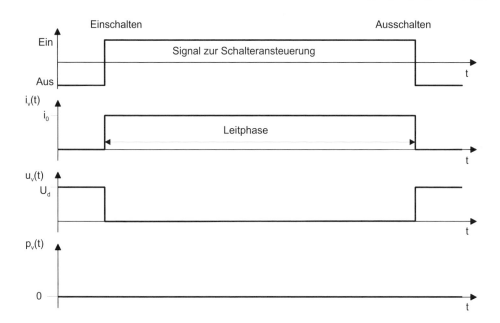

Bild 2.2 Zeitverläufe für Schalterstrom, Schalterspannung und Verlustleistung beim idealen Schalter; oben: Ein-Aus-Signal für den Schalter, Mitte: Schalterstrom $i_v(t)$, Schalterspannung $u_v(t)$, unten: Verlustleistung im Schalter

Reale Leistungshalbleiter haben diese idealen Eigenschaften selbstverständlich nicht. Zunächst einmal können reale Schalter nicht verzögerungsfrei ein- bzw. ausgeschaltet werden. Zwischen dem eigentlichen Signal zur Schalteransteuerung und dem tatsächlichen Beginn des Schaltvorganges liegen die Verzögerungszeiten $t_{d(ein)}$ bzw. $t_{d(aus)}$. Der Index d steht hier für delay (Verzögerung). Des Weiteren liegt auch an einem leitenden Schalter immer eine Durchlassspannung an; ein gesperrter Schalter führt zudem einen geringen Sperrstrom. **Bild 2.3** zeigt die Einzelheiten. Die dargestellten Zeitverläufe sind vergleichbar mit denen in **Bild 2.2**.

Wenn das Ein-Signal vorliegt, bleibt der Schalter zunächst noch stromlos. Nach Ablauf der Zeit $t_{d(ein)}$ steigt der Strom i_v durch den Schalter langsam an. Während dieser Zeit liegt nach wie vor die Spannung U_d am Schalter. Sie nimmt erst dann deutlich ab, wenn der Schalter den vollen Laststrom führt. Während der Leitphase liegt die Durchlassspannung am Schalter an. Bei Dioden wird sie mit U_F bezeichnet.

Der Ausschaltvorgang geht ebenfalls nicht schlagartig vor sich. Nach Ablauf der Zeit $t_{d(aus)}$ reagiert der Schalter auf das Aus-Signal des Steuerkreises; die Schalterspannung steigt allmählich an. Erst danach sinkt auch der Schalterstrom. Während der Sperrphase ist die Spannung u_v des Schalters gleich U_d.

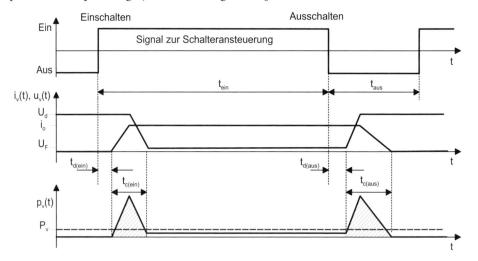

Bild 2.3 Zeitverläufe für Schalterstrom, Schalterspannung und Verlustleistung beim realen Schalter; oben: Ein-Aus-Signal für den Schalter, Mitte: Schalterstrom $i_v(t)$, Schalterspannung $u_v(t)$, unten: Verlustleistung im Schalter

Auch hier werden die entstehenden Schalterverluste im unteren Bildteil dargestellt. Im Unterschied zu **Bild 2.2** treten bei realen Schaltern Spannung und Strom und damit Leistungsverluste in allen Betriebsbereichen gleichzeitig am Schalter auf. Der Flächeninhalt der schraffierten Dreiecke entspricht den entstehenden Einschalt- bzw. Ausschaltverlusten. Deren Momentanwerte sind deutlich größer als die Durchlassverluste, die während der Leitphase des Schalters anfallen. Auch im ausgeschalteten Zustand fließt bei realen Schaltern immer noch ein geringer Sperrstrom. Dieser hat Sperrverluste zur Folge. Sie sind erheblich niedriger als die Durchlassverluste und werden meistens vernachlässigt.

Insgesamt weisen Leistungshalbleiter folgende Eigenschaften auf:

a) *Schaltverluste* (switching losses): Schaltvorgänge in Halbleitern verlaufen nicht unendlich schnell. Dadurch ist der Wechsel vom ausgeschalteten in den eingeschalteten Zustand und umgekehrt mit Verzögerungszeiten verbunden. Während dieser Zeiten fließt im Bauelement schon (noch) Strom und es liegt noch (schon) Spannung an und bewirkt die Schaltverluste während des Ein- und Ausschaltvorganges.

b) *Durchlassverluste* (forward losses): Der Schalter hat einen Durchlasswiderstand, der im leitenden Zustand zu einem Spannungsabfall U_F und damit zu Durchlassverlusten führt.

c) *Sperrverluste* (blocking losses): Auch im Sperrzustand fließt beim Anliegen einer Sperrspannung ein sog. Sperrstrom, dessen Höhe von der jeweiligen Halbleitertemperatur abhängt.

d) *Steuerverluste*: Das Ein- bzw. Ausschalten von Halbleiterschaltern ist nicht leistungslos möglich, sondern erfordert eine Ansteuerleistung, deren Höhe vom Typ des Bauelements abhängt.

Die in Stromrichtern tatsächlich verwendeten elektronischen Schalter kommen also den Anforderungen an ideale Schalter zwar teilweise sehr nahe, haben aber unvermeidliche Verluste. Die durch die Verluste erzeugte Wärme bewirkt einen Temperaturanstieg in den Bauelementen. Übersteigt die Sperrschichttemperatur bei Leistungshalbleitern Temperaturen von 150 °C, so wird das Bauelement i. Allg. nachhaltig geschädigt. Daher müssen bauelementspezifische Grenzwerte beachtet werden, die im Betrieb keinesfalls überschritten werden dürfen. Die zulässigen Daten der Leistungshalbleiter können den Datenblättern der Hersteller entnommen werden.

> *Leistungshalbleiter* weisen eine stark von der Stromrichtung abhängige Leitfähigkeit auf. In Vorwärtsrichtung können sie hohe Ströme bei nur geringem Spannungsabfall führen, während sie in Rückwärtsrichtung auch bei hohen Spannungen nur kleine Sperrströme zulassen.

Die heutzutage verfügbaren Leistungshalbleiter lassen sich in drei Gruppen einteilen. Dabei werden nach dem Grad der Steuerbarkeit des Bauelements folgende Kategorien unterschieden:

1. *passive Schalter* (Dioden): Leit- und Sperrzustand werden vom Leistungskreis gesteuert. Ein separater Steuerkreis existiert nicht.
2. *aktive Schalter*:
   – einschaltbare Schalter (Thyristoren): Der Thyristor wird durch ein Steuersignal eingeschaltet; der Übergang in den Sperrzustand wird vom Leistungskreis bestimmt. Ein gesteuertes Abschalten ist nicht möglich.
   – ein- und abschaltbare Schalter (verschiedene Arten von Transistoren, GTO, IGCT): Die Leistungshalbleiter werden durch Steuersignale im Steuerkreis ein- und ausgeschaltet. Ein gesteuertes Abschalten ist jederzeit möglich.

2.2 Diode

Lernziele:

Der Lernende …

- erläutert den Aufbau und die grundlegende Funktionsweise einer Diode
- beschreibt ihr Verhalten anhand der Schaltbedingungen sowie ihrer statischen Kennlinien

In **Bild 2.4** a) ist das Schaltzeichen einer Diode und in b) ihre stationäre Kennlinie gezeigt. Der positive äußere Anschluss wird als Anode (A) und der negative als Kathode (K) bezeichnet.

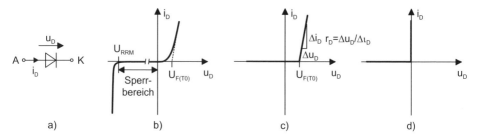

Bild 2.4 Diode; a) Schaltzeichen, b) reale Kennlinie, c) vereinfachte Kennlinie, d) idealisierte Kennlinie

Ist die Diode in Rückwärtsrichtung gepolt ($u_D < 0$), fließt im gesamten Sperrbereich bis zur Spannung U_{RRM} nur ein vernachlässigbar kleiner Sperrstrom in der Größenordnung von 1 mA. Übersteigt die angelegte Spannung den Wert von U_{RRM}, so steigt der Sperrstrom lawinenartig an. Die Indizes bedeuten <u>R</u>everse (Rückwärtsrichtung) <u>R</u>epetitive (wiederholt) <u>m</u>aximal. Demnach ist U_{RRM} der maximale Spannungswert, mit dem die Diode in Rückwärtsrichtung periodisch belastet werden darf. Wird dieser Wert dauerhaft überschritten, wird das Bauteil zerstört.

Ist das Anodenpotenzial der Diode höher als das Kathodenpotenzial ($u_D > 0$), fließt auch in Vorwärtsrichtung so lange nur ein kleiner Strom, bis die Schleusenspannung $U_{F(T0)}$ erreicht ist. Für $u_D > U_{F(T0)}$ fließt ein großer Durchlassstrom I_F. Der Spannungsabfall im Leitzustand ist auch bei großen Strömen relativ gering und liegt bei Siliziumdioden und den in der Leistungselektronik auftretenden Strömen in der Größenordnung von 1 V bis 2.5 V.

Trotz der eigentlich kleinen Durchlassspannung können beträchtliche Verlustleistungen entstehen.

Beispiel 2.1 Verlustleistung einer Diode

Ermitteln Sie näherungsweise die Verlustleistung einer Diode wenn sie einen Dauerstrom von 1000 A führt, eine Schleusenspannung von 1.5 V aufweist und der differentielle Widerstand vernachlässigt wird.

Lösung:

Die Durchlassverluste berechnet man als Produkt von Durchlassspannung und Durchlassstrom.

$P_v = U_{F(T0)} \cdot I_F = 1.5\,\text{V} \cdot 1000\,\text{A} = 1500\,\text{W}$

Mit den gegebenen Werten erhält man eine Verlustleistung von 1500 W, die über einen geeigneten Kühler abgegeben werden muss.

Wegen des sehr kleinen Leckstromes in Rückwärtsrichtung und der kleinen Durchlassspannung U_F in Vorwärtsrichtung kann die Diode in vielen Fällen durch die vereinfachte Kennlinie in Teilbild c) beschrieben werden. Hierbei wird der Sperrstrom komplett vernachlässigt. Ebenso geht man davon aus, dass ein Stromfluss in Durchlassrichtung erst dann zu Stande kommt, wenn die Spannung u_D über der Diode größer als die Flussspannung $U_{F(T0)}$ wird. Die weitere Kennlinie für $u_D > U_{F(T0)}$ wird als linear angenommen. Diesen Teil der Kennlinie kann man als differentiellen Widerstand r_D auffassen. Näherungsweise ermittelt man diesen Widerstand über die als konstant angenommene Steigung der Kennlinie

$r_D = \dfrac{\Delta u_D}{\Delta i_D}$

Die idealisierte Kennlinie nach Teilbild d) vernachlässigt sowohl die Flussspannung einer Diode als auch ihren Durchlasswiderstand. Hiernach sperrt die Diode für Spannungen kleiner als null; bei Spannungen größer null fließt ein Laststrom, dessen Größe vom Lastkreis abhängt, widerstandsfrei durch die Diode. Die idealisierte Darstellung vereinfacht die Analyse von Schaltungen und wird für alle Bauelemente angegeben. Für die Auslegung von Stromrichtern kann sie nicht verwendet werden, da hierfür u. a. die Verlustleistung zur Berechnung des Kühlerkörpers zu ermitteln ist.

Üblicherweise reicht die vereinfachte Diodenkennlinie nach Teilbild c) aus. Für diesen Fall zeigt **Bild 2.5** das Ersatzschaltbild einer Diode, die durch die Schleusenspannung $U_{F(T0)}$, den ohmschen Durchlasswiderstand r_D sowie eine ideale Diode nachgebildet werden kann.

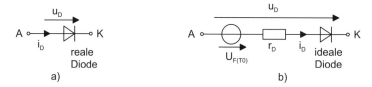

Bild 2.5 a) Schaltbild und b) Ersatzschaltbild einer Diode

Schaltverhalten der idealen Diode

Zur einfacheren Schaltungsanalyse wird die idealisierte Betrachtung nach **Bild 2.4** d) verwendet. Unter dieser Voraussetzung kann die Diode für den Einschaltvorgang näherungsweise als idealer passiver Schalter aufgefasst werden. Passiv in diesem Sinn bedeutet, dass das Ein- und Ausschalten nicht gezielt gesteuert werden kann, sondern aufgrund äußerer Umstände geschieht.

> Die Diode schaltet ein, wenn die Spannung u_D größer wird als null. Sie schaltet ab wenn der Strom i_D kleiner als der Haltestrom i_H wird. Sowohl Ein- als auch Ausschaltbedingung werden ausschließlich über den Lastkreis vorgegeben. Die Schaltbedingungen lauten:
>
> Einschalten: $U_D > 0$ (Lastkreis)   Ausschalten: $i_D < i_H \approx 0$ (Lastkreis)

Schaltverhalten der realen Diode

In Wirklichkeit sind die Verhältnisse beim Ausschalten etwas komplizierter. Während der Leitphase kommt es aufgrund der Eigenschaften des PN-Übergangs zu einer Speicherladung im Halbleitermaterial innerhalb des Bauelements. Während des Ausschaltvorganges muss diese Speicherladung aus dem Bauelement ausgeräumt werden, bevor die Diode erneut sperren kann.

Der Zeitverlauf in **Bild 2.6** verdeutlicht den Vorgang. Ausgehend von einem positiven Durchlassstrom nimmt der Diodenstrom i_D zeitlinear ab. Erreicht i_D die Nulllinie, so beginnt die im Bauelement gespeicherte Ladung Q_{rr} abzufließen. Die abfließende Ladung führt zu der dargestellten Rückstromspitze mit dem Scheitelwert I_{RM}. Nach Ablauf der Rückwärtserholzeit t_{rr} (reverse recovery) ist der Abschaltvorgang beendet. Bei Leistungsdioden kann die Rückstromspitze durchaus bis zu 100 A betragen. Die Rückwärtserholzeit liegt dabei in der Größenordnung von 10 bis 20 µs. Die Rückstromspitze kann in Stromkreisen mit Induktivitäten zwar zu unerwünschten Überspannungen führen, beeinträchtigt das grundlegende Verhalten des Stromrichters aber meistens nicht. Daher kann die Diode näherungsweise auch beim Abschalten als ideal angenommen werden.

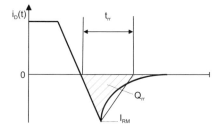

Bild 2.6 Abschaltvorgang einer Diode

Praktischer Einsatz von Dioden

Für den Praxiseinsatz sind verschiedene Diodentypen verfügbar:

a) Schottky-Dioden: Diese Dioden nutzen einen Metall-Halbleiterübergang. Sie werden eingesetzt, wenn eine geringe Durchlassspannung von ca. 0.3 V gefordert ist. Solche Dioden sind in der Sperrspannung auf Werte zwischen 50 bis 100 V begrenzt.

b) FRED-Dioden: Dioden mit sehr kurzer Rückwärtserholzeit (t_{rr} < 1 µs). Sie werden in Anwendungen mit hohen Schaltfrequenzen in Verbindung mit steuerbaren Schaltern eingesetzt (FRED bedeutet Fast Recovery Epitaxial Dioden).

c) Netzdioden: Die Durchlassspannung dieser Dioden wird auf Kosten einer größeren Rückwärtserholzeit so klein wie möglich gehalten. Die größere Rückwärtserholzeit stört bei Anwendungen mit Netzfrequenz (50 Hz, 60 Hz) nicht. Diese Dioden sind mit Sperrspannungen von einigen kV und Durchlassströmen von einigen kA erhältlich.

Wichtige Angaben in den Datenblättern sind Werte für:

a) U_{RRM}: Spitzensperrspannung; höchstzulässiger Augenblickswert der auftretenden periodischen Sperrspannung, maximal

b) I_{FAVM}: maximaler Mittelwert des Stroms in Durchlassrichtung; die Indizes bedeuten Forward (in Durchlassrichtung), Average (Mittelwert), maximal

c) I_{FRMSM}: maximaler Effektivwert des Stroms in Durchlassrichtung; die Indizes bedeuten Forward (in Durchlassrichtung), Root Mean Square (Effektivwert), maximal

2.3 Thyristor

Lernziele:

Der Lernende ...

- erläutert den Aufbau und die grundlegende Funktionsweise eines Thyristors
- beschreibt sein Verhalten anhand der Schaltbedingungen sowie seiner statischen Kennlinien

2.3.1 Eigenschaften, Schaltverhalten und Kennlinien

Der Thyristor ist im Prinzip eine Diode, die mit einem zusätzlichen Steueranschluss versehen ist. Die Leistungsanschlüsse werden wie bei der Diode mit Anode (A) und Kathode (K) bezeichnet. Über den Steueranschluss Gate (G) kann der Thyristor von einem Steuerkreis mit einem kurzen Stromimpuls eingeschaltet werden. Das Schaltzeichen eines Thyristors sowie seine reale und idealisierte Strom-Spannungs-Kennlinie sind in **Bild 2.7** wiedergegeben. Diese Kennlinie besteht aus drei Ästen, die mit „sperren", „blockieren" und „leiten" bezeichnet werden. Ebenso wie bei der Diode kann die reale Kennlinie aus Teilbild b) vereinfacht (Teilbild c)) und idealisiert dargestellt werden (Teilbild d)).

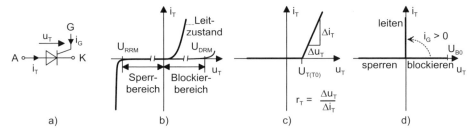

Bild 2.7 Thyristor; a) Schaltzeichen, b) reale Kennlinie, c) vereinfachte Kennlinie, d) idealisierte Kennlinie

Sperren

Bei Beanspruchung in Rückwärtsrichtung, also für Spannungen $u_T < 0$, verhält sich der Thyristor wie eine Diode: Solange die Spannung im Sperrzustand unterhalb der Rückwärtssperrspannung U_{RRM} bleibt, fließt ein vernachlässigbar kleiner Sperrstrom. Übersteigt die Sperrspannung den Wert von U_{RRM}, steigt der Strom lawinenartig an. Der Thyristor bricht durch.

Blockieren

Im Gegensatz zur Diode kann der Thyristor jedoch auch eine in Flussrichtung gepolte Spannung sperren. Diese Betriebsart wird blockieren genannt. Solange der Thyristor blockiert, fließt auch bei einer Spannung $u_T > 0$ in Vorwärtsrichtung nur ein vernachlässigbar kleiner Sperrstrom.

Kontrolliertes Zünden

Aus dem Blockierzustand kann der Thyristor durch einen gewollten Zündimpuls am Gate in den Leitzustand versetzt werden. Dazu muss für kurze Zeit ein positiver Strom in das Gate fließen. Dieser impulsförmige Strom wird als Zündimpuls bezeichnet. Er bewirkt das Einschalten des Thyristors und ermöglicht einen Stromfluss i_T in Durchlassrichtung von der Anode zur Kathode.

Unkontrolliertes Zünden

Unkontrolliertes und damit ungewolltes Zünden kann eintreten, wenn die Blockierspannung den Wert der sog. Nullkippspannung U_{B0} übersteigt. In diesem Fall zündet der Thyristor, obwohl kein Zündimpuls vorliegt.

Ändert sich die Spannung u_T von negativen zu positiven Werten, spricht man von einer positiven Spannungssteilheit du_T / dt. Einen Thyristor im Blockierbetrieb kann man sich vereinfachend als Kondensator vorstellen. Wird ein Kondensator mit einer veränderlichen Spannung beaufschlagt, fließt ein Kondensatorstrom, der umso größer ist, je schneller sich die Spannung verändert. Übersteigt der Strom, der im Thyristor aufgrund einer positiven Spannungssteilheit fließt, einen bestimmten Grenzwert, kann gleichfalls ein unkontrolliertes Zünden auftreten.

Leiten

Wird der Thyristor gezündet, so gilt in **Bild 2.7** die Kennlinie für den Leitzustand. Sobald ein Strom i_T fließt, der größer als der Mindeststrom i_L (Latching current) ist, „rastet" der Thyristor ein – ähnlich einem Schütz mit Selbsthaltung. Ab diesem Zeitpunkt ist kein weiterer Gatestrom für das Aufrechterhalten des Leitzustandes mehr erforderlich. Die Kennlinie im Leitzustand entspricht weitgehend der einer Diode. Daher kann der leitende Thyristor gegenüber der Diode durch vergleichbare Ersatzschaltbilder beschrieben werden (**Bild 2.5**). Typischerweise beträgt die Durchlassspannung des Thyristors 1 bis 3 V abhängig von der Sperrfähigkeit des Bauelements.

Abschalten

Ein normaler Thyristor kann *nicht* über einen negativen Strom am Gate abgeschaltet werden. Stattdessen leitet das Bauelement so lange, bis der Anodenstrom i_T den sog. Haltestrom i_H (Holding current) unterschreitet. Dann schaltet der Thyristor ab und geht in den Sperrzustand über. Wenn danach bei positiver Spannung der Blockierzustand erreicht ist, kann er erneut über das Gate eingeschaltet werden. Dieses Abschaltverhalten bedeutet, dass Thyristoren nicht in Schaltungen eingesetzt werden können, bei denen die Schalter zu vorgegebenen Zeiten ausgeschaltet werden müssen. Dagegen können sie bei Schaltungen, die mit Wechselspannungen fester Frequenz arbeiten, verwendet werden.

Wichtige Angaben in den Thyristor-Datenblättern sind Werte für

a) U_{RRM}: Spitzensperrspannung; höchstzulässiger Augenblickswert der auftretenden periodischen Sperrspannung
b) I_{TAVM}: maximal zulässiger Mittelwert des kontinuierlichen Durchlassstromes; bei diesem Wert wird die maximal zulässige Sperrschichttemperatur erreicht
c) I_{TRMSM}: maximal zulässiger Effektivwert des Stroms in Durchlassrichtung
d) $U_{T(T0)}$: typische Schleusenspannung
e) I_H: Haltestrom (Holding current)
f) I_L: Einraststrom (Latching current)
g) $(du/dt)_{cr}$: kritische Spannungssteilheit, bei der der Thyristor ungewollt zünden kann

> Der Thyristor schaltet kontrolliert ein, wenn die Spannung u_T größer ist als null *und* ein kurzer Zündimpuls am Gate gegeben wird. Ein gesteuertes Ausschalten ist nicht möglich. Der Thyristor schaltet ab, wenn der Strom i_T den Wert null erreicht. Das Einschalten kann durch den Gatestrom gesteuert werden; der Ausschaltzeitpunkt wird durch den Lastkreis bestimmt. Entsprechende Schaltbedingungen für einen Thyristor lauten:
>
> Einschalten: $u_T > 0$ (Lastkreis) *und* $i_G > 0$ (Steuerkreis)
>
> Ausschalten: $i_T < i_H$ (Lastkreis)

2.3.2 Spannungsbelastbarkeit und Überspannungsschutz

Leistungshalbleiter weisen eine scharf begrenzte Sperr- und Blockierfähigkeit auf. Werden die zulässigen Grenzwerte überschritten, geht die Sperr-Blockierfähigkeit

2.3 Thyristor

dauerhaft verloren. Daher müssen die an den Bauelementen anliegenden Spannungen immer unterhalb der zulässigen Grenzwerte bleiben.

Bei der Auslegung ist zu berücksichtigen, dass die Netzspannungstoleranz 10 % beträgt. Des Weiteren müssen Überspannungsspitzen beachtet werden. Überspannungen entstehen zum einen durch Schaltvorgänge innerhalb des Stromrichters selbst. Zum anderen können Überspannungen – beispielsweise durch Blitzeinschlag – von außen in den Stromrichter übertragen werden. Für die Dimensionierung der Ventile wird die Überspannung nach Gl. (2.1) durch den Sicherheitsfaktor k erfasst.

$$U_{RRM} > k \cdot 1{,}1 \cdot \hat{U}_T \quad \text{mit} \quad 1{,}5 < k < 2{,}5 \tag{2.1}$$

Hierbei versteht man unter $\hat{U}_T$ den Scheitelwert der am Ventil anliegenden Sperrspannung in Rückwärtsrichtung.

Beispiel 2.2 Sperrfähigkeit eines Thyristors

Ein Thyristor wird mit einer sinusförmigen Wechselspannung von U_{RMS} = 230 V belastet. Kann ein Bauelement mit U_{RRM} = 500 V eingesetzt werden?

Lösung:

Berücksichtigt man Überspannungen lediglich mit $k = 1{,}5$, so erhält man

$$U_{RRM} > 1{,}5 \cdot 1{,}1 \cdot \hat{u}_T = 1{,}5 \cdot 1{,}1 \cdot \sqrt{2} \cdot 230\,\text{V} = 535\,\text{V}$$

Dieser minimale Wert übersteigt bereits 500 V. Daher kann das obige Bauelement nicht zum Einsatz kommen.

Um Überspannungen zu beherrschen, die über diese Auslegung hinausgehen, werden Schutzbeschaltungen eingesetzt. Im Bedarfsfall müssen diese Schutzbeschaltungen sehr schnell greifen, da zu hohe Spannungen die Leistungshalbleiter bereits innerhalb von wenigen μs empfindlich schädigen können.

Spannungssteilheit

Beim Abschalten von Thyristoren liegen ähnliche Zeitverläufe wie in **Bild 2.6** bei der Diode vor. Auch beim Thyristor müssen die durch den Trägerspeichereffekt (TSE) im Bauelement vorhandenen Ladungsträger ausgeräumt werden, ehe er die Sperrfähigkeit wiedererlangen kann.

Beim Abschalten des Thyristors steigt der Strom lt. **Bild 2.8** nach dem Nulldurchgang mit umgekehrtem Vorzeichen wieder an. Am Ende der Speicherzeit t_s ist die Speicherladung ausgeräumt und es kommt nach dem Erreichen der Rückstromspitze zu einer starken Stromänderung, dem sog. Stromabriss. Diese Stromänderung bewirkt in Verbindung mit den im Stromkreis immer vorhandenen Induktivitäten eine große Überspannung am Bauelement, die zu dessen Zerstörung führen kann.

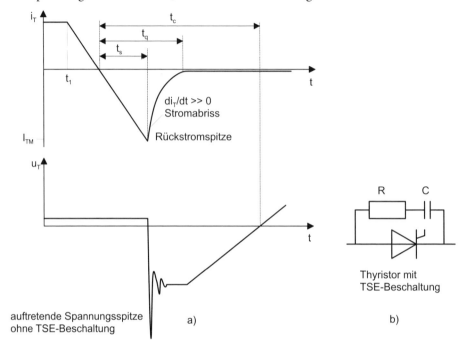

Bild 2.8 a) Abschaltvorgang beim Thyristor, Definition von Freiwerdezeit t_q und Schonzeit t_c; b) Thyristor mit TSE-Beschaltung

Zur Erläuterung der Spannungsspitze, die ohne die TSE-Beschaltung am Bauelement auftreten würde, dient **Bild 2.9**. Hier ist in Reihe zum Thyristor die Induktivität L_s eingezeichnet. Solche Induktivitäten kommen in praktisch allen realen Stromkreisen vor und setzen sich aus Streuinduktivitäten von Transformatorwicklungen, aber auch Serieninduktivitäten von Kabeln und Stromschienen innerhalb des Stromrichters zusammen. Sie sind unerwünscht, doch nicht vermeidbar und werden daher als parasitäre Induktivitäten bezeichnet.

Der Abschaltvorgang beginnt lt. **Bild 2.8** zum Zeitpunkt t_1. Vereinfachend wird unterstellt, dass der Thyristorstrom i_T zunächst zeitlinear abnimmt. Mit dem Erreichen der Nulllinie werden die Ladungsträger aus dem Bauelement ausgeräumt und es kommt zu einem kurzzeitigen Strom in negativer Richtung, der die Rückstromspitze mit der Amplitude i_{TM} erreicht. Jetzt sind alle Ladungsträger aus dem Bauelement entfernt; ein weiterer Strom kann nicht aufrechterhalten werden und der Strom i_T strebt mit einer großen Änderungsgeschwindigkeit $di_T/dt \gg 0$ gegen null. Diese Stromänderung induziert in der parasitären Induktivität eine Spannung, die am Thyristor wirksam wird.

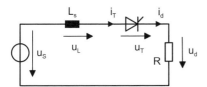

Bild 2.9 Ersatzschaltbild zur Erläuterung der Überspannung beim Abschalten

Beispiel 2.3 Berechnung der Spannungsspitze am Thyristor

Berechnen Sie die Höhe der Spannungsspitze, die am Thyristor auftritt, wenn die Schaltung mit Netzspannung versorgt wird, die Streuinduktivität 1 µH und die maximale Stromänderung unmittelbar nach der Rückstromspitze 10^3 A/µs beträgt.

Lösung:

Unmittelbar nach der Rückstromspitze schaltet der Thyristor ab. Damit wird $i_d(t)$ und also auch $u_d(t)$ zu null. Es gilt die Maschengleichung

$$u_T = -u_L + u_s - u_d = -u_L + u_s \qquad \text{mit} \qquad u_L = L \cdot \frac{di_T}{dt} = L \cdot \frac{di_d}{dt}$$

Mit den Zahlenwerten ergibt sich:

$$u_T = -(10^{-6}\,H \cdot 10^3\,\frac{A}{\mu s}) + 220\,V = -(10^{-6}\,H \cdot 10^9\,\frac{A}{s}) + 220\,V = -1000\,V + 220\,V = -780\,V$$

Die Spannungsspitze am Thyristor beträgt demnach –780 V.

Um diese durch den Schaltvorgang des Bauelements hervorgerufenen Überspannungen zu begrenzen, werden zu den Thyristoren RC-Glieder parallel geschaltet. Dieser Überspannungsschutz wird TSE-Beschaltung genannt.

Am Ende der Freiwerdezeit t_q sind die Ladungen weitgehend aus dem Thyristor ausgeräumt; es fließt der statische Sperrstrom. Erst nach Ablauf der Schonzeit t_c wird das Bauelement wieder mit Blockierspannung belastet. In allen Fällen muss die Schonzeit größer als die Freiwerdezeit sein, da das Bauelement ansonsten seine Sperrfähigkeit noch nicht wiedererlangt hat.

Strombelastbarkeit

Die Leistungsdaten von Halbleitern gelten bis zu einer Maximaltemperatur des Halbleitermaterials, die in den Datenblättern angegeben wird. Die Halbleitertemperatur wiederum hängt ab von den im Bauelement entstehenden Verlusten, seinem Wärmewiderstand und der Wirkung vorhandener Kühlkörper.

Bei netzgeführten Stromrichtern dominieren die Durchlassverluste. Sie bestimmen daher die Strombelastbarkeit der Dioden und Thyristoren bei diesen Anwendungen. Die Durchlassverluste werden näherungsweise aus der statischen Kennlinie nach **Bild 2.7** c) bestimmt. Allgemein gilt für die Durchlassverluste eines Thyristors:

$$p_T(t) = u_T(t) \cdot i_T(t) \tag{2.2}$$

Wird die Spannung am Thyristor durch die vereinfachte Kennlinie aus **Bild 2.7** c) beschrieben, so wird daraus

$$p_T(t) = \left(U_{T(T0)} + r_T \cdot i_T(t)\right) \cdot i_T(t) = U_{T(T0)} \cdot i_T(t) + r_T \cdot i_T^2(t)$$

Die Schleusenspannung $U_{T(T0)}$ ist eine Gleichspannung und setzt nur mit dem Mittelwert des Thyristorstromes I_{TAV} Verlustleistung frei. Am Durchlasswiderstand r_T hingegen erzeugen sowohl der Gleich- als auch der Wechselanteil von i_T, also sein Effektivwert I_{TRMS}, Leistungsverluste. Unter diesen Voraussetzungen ergibt sich für die mittlere Verlustleistung am Ventil die Beziehung

$$P_T = U_{T(T0)} \cdot I_{TAV} + r_T \cdot I_{TRMS}^2$$

2.4 Transistoren

Lernziele:

Der Lernende ...

- erläutert den Aufbau und die grundlegende Funktionsweise der verschiedenen Transistortypen
- unterscheidet strom- und spannungsgesteuerte Transistoren
- beschreibt ihr Verhalten anhand der Schaltbedingungen sowie der statischen Kennlinien
- kennt unterschiedliche Eigenschaften von MOSFET, Bipolar-Transistor und IGBT

Ein- und Ausschaltzeitpunkte können bei der Diode überhaupt nicht oder nur teilweise (Einschaltzeitpunkt beim Thyristor) durch Steuerkreise vorgegeben werden. Transistoren sind dagegen vollsteuerbare Halbleiterschalter. Bei ihnen können sowohl Ein- als auch Ausschaltzeitpunkt gesteuert werden. Es existieren mehrere unterschiedliche Transistorbauformen, von denen die wichtigsten nachfolgend beschrieben werden.

2.4.1 MOSFET (Unipolar-Transistor)

Das Steuerprinzip von Feldeffekt-Transistoren (FET) besteht darin, dass der Leitwert eines Halbleiterkanals mit Hilfe eines elektrischen Feldes verändert wird. Dieses Verfahren, das seit etwa 1960 technisch genutzt werden kann, führte zu mehreren Bauformen. Unter ihnen erfüllt der selbstsperrende Isolierschicht-FET die Anforderungen an einen Leistungs-Schalttransistor am besten. Da immer nur eine Ladungsträgerart (P- oder N-Kanal) am Stromtransport beteiligt ist, werden diese Elemente auch als unipolare Bauelemente bezeichnet. Am häufigsten wird die Ausführung als selbstsperrender N-Kanal-Typ eingesetzt. Selbstsperrend bedeutet hierbei, dass der Transistor ohne angelegte Spannung sicher sperrt. Sein Aufbau ist in **Bild 2.10** dargestellt.

Der selbstsperrende N-Kanal-Typ besteht aus einem P-dotierten Halbleiterträger (Substrat), in den zwei N^+-dotierte Wannen (Source, Drain) eingebracht werden. Beide Wannen sind leitend mit den Anschlüssen Source und Drain verbunden. Zwischen dem Gate-Anschluss und dem Substrat liegt eine Isolierschicht, die aus Siliziumdioxid SiO_2 besteht und keine leitende Verbindung zum Halbleiter hat.

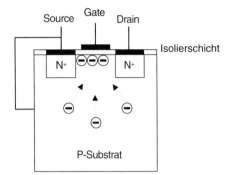

Bild 2.10 Prinzipieller Aufbau eines selbstsperrenden N-Kanal-MOS-Transistors

Neben den selbstsperrenden gibt es auch selbstleitende MOSFETs. Hier leitet der Transistor im Ruhezustand und wird erst durch das Anlegen einer äußeren Spannung abgeschaltet.

Einschalten

Wird zwischen Gate und Source eine positive Spannung $U_{GS} > 0$ angelegt, so werden Elektronen aus dem Substrat von der Gate-Elektrode angezogen. Aufgrund der Isolierschicht zwischen Gate und Substrat können sie nicht an der Gate-Elektrode abfließen, sondern sammeln sich in dem Bereich unter der Isolierschicht. Sind ausreichend viele Elektronen vorhanden, so bilden sie zwischen Source und Drain einen leitfähigen Kanal aus. Je größer die Gate-Source-Spannung wird, desto mehr Elektronen werden angezogen und umso besser gestaltet sich die Leitfähigkeit des Kanals. Eine positive Gate-Source-Spannung führt zur Ausbildung des Kanals und schaltet den MOSFET daher ein.

Die Gate-Substrat-Steuerstrecke stellt einen Kondensator dar. Daher fließt im eingeschalteten Zustand trotz positiver Gate-Source-Spannung kein Steuerstrom. Dies bedeutet eine quasi leistungslose Ansteuerung mit sehr kurzen Schaltzeiten, die für die Anwendung als Schalter sehr vorteilhaft ist.

Ausschalten

Wenn zwischen Gate und Substrat keine Spannung anliegt, ist kein Kanal vorhanden. Die Source-Drain-Strecke ist dann hochohmig und der Transistor somit ausgeschaltet. Ein solcher FET ist daher selbstsperrend.

Um einen MOSFET ein- und wieder auszuschalten, muss die erwähnte Gate-Source-Kapazität erst auf- und dann wieder entladen werden. Damit der Transistor rasch ein- und ausgeschaltet wird, muss der Umladevorgang zügig vorangehen und erfordert hohe kapazitive Ladeströme. Obwohl der MOSFET ein spannungsgesteuertes Bauelement ist und stationär keine Steuerströme fließen, sind zum schnellen Umladen der Gate-Source-Kapazität dennoch erhebliche Ladeströme erforderlich. Diese müssen von der Ansteuerelektronik aufgebracht werden.

Statische Kennlinien

Das Schaltzeichen eines MOS-Transistors sowie seine reale und idealisierte Strom-Spannungs-Kennlinie sind in **Bild 2.11** wiedergegeben. Mit steigender Gate-Source-Spannung nimmt der Drainstrom i_D zu, den ein MOS-Transistor bei gegebener Drain-Source-Spannung U_{DS} führen kann. Für den eingeschalteten Zustand werden beim MOS-Transistor – wie bei allen anderen Transistorarten auch – nur Betriebspunkte verwendet, die in der Nähe des dick ausgezogenen ohmschen Bereiches liegen. In diesem Bereich verhält sich der MOSFET wie ein steuerbarer ohmscher Widerstand. Ist der Transistor ausgeschaltet, so fließt kein Drainstrom. Die reale Kennlinie aus Teilbild b) kann wie bei den vorangegangenen Bauelementen auch zur Schaltungsanalyse vereinfachend durch die idealisierte Kennlinie nach Teilbild c) angenähert werden.

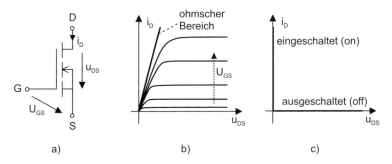

Bild 2.11 MOS-Transistor; a) Schaltzeichen, b) reale Kennlinie, c) idealisierte Kennlinie

Inversdiode

Üblicherweise sind Substrat und Source leitend miteinander verbunden. Vom P-dotierten Substrat über die N^+-dotierte Drain-Elektrode entsteht daher ein PN-Übergang. Dieser bildet eine Diode mit der Durchlassrichtung von Source nach Drain. Sie überbrückt den Transistor entgegen der Schaltrichtung und wird als Inversdiode bezeichnet. Ein N-Kanal-FET ist also nur bei positivem Potenzial von Drain gegenüber Source ($U_{DS} > 0$) sperrfähig.

Die Inversdiode ist für viele Anwendungen wie etwa das Schalten induktiver Lasten vorteilhaft. Spezielle Fertigungsprozesse ermöglichen die Herstellung von MOS-Transistoren, deren Inversdioden eine verringerte Speicherladung und dadurch eine verkürzte Abschaltzeit aufweisen. Nach der Bezeichnung Fast Recovery Epitaxial Diode werden solche Bauelemente auch FRED-FET genannt.

Bahnwiderstand $R_{DS(on)}$

Der Stromfluss zwischen den Hauptelektroden Drain und Source kommt über den leitfähigen Kanal zustande, der in Abhängigkeit von der Gate-Source-Spannung unterschiedlich breit ausgebildet ist. Ein MOS-Transistor verhält sich daher wie ein ohmscher Widerstand. Die anliegende Drain-Source-Spannung ist direkt proportional zum fließenden Drain-Strom. Der Proportionalitätsfaktor wird als Drain-Source-Widerstand $R_{DS(on)}$ bezeichnet und bestimmt entscheidend die Durchlassverluste des Bauelements. $R_{DS(on)}$ steigt mit der Temperatur an und beträgt bei einer Sperrschichttemperatur von 125 °C nahezu das Doppelte des im Datenblatt angegebenen Wertes für $T_J = 25$ °C. Im eingeschalteten (on) Zustand des Kanals verursacht der Bahnwiderstand $R_{DS(on)}$ der Drain-Source-Strecke hohe Durchlassverluste und begrenzt die Drainströme bei MOS-Transistoren auf Höchstwerte von etwa 200 A. Erreichbar sind Schaltleistungen bis etwa 20 kVA.

Wichtige Angaben in den MOSFET-Datenblättern sind Werte für

a) $U_{(BR)DS}$: maximale Blockierspannung; wird diese überschritten, fließt bei hoher Drain-Source-Spannung ein großer Strom, der das Bauelement zerstört (Avalanchedurchbruch)
b) $U_{GS(th)}$: Die angelegte Gate-Source-Spannung muss diesen Schwellwert (Threshold) übersteigen, damit der MOS-Transistor einschaltet.
c) $R_{DS(on)}$: Bahnwiderstand des Kanals bei 25 °C. Dieser steigt bei höheren Temperaturen etwa auf das Doppelte an. Bei P-Kanal-Typen ist der Bahnwiderstand grundsätzlich höher als bei N-Kanal-Typen. Daher werden bei Anwendungen höherer elektrischer Leistung fast ausschließlich N-Kanal-Typen eingesetzt.

MOS-Transistoren sind spannungsgesteuerte Bauelemente und können nahezu leistungslos ein- und ausgeschaltet werden. In jedem MOS-Transistor ist aufbaubedingt eine Inversdiode enthalten. Nachteilig ist der hohe Durchlasswiderstand

2.4 Transistoren

$R_{DS(on)}$ im eingeschalteten Zustand. Die Schaltbedingungen für einen selbstsperrenden N-Kanal-MOSFET lauten:

Einschalten: $U_{GS} > U_{GS(th)}$ Ausschalten: $U_{GS} = 0$

Übung 2.1

Dürfen MOSFETs parallel geschaltet werden?

Übung 2.2

Skizzieren Sie den Aufbau eines selbstsperrenden P-Kanal-MOSFET. Wie lauten dessen Schaltbedingungen?

2.4.2 Bipolar-Transistor

Zu Beginn der Entwicklung abschaltbarer Bauelemente wurden Bipolar-Transistoren für den unteren und mittleren Leistungsbereich eingesetzt. Aus heutigen Anwendungen sind sie jedoch weitgehend verschwunden und durch MOSFETs und IGBTs verdrängt worden. Zum besseren Verständnis des IGBTs werden Aufbau, Kennlinien und Funktionsweise des NPN-Transistors erläutert.

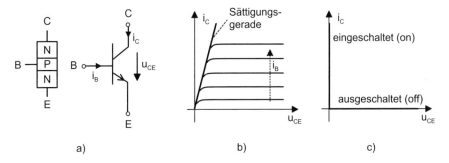

Bild 2.12 Bipolar-Transistor; a) Aufbau und Schaltzeichen, b) reale Kennlinie, c) idealisierte Kennlinie

Das Schaltzeichen eines NPN-Transistors sowie seine reale und idealisierte Strom-Spannungs-Kennlinie sind in **Bild 2.12** wiedergegeben. Die drei Schichten und ihre äußeren Anschlüsse tragen die Bezeichnung Emitter (E), Basis (B) und Kollektor (C). Maßgeblich für die Funktion ist die sehr geringe Dicke der Basisschicht. Bei Schalttransistoren beträgt sie 30 bis 80 µm.

Ein- und Ausschalten

Bei offenem Basisanschluss enthält die Emitter-Kollektor-Strecke zwei einander entgegengeschaltete PN-Übergänge. Der Kollektor-Basis-Übergang wird bei der in **Bild 2.12** a) angegebenen Spannungspolarität von U_{CE} in Sperrrichtung beansprucht und lässt nur einen kleinen Sperrstrom zu. Wird der Transistor mit einem Basisstrom I_B versorgt, so wird der eigentlich gesperrte Kollektor-Basis-Übergang mit Ladungsträgern überschwemmt und dadurch leitend. Dies schaltet den Transistor ein. Am Stromfluss sind P- und N-Ladungsträger beteiligt; daher stammt der Name Bipolar-Transistor.

Schaltverhalten

Der Bipolar-Transistor ist ein stromgesteuertes Bauelement. Der Basisstrom muss kontinuierlich fließen, um den Leitzustand aufrechtzuerhalten. Das Einschalten ist im Unterschied zum MOS-Transistor daher nicht leistungslos möglich. Im ausgeschalteten Zustand muss eine nennenswerte negative Spannung zwischen Basis und Emitter anliegen, damit die volle Sperrfähigkeit bei vernachlässigbar kleinem Leckstrom erreicht wird. Die Durchlassspannungen U_{CE} während des Leitzustandes liegen im Bereich von 1 ... 2 V. Die Durchlassverluste sind daher relativ klein.

Bipolar-Transistoren weisen beim Abschalten eine deutliche Verzögerung zwischen dem Schaltsignal und dem tatsächlichen Übergang in den Sperrzustand auf, die *Speicherzeit* genannt wird. Im Vergleich zu MOS-Transistoren handelt es sich um langsam schaltende Bauelemente.

Für den Betrieb von Bipolar-Transistoren ist eine nennenswerte Ansteuerleistung erforderlich. Die Schaltgeschwindigkeit ist geringer als die von MOS-Transistoren. Die Schaltbedingungen für einen NPN-Transistor lauten:

Einschalten: $i_{BE} > 0$ Ausschalten: $i_{BE} = 0$

Obwohl die Durchlassverluste kleiner sind als bei MOS-Transistoren, haben sie ihre Bedeutung als Leistungsschalter bereits seit einigen Jahren weitgehend verloren.

2.4.3 IGBT

Bipolare Transistoren mit isoliertem Steueranschluss (Insulated Gate Bipolar Transistor – kurz IGBT) vereinigen in sich die Vorteile der bipolaren und der Feldeffekt-Transistoren. Der IGBT ist im Prinzip ein bipolarer Transistor, der über einen integrierten MOSFET angesteuert wird. Deshalb ist das Schaltsymbol ein modifiziertes Transistor-Symbol. Ebenso wie der MOSFET ist der IGBT ein spannungsgesteuertes Bauelement, das mit geringer Ansteuerleistung betrieben werden kann. Wie der Bipolar Transistor weist der IGBT eine geringe Durchlassspannung auf, die beträchtlich unter der von vergleichbaren MOS-Transistoren liegt. Die Durchlassverluste des IGBT sind demnach ebenfalls geringer als bei MOSFETs.

Im Leistungszweig ist der IGBT ein bipolares Bauelement. Zwar sind die Schaltzeiten dadurch langsamer als beim MOSFET; die vom Bipolar-Transistor bekannte Speicherzeit tritt aber nicht auf.

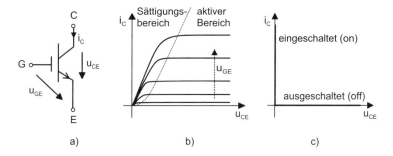

Bild 2.13 IGBT; a) Schaltzeichen, b) reale Kennlinie, c) idealisierte Kennlinie

Wichtige Angaben in den IGBT-Datenblättern sind Werte für

a) U_{CES}: maximale Blockierspannung. Wird diese überschritten fließt bei hoher Kollektor-Emitterspannung ein großer Strom, der das Bauelement zerstört (Avalanchedurchbruch).
b) $U_{GE(th)}$: Die angelegte Gate-Emitter-Spannung muss diesen Schwellwert (Threshhold) übersteigen, damit der IGBT einschaltet.
c) I_{TRMS}: maximal zulässiger Effektivwert des Kollektorstroms in Durchlassrichtung.
d) $U_{T(T0)}$: typische Durchlassspannung beim IGBT.

> Der IGBT ist ein einfach und verlustarm ansteuerbares Schaltelement mit geringen Durchlassverlusten. Er vereinigt die Vorteile von MOSFET und Bipolar-

Transistor und kommt den Anforderungen an ideale Schalter aus Abschnitt 2.1 sehr nahe. Die Schaltbedingungen für einen IGBT lauten:

Einschalten: $U_{GE} > U_{GE(th)}$ Ausschalten: $U_{GE} = 0$

2.4.4 Gemeinsamkeiten von Transistoren

Bipolar-Transistoren, MOSFETs und IGBTs weisen einige Gemeinsamkeiten auf. In **Bild 2.14** ist beispielhaft das Ausgangskennlinienfeld eines IGBT wiedergegeben. Aus Gründen der Übersichtlichkeit sind allerdings nur drei Kennlinien $I_C = f(U_{CE})$ mit U_{GE} als Parameter dargestellt. Die nachfolgenden Aussagen können sinngemäß auf Bipolar- und MOS-Transistoren übertragen werden.

Das Ausgangskennlinienfeld wird in den Sättigungsbereich und den aktiven Bereich unterteilt. Im Sättigungsbereich kann das Bauelement hohe Ströme bei vergleichsweise kleinen Kollektor-Emitter-Spannungen führen. Der aktive Bereich wird auch als analoger Bereich bezeichnet und vorwiegend bei Transistorschaltungen der Signalelektronik, aber nicht im Schaltbetrieb verwendet.

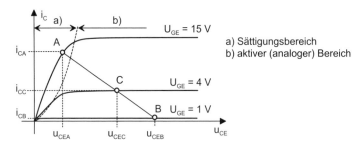

Bild 2.14 Schaltübergangsverhalten eines IGBT

Arbeitspunkte im Ausgangskennlinienfeld

Ist der Transistor ausgeschaltet, so liegt der Arbeitspunkt B ($U_{GE} < U_{GE(th)}$) vor. Die am Bauelement anliegende Kollektor-Emitter-Spannung U_{CEB} wird vom Lastkreis bestimmt. Es fließt nur ein kleiner Kollektorstrom i_{CB}, so dass keine nennenswerten Verluste im Sperrzustand auftreten.

Die Gate-Emitter-Spannung U_{GE} um das Bauelement einzuschalten muss so gewählt werden (im Beispiel $U_{GE} = 15$ V), dass sich der Arbeitspunkt A im Bereich des steilen Kennlinienteils, dem sog. Sättigungsbereich, einstellt. In diesem Arbeitspunkt fließt

2.4 Transistoren

der gewünschte Kollektorstrom. Gleichzeitig tritt als Spannungsabfall lediglich die Sättigungsspannung U_{CEA} auf; sie beträgt etwa 1 V bis 3 V und bestimmt die auftretenden Durchlassverluste.

Der Dauerbetrieb im aktiven Bereich, beispielsweise im Arbeitspunkt C, ist für Schalttransistoren nicht zulässig. Die am Bauelement anliegende Kollektor-Emitter-Spannung U_{CEC} in Verbindung mit dem dort fließenden Kollektorstrom i_{CC} ergäben sehr hohe Verlustleistungen, die das Bauelement innerhalb kurzer Zeit zerstören würden.

Bei jedem Schaltvorgang wird der aktive Bereich allerdings zweimal durchlaufen, um vom eingeschalteten in den ausgeschalteten Zustand und umgekehrt zu gelangen. Pro Schaltspiel treten so kurzzeitige Verlustleistungen auf. Sie werden Einschalt- und Ausschaltverluste genannt.

Sicherer Arbeitsbereich

Um eine Zerstörung der Bauelemente durch zu hohe Erwärmung auszuschließen, müssen die Schaltvorgänge ebenso wie der stationäre Betrieb innerhalb gewisser Grenzen verlaufen. Diese Grenzen bestimmen den zulässigen Betriebsbereich (Safe Operating Area). Zur Schaltungsauslegung benutzt man bei Transistoren anstatt des Ausgangskennlinienfeldes die Angaben des sog. SOA-Diagramms in **Bild 2.15**.

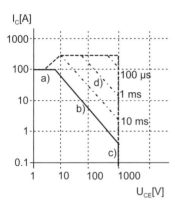

Bild 2.15 SOA-Diagramm eines IGBT

Es ist üblicherweise in doppelt-logarithmischer Form aufgebaut und enthält die Grenzwerte der beiden Größen U_{CE} bzw. U_{DS} sowie I_C bzw. I_D.

- a) markiert die Grenze des maximalen Dauerstroms, den das Bauelement führen kann.

- b) markiert den Bereich der höchstzulässigen Verlustleistung, mit der das Bauelement beansprucht werden darf. Aufgrund des doppelt-logarithmischen Maßstabs wird der typische Verlauf der Leistungshyperbel hier als Gerade abgebildet.
- c) gibt die maximale Spannung an, mit der das Bauelement belastet werden darf.

Die Belastungen, die im SOA-Diagramm mit durchgezogenen Linien angegeben sind, dürfen überschritten werden. Zusätzliche strichpunktiert gezeichnete Kurven geben an, für welche Zeiträume höhere Belastungen zugelassen sind.

Beispiel 2.4 Ist es zulässig, den IGBT aus **Bild 2.15** mit 120 A zu belasten?

Lösung: Ja, für die Dauer von 1 ms darf auch eine Belastung gemäß der Linie d) auftreten.

Die angegebenen Maximalwerte gelten für eine Gehäusetemperatur von 25 °C und nur für Einzelimpulse, die das Bauelement nicht über die maximale Sperrschichttemperatur von 150 °C aufheizen. Obwohl die Kurve b) im **Bild 2.15** die Grenze der maximalen Verlustleistung wiedergibt, dürfen Transistoren, die für den Schaltbetrieb entwickelt wurden, im aktiven Bereich nicht über längere Zeit betrieben werden.

> Arbeitspunkte für Schalttransistoren liegen im Sättigungsbereich und nicht im aktiven Bereich des Ausgangskennlinienfeldes. Die Grenzbelastungen sind im SOA-Diagramm erfasst.

2.5 Abschaltbare Thyristoren

Lernziele:

Der Lernende …

- kennt Einsatzgebiete und Eigenschaften abschaltbarer Thyristoren

2.5.1 Gate-Turn-Off-Thyristor (GTO)

Sehr große Schaltleistungen im MW-Bereich, wie sie z.B. bei elektrischen Lokomotiven erforderlich sind, können mit IGBTs heutzutage noch nicht beherrscht werden. In solchen Anwendungen werden abschaltbare Thyristoren (GTO) verwendet, die durch einen positiven Gate-Strom ein- und – im Gegensatz zu normalen Thyristoren – durch einen negativen Gate-Strom auch wieder aktiv abgeschaltet werden können.

Um einen GTO abzuschalten muss der negative Gate-Strom mit sehr großer Flankensteilheit in die Gate-Elektrode eingeprägt werden. Ein sicheres Abschalten wird erreicht, wenn die Amplitude des Gate-Stroms etwa 30 % des Laststromes beträgt. Diese Anforderungen machen die Ansteuerung von GTOs aufwändig und teuer. Die Schaltgeschwindigkeit ist gering, so dass die erreichbaren Schaltfrequenzen kleiner 1000 Hz sind. Daher wird dieses Bauelement hauptsächlich in Leistungsbereichen zwischen 1 MVA und 20 MVA bei großen drehzahlgeregelten Antrieben oder Netzkupplungen für die Bahnstromversorgung eingesetzt.

> GTOs sind abschaltbare Thyristoren, die im oberen Leistungsbereich genutzt werden. Ihre Schaltgeschwindigkeit und die erreichbaren Schaltfrequenzen sind deutlich kleiner als die von IGBTs und MOSFETs.

2.5.2 Integrated-Gate-Commutated-Thyristor (IGCT)

Der GCT (Gate-Commutated-Thyristor) gleicht im Aufbau einem GTO. Er wird jedoch mit sehr steilen Steuerimpulsen ein- und ausgeschaltet („hartes Schalten"), um die Ausschaltverluste zu verringern. Solche steilen Steuerimpulse erfordern niederinduktive Ansteuerschaltungen, die sehr nahe am Gate angeordnet sein müssen. Deshalb wird die Ansteuerschaltung in den GCT eingebaut, so dass ein GCT mit integrierter Ansteuerung (IGCT) entsteht. Der IGCT verbindet die Vorteile des hart angesteuerten GTO-Thyristors, beispielsweise sein gegenüber dem normalen Thyristor erheblich verbessertes Abschaltverhalten, mit Neuerungen auf der Bauelement-, Gate-Treiber- und Anwendungsebene. Die induktivitätsarme Kombination von Thyristor und Ansteuerung führt zu einem homogenen Abschaltvorgang. Dadurch werden die beim GTO erforderlichen Beschaltungsmaßnahmen überflüssig.

> Der IGCT ist eine Weiterentwicklung des GTO und über Stromimpulse sowohl ein- als auch ausschaltbar. Gegenüber dem GTO besitzt der IGCT sehr kurze Ein- und Ausschaltzeiten. Dadurch können höhere Schaltfrequenzen auch im oberen Leistungsbereich erreicht werden.

2.6 Erwärmung und Kühlung von Leistungshalbleitern

Lernziele:

Der Lernende …

- beschreibt die Leistungsverluste, die bei den unterschiedlichen Halbleiterbauelementen auftreten
- berechnet Einzel- und Gesamtverluste im Stationärbetrieb
- dimensioniert erforderliche Kühlkörper

Die einwandfreie Funktion eines Leistungshalbleiters ist nur dann sichergestellt, wenn die vom Hersteller vorgegebenen maximalen Sperrschichttemperaturen des Halbleiterkristalls eingehalten werden. Um eine Zerstörung des Halbleiters zu vermeiden, darf die entstehende Verlustwärme nicht im Bauelement bleiben, sondern muss an die Umgebung abgeführt werden. Bei kleineren Leistungen geht dies noch über das Halbleitergehäuse. Größere Leistungen erfordern geeignete Kühlmöglichkeiten.

Zur Dimensionierung einer Schaltung und zur Auswahl der passenden Bauelemente ist es wichtig, die Verlustleistung in den einzelnen Bauteilen der Schaltung zu bestimmen. Bei Leistungshalbleitern treten grundsätzlich verschiedene Verlustarten auf:

- Durchlassverluste
- Schaltverluste
- Sperrverluste
- Ansteuerverluste

Thyristoren und die heute überwiegend eingesetzten spannungsgesteuerten Transistoren erfordern impulsartige Ansteuerströme, die nur von kurzer Dauer sein müssen. Daher sind die Steuerverluste sehr klein und können vernachlässigt werden. Eine Ausnahme bilden die bipolaren Transistoren. Sie sind stromgesteuert und benötigen während der gesamten Einschaltzeit einen Basisstrom. Diese Transistoren werden heutzutage aber kaum noch eingesetzt und daher hier nicht weiter behandelt.

Bei üblichen Belastungen können die Sperrverluste i. Allg. auch vernachlässigt werden. Somit sind bei der Ermittlung der Verlustleistung vorwiegend Durchlassverluste zu berücksichtigen. Transistoren werden im Vergleich zu Thyristoren mit hohen Schaltfrequenzen, mitunter bis 100 kHz und darüber, betrieben. Hier ist zusätzlich zu den Durchlassverlusten die Berücksichtigung von Ein- und Ausschaltverlusten erfor-

2.6.1 Durchlassverluste bei Thyristoren und Dioden

Für die Ermittlung der Durchlassverluste von Thyristoren und Dioden ist die Durchlasskennlinie der Bauelemente heranzuziehen (vgl. Gl. (2.2)). Für beide Elemente können die Durchlasskennlinien durch elektrische Ersatzschaltbilder beschrieben werden. Das Ersatzschaltbild einer leitenden Diode ist in **Bild 2.5** gezeigt. Es gilt sinngemäß ebenso für Thyristoren im leitenden Betrieb, wenn die Indizes D (<u>D</u>iode) bzw. F (Forward) durch T (Thyristor) ersetzt werden.

Die gesamte Durchlassspannung der Diode ergibt sich aus dem Augenblickswert des Diodenstromes i_D und den Daten der Ersatzschaltung nach **Bild 2.5** [Zastrow07].

$$u_F = U_{F(T0)} + i_D \cdot r_D$$

Berechnet wird der arithmetische Mittelwert P_F der Verlustleistung $p_F(t)$, der während der Periodendauer T anfällt. Die Diode leitet in der Zeit zwischen t_1 und t_2.

$$\begin{aligned}
P_F &= \frac{1}{T} \cdot \int_{t_1}^{t_2} p_F(t) \cdot dt = \frac{1}{T} \cdot \int_{t_1}^{t_2} u_F(t) \cdot i_D(t) \cdot dt \\
P_F &= \frac{1}{T} \cdot \int_{t_1}^{t_2} \left(U_{F(T0)} + i_D(t) \cdot r_D \right) \cdot i_D(t) \cdot dt \\
P_F &= \frac{1}{T} \cdot \int_{t_1}^{t_2} \left(U_{F(T0)} \cdot i_D(t) + i_D(t)^2 \cdot r_D \right) \cdot dt \\
P_F &= U_{F(T0)} \cdot \frac{1}{T} \cdot \int_{t_1}^{t_2} i_D(t) \cdot dt + \frac{1}{T} \cdot \int_{t_1}^{t_2} i_D(t)^2 \cdot r_D \cdot dt
\end{aligned} \quad (2.3)$$

In der letzten Zeile von Gl. (2.3) berechnet man mit dem ersten Integral den Mittelwert I_{FAV} des Diodenstroms. Das zweite Integral ergibt den Effektivwert I_{FRMS} des Diodenstroms. Somit können die Durchlassverluste einer Diode bzw. eines Thyristors folgendermaßen berechnet werden:

$$\begin{aligned}
\text{Diode:} \quad & P_F = U_{F(T0)} \cdot I_{FAV} + I_{FRMS}^2 \cdot r_D \\
\text{Thyristor:} \quad & P_T = U_{T(T0)} \cdot I_{TAV} + I_{TRMS}^2 \cdot r_T
\end{aligned} \quad (2.4)$$

Bei der Berechnung der Durchlassverluste tritt neben dem Effektivwert offensichtlich auch der Mittelwert des Stromes auf. Dies gilt allgemein für alle bipolaren Bauelemente, die eine stromunabhängige Durchlassspannung aufweisen. Letztere äußert sich im Ersatzschaltbild durch eine Gleichspannungsquelle.

> Die Durchlassverluste von Diode und Thyristor sind sowohl vom Mittel- als auch vom Effektivwert des Durchlassstromes abhängig.

Beispiel 2.5 Verlustleistung bei einem Thyristor

Ermitteln Sie die Verlustleistung, die in einem Thyristor entsteht, der einen Dauergleichstrom von 10 A führt ($U_{T(T0)}$ = 1.2 V, r_T = 15 mΩ).

Lösung:

Zunächst müssen Mittel- und Effektivwert des Thyristorstroms berechnet werden. Bei einem Gleichstrom sind beide Werte identisch und betragen 10 A.

$$I_{TAV} = I_{TRMS} = 10\,A$$

Eingesetzt in Gl. (2.4) erhält man mit den gegebenen Daten

$$P_T = U_{T(T0)} \cdot I_{TAV} + I_{TRMS}^2 \cdot r_T = 1.2\,V \cdot 10\,A + 10^2\,A^2 \cdot 0.015\,\Omega$$
$$P_T = 12\,W + 100\,A^2 \cdot 0.015\,\Omega = 12\,W + 1.5\,W = 13.5\,W$$

Übung 2.3

Berechnen Sie die Verlustleistung des in **Beispiel 2.5** gegebenen Thyristors, wenn dieser von einem periodisch rechteckförmigen Strom mit einer Amplitude von 10 A entsprechend **Bild 2.16** durchflossen wird.

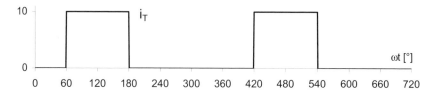

Bild 2.16 Stromverlauf zur Übung 2.3

Übung 2.4

Berechnen Sie die Verlustleistung des in **Beispiel 2.5** gegebenen Thyristors, wenn dieser von einem Sinushalbwellenstrom mit einer Amplitude von 2 A entsprechend **Bild 2.17** durchflossen wird.

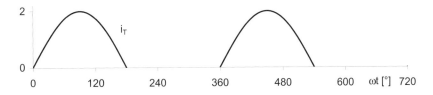

Bild 2.17 Stromverlauf zur Übung 2.4

2.6.2 Verluste bei Transistoren

Transistoren werden in Anwendungen eingesetzt, die meist höhere Schaltfrequenzen erfordern. Neben den Durchlassverlusten sind hier insbesondere die Schaltverluste bei der Leistungsermittlung zu berücksichtigen.

2.6.2.1 Durchlassverluste

Die Gleichungen zur Bestimmung der Durchlassverluste hängen davon ab, ob MOS-FETs oder IGBTs verwendet werden.

MOSFET

MOSFETs sind unipolare Bauelemente. Dies bedeutet, dass der Ladungstransport innerhalb des Bauelements nur auf einer Ladungsträgerart basiert. Beim N-Kanal-MOSFET sind dies Elektronen, beim P-Kanal-MOSFET herrscht dagegen Löcherleitung vor. Im Strompfad innerhalb des Bauelements liegt kein PN-Übergang. Daher tritt eine Schleusenspannung, wie man sie von Dioden und anderen bipolaren Bauelementen kennt, hier nicht auf. Die einzige Quelle der Durchlassverluste sind die Stromwärmeverluste am Bahnwiderstand $R_{DS(on)}$. Man berechnet sie mit folgender Gleichung:

$$P_{VDS} = I_{TRMS}^2 \cdot r_{DS(on)}$$

Hierbei bedeutet der Index VDS: <u>V</u>erluste im <u>D</u>urchlassbetrieb bei einem <u>S</u>chalter.

IGBT

Der IGBT ist im Ansteuerkreis ein spannungsgesteuertes Bauelement mit internem bipolarem Aufbau. Ebenso wie beim MOSFET können die Steuerverluste vernachlässigt werden. Der Leistungskreis hingegen enthält PN-Übergänge. Somit muss bei der Ermittlung der Durchlassverluste die Schleusenspannung beachtet werden. Gleichung (2.4) von Diode und Thyristor lässt sich mit angepassten Indizes verwenden.

$$P_{VDS} = U_{S(T0)} \cdot I_{SAV} + I_{SRMS}^2 \cdot r_{Sdiff} \qquad (2.5)$$

Die Indizes haben folgende Bedeutung:

S(T0): $\underline{\text{S}}$chalter$\underline{\text{s}}$chleusenspannung

SAV: $\underline{\text{S}}$chalterstrommittelwert ($\underline{\text{Av}}$erage)

SRMS: $\underline{\text{S}}$chalterstromeffektivwert ($\underline{\text{R}}$oot $\underline{\text{M}}$ean $\underline{\text{S}}$quare)

Sdiff: $\underline{\text{d}}$i$\underline{\text{ff}}$erentieller $\underline{\text{S}}$chalterwiderstand

Beispiel 2.6 Durchlassverluste eines IGBT im Tiefsetzsteller

Ermitteln Sie die Durchlassverlustleistung eines IGBTs, der als Schalter in einem Tiefsetzsteller eingesetzt wird. Der Stromverlauf durch das Bauelement hat das zeitliche Verhalten aus **Bild 2.18**. Die Durchlassspannung des IGBT beträgt 3 V bei einem differentiellen Widerstand von 150 mΩ.

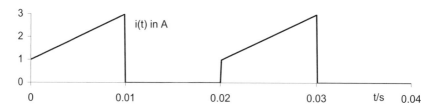

Bild 2.18 Stromverlauf durch den IGBT aus **Beispiel 2.6**

Lösung:

Die Berechnung erfolgt mit Hilfe von Gl. (2.5). Zuvor müssen aber Mittelwert I_{SAV} und Effektivwert I_{SRMS} des Schalterstromes herausgefunden werden. Dies gelingt mit Hilfe der Ergebnisse von Übung 1.7. Überträgt man die dort ermittelte Lösung auf den Stromverlauf aus **Bild 2.18**, so ergibt sich der Effektivwert mit

$$I_a = 1\,\text{A} \quad I_b = 3\,\text{A} \quad D = \frac{0.01}{0.02} = 0.5$$

2.6 Erwärmung und Kühlung von Leistungshalbleitern

$$I_{SRMS} = \sqrt{\frac{D}{3} \cdot \left(I_b^2 + I_a \cdot I_b + I_a^2\right)} = \sqrt{\frac{0.5}{3} \cdot \left(3^2\,A^2 + 1\,A \cdot 3\,A + 1^2\,A^2\right)}$$

$$I_{SRMS} = \sqrt{\frac{0.5}{3} \cdot 13\,A^2} = 1.47\,A$$

Der Mittelwert wird folgendermaßen berechnet:

$$I_{SAV} = \frac{1}{2} \cdot (3\,A + 1\,A) \cdot D = \frac{1}{2} \cdot (4\,A) \cdot \frac{1}{2} = 1\,A$$

Mit diesen Zwischenergebnissen wird Gl. (2.5) ausgewertet. Man erhält

$$P_{VDS} = U_{S(T0)} \cdot I_{SAV} + I_{SRMS}^2 \cdot r_{Sdiff}$$

$$P_{VDS} = 3\,V \cdot 1\,A + (1.47\,A)^2 \cdot 0.15\,\Omega = 3\,W + 0.324\,W = 3.324\,W$$

2.6.2.2 Schaltverluste

Die Schaltverluste entstehen vornehmlich dadurch, dass während des Schaltvorganges gleichzeitig hohe Werte von Strom und Spannung am Schalter auftreten. Die prinzipiellen Verhältnisse sind in **Bild 2.3** wiedergegeben. Die schraffiert gezeichneten Dreiecksflächen stellen die bei jedem Schaltvorgang anfallenden Verlustenergien dar. Je häufiger Schaltvorgänge stattfinden, je größer also die Schaltfrequenz ist, umso mehr dieser Dreiecksflächen entstehen. Die Schaltverluste sind demnach proportional zur Schaltfrequenz.

MOSFET, IGBT

Üblicherweise werden die Verlustenergien, die beim Ein- und Ausschalten der Bauelemente anfallen, im Datenblatt angegeben. Die Schaltverluste berechnet man folgendermaßen:

$$P_{VSS} = (W_{Son} + W_{Soff}) \cdot f_S \tag{2.6}$$

Hierbei bezeichnen

P_{VSS}: <u>V</u>erlustleistung, die beim <u>S</u>chalten im <u>S</u>chalter auftritt

W_{Son}: anfallende Verlustenergie beim Einschalten

W_{Soff}: anfallende Verlustenergie beim Ausschalten

f_S: Schaltfrequenz, mit der der Schalter ein- und ausgeschaltet wird

Diode

In praktisch allen Stromrichtern, die im Schaltbetrieb arbeiten, werden Freilaufdioden eingesetzt. Deren Schaltverluste müssen ebenfalls berücksichtigt werden. Die Schaltverluste dieser Dioden kann man näherungsweise aus der Datenblattangabe ihrer Rückwärtserholladung (Reverse recovery charge) Q_{rr} gewinnen. Bis zum Aufbau der Sperrspannung wird ein großer Teil dieser Ladung nahezu verlustlos ausgeräumt. Aus diesem Grund setzt man i. Allg. nur die halbe Ladung Q_{rr} zur Verlustermittlung an:

$$P_{VSD} = f_S \cdot \frac{Q_{rr}}{2} \cdot U_d \tag{2.7}$$

In dieser Gleichung bedeuten

P_{VSD}: <u>V</u>erlustleistung, die beim <u>S</u>chalten in der <u>D</u>iode auftritt

f_S: Schaltfrequenz, mit der der Schalter ein- und ausgeschaltet wird

Q_{rr}: Angabe im Datenblatt über die Speicherladung in der Diode

U_d: beim Abschaltvorgang an der Diode auftretende Sperrspannung

Übung 2.5

Gegeben ist ein IGBT in einer Gleichstromstellerschaltung mit den folgenden Daten: $\quad r_{Sdiff} = 200\,\text{m}\Omega \quad\quad U_{S(T0)} = 1\,\text{V}$

Der IGBT arbeitet mit einem Tastgrad von $D = 1/3$ und schaltet den Strom, wie in nachfolgendem Zeitverlauf dargestellt.

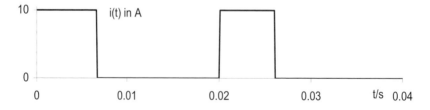

Bild 2.19 Zeitverlauf zur Übung 2.5

Aus welchen Anteilen setzt sich die Verlustleistung eines Schaltvorganges zusammen, wenn die Einschaltverluste als null angenommen werden können? Geben Sie die Gleichungen zur Berechnung der einzelnen Anteile an. Bei $I = 10$ A beträgt die Ausschaltenergie $W_{off} = 2$ mJ. Berechnen Sie die einzelnen Verlustleistungsanteile sowie die gesamte Verlustleistung im Bauelement bei einer Schaltfrequenz von 1 kHz.

2.6.3 Wärmetransport und Auslegung der Kühlung

Die einwandfreie Funktion von Leistungshalbleitern setzt die Einhaltung der vom Hersteller vorgegebenen maximalen Sperrschichttemperatur voraus. Um diese Temperatur im zulässigen Bereich zu halten, müssen die Bauelemente meist gekühlt werden. Im einfachsten Fall geschieht dies über Konvektionskühlung. Bei besonderen Anforderungen kann die Kühlleistung durch den Einsatz von Ventilatoren oder sogar Flüssigkeitskühlung drastisch erhöht werden.

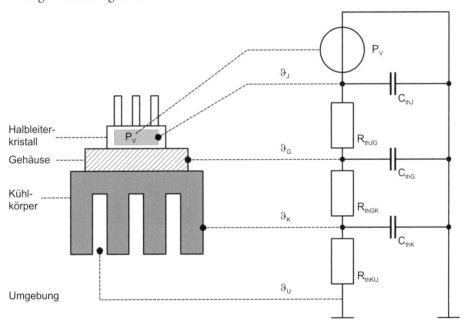

Bild 2.20 Thermisches Ersatzschaltbild eines Halbleiters mit Kühlkörper

Für die Berechnung des notwendigen Kühlkörpers verwendet man die Modellvorstellung aus **Bild 2.20** [Hofer95]. Links ist die Skizze eines realen, mit einem Kühlkörper ausgestatteten Halbleiters dargestellt. Der Halbleiter besteht zum einen aus dem eigentlichen Halbleiterkristall. Über sein Gehäuse ist er mechanisch mit dem Kühlkörper verbunden. Die Verlustleistung entsteht innerhalb des Kristalls an der Sperrschicht (Junction). Damit sich der Kristall nicht unzulässig erwärmt, muss die umgesetzte Wärmeenergie von der Sperrschicht über das Gehäuse an den Kühlkörper und von dort an die Umgebung abgegeben werden.

Im rechten Teil von **Bild 2.20** ist das thermische Ersatzschaltbild zu sehen. Es ist ganz ähnlich aufgebaut wie ein elektrisches Schaltbild und besteht aus Widerständen, Kondensatoren sowie ein oder mehreren Spannungsquellen. Die Analogie zwischen thermischen und elektrischen Größen wird in **Tabelle 2.1** veranschaulicht. Hierbei entspricht der elektrische Strom dem Wärmestrom P_v und die Spannungsdifferenz zwischen zwei Punkten der jeweiligen Temperaturdifferenz $\Delta\vartheta$. Der Wärmewiderstand R_{th} und die spezifische Wärmekapazität C_{th} sind materialabhängig.

Tabelle 2.1 Analogie thermischer und elektrischer Kenngrößen

Thermische Kenngröße	Elektrische Kenngröße
Wärmemenge W (Energie) [J, Ws]	Ladung Q [As, C]
Wärmestrom P (Leistung) [W]	Strom I [A]
Temperaturunterschied $\Delta\vartheta$ [K]	Spannung U [V]
Wärmewiderstand R_{th} [K/W]	Widerstand R [Ω]
Wärmekapazität C_{th} [Ws/K, J/K]	Kapazität C [As/V, F]

Wärmewiderstand

Der Wärmewiderstand wird in Kelvin pro Watt (K/W) angegeben. Er beschreibt, um wie viel Kelvin sich die Temperatur des Materials dauerhaft erhöht, wenn ein Wärmestrom einer bestimmten Leistung hindurchfließt. Die Berechnung der Temperaturerhöhung gilt nur für den Stationärfall, d.h. wenn der Wärmestrom in unveränderter Höhe und über eine lange Zeitdauer vorliegt.

> Wärmewiderstände werden verwendet, um Temperaturen von Kühlkörpern, Gehäusen und Halbleiterkristallen zu berechnen, die bei maximaler Verlustleistung im Halbleiter entstehen. Mit Hilfe dieser Rechnung wird ein passender Kühlkörper für eine Anwendung ausgewählt.

2.6 Erwärmung und Kühlung von Leistungshalbleitern

Beispiel 2.7 Temperaturerhöhung am Wärmewiderstand

Ein Kühlkörper besitzt einen Wärmewiderstand von 1.5 K/W und gibt einen Wärmestrom von 100 W an die Umgebung ab. Welche Temperatur nimmt der Kühlkörper dauerhaft an, wenn die Umgebungstemperatur 30 °C beträgt?

Lösung:

Ein Wärmestrom von 100 W führt an einem thermischen Widerstand von 1.5 K/W zu einer Temperaturerhöhung, die wie folgt berechnet wird:

$$\Delta\vartheta = P_V \cdot R_{th} = 100\,W \cdot 1.5\,\frac{K}{W} = 150\,K$$

Ausgehend von einer Umgebungstemperatur von 30 °C wird der Kühlkörper also um 150 K wärmer und nimmt damit langfristig eine Temperatur von 150 K + 30 °C = 180 °C an.

Übung 2.6

Wodurch wird der Wärmewiderstand eines Kühlkörpers beeinflusst?

Wärmekapazität

Die Wärmekapazität beschreibt das Wärmespeichervermögen eines Materials und damit auch die Geschwindigkeit seiner Temperaturänderungen als Reaktion auf einen bestimmten Wärmeeintrag.

Beispiel 2.8 Wärmekapazität einer Steinmauer

An kühlen Sommerabenden stellt man fest, dass es an einer Steinmauer, die am Nachmittag von der Sonne bestrahlt wurde, noch angenehm warm ist. Dies ist die Folge der vergleichsweise großen Wärmekapazität von Steinen. Sie haben ein hohes Speichervermögen, d. h. können eine große Menge Wärmeenergie aufnehmen. Untersucht man die Steinmauer dagegen morgens, kurz nachdem die ersten Sonnenstrahlen das Mauerwerk beschienen haben, dann beobachtet man, dass die Mauer noch kalt ist. Eine hohe spezifische Wärmekapazität bedeutet also auch, dass das Material auf einen Wärmeeintrag sehr langsam mit Temperaturerhöhung reagiert.

Die spezifische Wärmekapazität ist aus der Physik bekannt. Sie wird in der Einheit Joule pro Gramm und Kelvin (J/(g K)) angegeben und bezeichnet die erforderliche Wärmemenge, um ein Gramm des Materials um ein Kelvin zu erwärmen.

Beispiel 2.9 Erwärmung eines Materials

Gegeben sind 3.2 kg eines Materials mit einer spezifischen Wärmekapazität C_{Mat} von 4.2 J/(g K). Es wird für die Dauer von 18 s einer Wärmeleistung P_V von 12 kW ausgesetzt. Wie groß ist die Temperaturerhöhung des Materials nach den 18 s?

Lösung:

Zunächst wird die Wärmeenergie W_V berechnet, die in den 18 s an das Material abgegeben wird. Sie beträgt

$$W_V = P_V \cdot \Delta t = 12\,\text{kW} \cdot 18\,\text{s} = 216\,\text{kWs} = 216\,\text{kJ} = 216000\,\text{J}$$

Die Temperaturerhöhung ermittelt man mit der folgenden Gleichung; dabei bezeichnet m die Masse des erwärmten Materials.

$$W_V = C_{Mat} \cdot m \cdot \Delta\vartheta = 4.2\,\frac{\text{J}}{\text{g} \cdot \text{K}} \cdot 3.2\,\text{kg} \cdot \Delta\vartheta$$

Diese Gleichung wird so umgestellt, dass die Temperaturänderung berechnet werden kann. Man erhält

$$\Delta\vartheta = \frac{W_V}{C_{Mat} \cdot m} = \frac{216000\,\text{J}}{4.2\,\frac{\text{J}}{\text{g} \cdot \text{K}} \cdot 3.2\,\text{kg}} = \frac{216000\,\text{J}}{4.2\,\frac{\text{J}}{\text{g} \cdot \text{K}} \cdot 3200\,\text{g}} \approx 16\,\text{K}$$

Für das Beispiel ergibt sich eine Temperaturerhöhung um etwa 16 K. Hierbei ist allerdings nicht berücksichtigt, dass im Verlauf der 18 s natürlich ein Teil der Wärmeenergie W_V über den hier nicht mit einbezogenen und zahlenmäßig auch nicht benannten Wärmewiderstand an die Umgebung abgegeben wird und nicht zu einer Temperaturerhöhung des Materials führt.

Aus der spezifischen Wärmekapazität erhält man mit dem Volumen V und der Materialdichte ρ die thermische Wärmekapazität durch die Beziehung

$$C_{th} = C_{Mat} \cdot V \cdot \rho$$

Aus der thermischen Wärmekapazität und dem Wärmewiderstand wird die materialabhängige thermische Zeitkonstante T_{th} berechnet.

$$T_{th} = R_{th} \cdot C_{th}$$

Mit Hilfe dieser Zeitkonstanten können auch Temperaturverläufe als Reaktion auf kurzfristige Wärmeeinträge berechnet werden, die als Folge von Verlustleistungsspitzen entstehen.

Wärmekapazitäten von Halbleiterkristallen sind üblicherweise sehr klein. Dies bedeutet, dass Änderungen der Verlustleistung sich sofort in einer Temperaturänderung des Halbleiterkristalls, also der Sperrschicht, niederschlagen. Als Anhaltspunkt sind in **Tabelle 2.2** Abschätzungen für thermische Zeitkonstanten für Halbleiter, Gehäuse und Kühlkörper angegeben.

Tabelle 2.2 Thermische Zeitkonstanten

Material	Thermische Zeitkonstante
Silizium	2 ms
Halbleitergehäuse	2 s
Kühlkörper	2 bis 20 min

Berechnung des Kühlkörpers

Um den Kühlkörper auszulegen, muss zunächst die Umgebungstemperatur bestimmt werden, bei der der Kühlkörper noch in der Lage sein muss, den Wärmestrom nach außen abzugeben. Die Auslegung muss für den schlechtesten Fall durchgeführt werden. In geschlossenen Schaltschränken können durchaus Temperaturen von 40 °C erreicht werden. Anwendungen im Automobil, beispielsweise leistungselektronische Einbauten in geschlossenen Getriebekästen, müssen mit deutlich höheren Umgebungstemperaturen zurechtkommen.

Die maximal zulässige Sperrschichttemperatur ist materialabhängig und wird dem Datenblatt des jeweiligen Leistungshalbleiters entnommen. Siliziumhalbleiter vertragen etwa 170 °C.

Ausgehend von der angenommenen Umgebungstemperatur wird der Widerstand des Kühlkörpers so festgelegt, dass die maximal zulässige Sperrschichttemperatur T_J nicht überschritten wird. Die Berechnung erfolgt analog zum elektrischen Stromkreis.

Der Temperaturunterschied zwischen Sperrschicht und Umgebung beträgt $\Delta\vartheta$ und wird vom Wärmestrom P_V hervorgerufen, der über den gesamten thermischen Widerstand Z_{th} der Anlage fließt.

$$\Delta\vartheta = \vartheta_J - \vartheta_U = P_V \cdot Z_{th}$$

Für den stationären Dauerbetrieb können die Wärmekapazitäten vernachlässigt werden; es genügt die Berücksichtigung der Wärmewiderstände zwischen der Wärmequelle und der Umgebung.

$$\Delta\vartheta = \vartheta_J - \vartheta_U = P_V \cdot \left(R_{thJG} + R_{thGK} + R_{thKU}\right)$$

Der Wärmewiderstand zwischen dem Halbleitergehäuse und dem Kühlkörper ist klein und bleibt bei Verwendung von Wärmeleitpaste bei ca. 0.05 K/W. Die Daten der anderen Wärmewiderstände R_{thJG} und R_{thKU} sowie die zulässige Sperrschichttemperatur entnimmt man den jeweiligen Datenblättern.

Tabelle 2.3 Auswahl verfügbarer Kühlkörper

Nr.	1	2	3	4	5	6	7	8	9	10	11
R_{th} [K/W]	3.2	2.3	2.2	2.1	1.7	1.3	1.3	1.25	1.2	0.8	0.65
V [cm³]	76	99	181	198	298	435	675	608	634	695	1311

Beispiel 2.10 Kühlkörperauswahl

Bei einer Verlustleistung von 26 W erreicht die Sperrschichttemperatur eines Transistors 125 °C. Der Wärmewiderstand R_{thJG} beträgt laut Herstellerangabe 0.9 K/W. Zwischen Kühlkörper und Transistorgehäuse wird ein elektrischer Isolator eingebaut. Der thermische Widerstand des Isolators beträgt unter Verwendung von Wärmeleitpaste 0.4 K/W. Berechnen Sie den erforderlichen Wärmewiderstand des Kühlkörpers, wenn die maximal auftretende Umgebungstemperatur 55 °C beträgt. Wählen Sie aus **Tabelle 2.3** einen passenden Kühlkörper aus.

Lösung:

Die Temperaturdifferenz zwischen Sperrschicht und Umgebung beträgt 70 K.

$$\Delta\vartheta = \vartheta_J - \vartheta_G = 125\,°C - 55\,°C = 70\,K$$

Der Wärmestrom darf am gesamten Wärmewiderstand höchstens diese Temperaturdifferenz von 70 K hervorrufen. Dies gelingt nur, wenn der Wärmewiderstand des Kühlkörpers kleiner bleibt als 1.39 K/W.

$$\Delta\vartheta = \vartheta_J - \vartheta_U = P_V \cdot \left(R_{thJG} + R_{thGK} + R_{thKU}\right)$$

$$R_{thKU} = \frac{\Delta\vartheta}{P_V} - \left(R_{thJG} + R_{thGK}\right) = \frac{70\,K}{26\,W} - \left(0.9\,\frac{K}{W} + 0.4\,\frac{K}{W}\right)$$

$$R_{thKU} = \frac{70\,K}{26\,W} - 1.3\,\frac{K}{W} = 1.39\,\frac{K}{W}$$

Damit kann der Kühlkörper Nr. 6 aus **Tabelle 2.3** verwendet werden. Sein Wärmewiderstand ist mit 1.3 K/W sogar etwas geringer als gefordert. So wird die Sperrschichttemperatur kleiner als 125 °C bleiben. Die Verlustleistung eines Bauelements nimmt mit steigender

Sperrschichttemperatur zu, so dass sie als Folge der etwas geringeren Sperrschichttemperatur vermutlich sogar kleiner als 26 W bleibt.

In der Praxis kann es wirtschaftlich sinnvoll sein, einen speziellen Kühlkörper zu suchen, der nahe an den Wert von 1.39 K/W herankommt. Dieser wird noch leichter und kleiner sein als Kühlkörper Nr. 6 aus **Tabelle 2.3**.

Übung 2.7

Ein IGBT erzeugt eine Gesamtverlustleistung von 12 W und ist zusammen mit einer Diode, deren Verlustleistung 20 W beträgt, auf einem gemeinsamen Kühlkörper montiert. Die Wärmewiderstände zwischen Gehäuse und Kühlkörper haben jeweils die Größe R_{thJG} = 1 K/W. Beide Bauelemente sind mit einer Isolierfolie (R_{thISO} = 0.5 K/W) vom Kühlkörper galvanisch getrennt.

Geben Sie zunächst ein geeignetes elektrisches Ersatzschaltbild an. Welchen Wärmewiderstand R_{thKU} muss der Kühlkörper haben, wenn keine der beiden Sperrschichttemperaturen 110 °C übersteigen soll und die Umgebungstemperatur maximal 40 °C annehmen darf?

2.7 Lösungen

Übung 2.1

Ja, eine Parallelschaltung ist möglich, weil der $R_{DS(on)}$ von MOSFETs einen positiven Temperaturkoeffizienten aufweist. Führt einer der parallel geschalteten Transistoren einen höheren Strom als die anderen, wird er sich stärker erwärmen. Dadurch steigt sein Durchlasswiderstand an und zwingt den Strom, sich gleichmäßiger auf die anderen Transistoren aufzuteilen.

Übung 2.2

Der selbstsperrende P-Kanal-MOSFET basiert auf einem N-dotierten Substrat, welches durch Diffusion an zwei Stellen P-dotiert ist. Auf das Substrat wird wie beim N-Kanal-MOSFET eine Isolierschicht und die Gate-Elektrode aufgebracht.

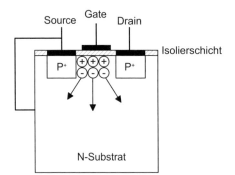

Bild 2.21 Aufbau des selbstsperrenden P-Kanal-MOSFET

Anders als beim N-Kanal-MOSFET wird der Anschluss, an dem das höhere Potenzial anliegt, mit Source bezeichnet, weil die Ladungsträger jetzt die Löcher sind. Wird eine Gate-Source-Spannung angelegt, die kleiner als die Schwellwertspannung ist, werden Elektronen von der Grenzschicht verdrängt. So entsteht ein P-leitender Kanal. Die Schwellwertspannung liegt beim P-Kanal-MOSFET demnach im negativen Bereich. Daraus ergeben sich die Schaltbedingungen:

Einschalten: $U_{GS} < U_{GS(th)}$ Ausschalten: $U_{GS} = 0$

Übung 2.3

Zunächst müssen Mittel- und Effektivwert des rechteckförmigen Stromverlaufs bestimmt werden. Die Stromflussdauer beträgt hier 120°. Unter Verwendung von **Beispiel 1.4** erhält man für den arithmetischen Mittelwert

$$I_{TAV} = D \cdot 10\,A = \frac{120°}{360°} \cdot 10\,A = \frac{10\,A}{3} = 3.34\,A$$

Für den Effektivwert ergibt sich

$$I_{TRMS} = 10\,A \cdot \sqrt{D} = 10\,A \cdot \sqrt{\frac{120°}{360°}} = 10\,A \cdot \sqrt{\frac{1}{3}} = 10\,A \cdot 0.577 = 5.77\,A$$

Daraus berechnet sich die mittlere Durchlassverlustleistung zu

$$P_T = U_{T(t0)} \cdot I_{TAV} + I_{TRMS}^2 \cdot r_T = 1.2\,V \cdot 3.34\,A + 5.77^2\,A^2 \cdot 0.015\,\Omega$$
$$P_T = 4\,W + 33.3\,A^2 \cdot 0.015\,\Omega = 4\,W + 0.5\,W = 4.5\,W$$

Übung 2.4

Auch hier müssen Mittel- und Effektivwert des Stromverlaufs bestimmt werden. Die Stromflussdauer beträgt 180°. Unter Verwendung von Übung 1.2 erhält man für den arithmetischen Mittelwert

$$I_{TAV} = \frac{\hat{I}}{\pi} = \frac{2\,A}{\pi} = 0.636\,A$$

Der Effektivwert einer sinusförmigen Halbwelle ist halb so groß wie ihr Scheitelwert.

$$I_{TRMS} = \frac{\hat{I}}{2} = \frac{2\,A}{2} = 1\,A$$

Mit diesen Ergebnissen berechnet sich die mittlere Durchlassverlustleistung zu

$$P_T = U_{T(t0)} \cdot I_{TAV} + I_{TRMS}^2 \cdot r_T = 1.2\,V \cdot 0.636\,A + 1^2\,A^2 \cdot 0.015\,\Omega$$
$$P_T = 0.736\,W + 1\,A^2 \cdot 0.015\,\Omega = 0.736\,W + 0.015\,W = 0.748\,W$$

Übung 2.5

Beim IGBT können Sperr- und Ansteuerverluste vernachlässigt werden. Daher sind hier Durchlass- und Ausschaltverluste zu beachten. Die Berechnungsgleichungen lauten:

$$P_{VSS} = f_S \cdot W_{off}$$
$$P_{VDS} = U_{S(T0)} \cdot I_{SAV} + I_{SRMS} \cdot r_{Sdiff}$$

Mit den gegebenen Werten erhält man für die Ausschaltverluste

$$P_{VSS} = f_S \cdot W_{off} = 1\,kHz \cdot 2\,mJ = 1\,kHz \cdot 0.002\,J = 2\,\frac{J}{s} = 2\,W$$

Um die Durchlassverluste zu ermitteln, müssen wiederum Mittel- und Effektivwert des Stromverlaufs bestimmt werden. Dies gelingt unter Verwendung von **Beispiel 1.4**. Daraus folgt:

$$I_{SAV} = D \cdot I = \frac{1}{3} \cdot I = \frac{10}{3}\,A$$
$$I_{SRMS} = \sqrt{D} \cdot I = \sqrt{\frac{1}{3}} \cdot I = \frac{10}{\sqrt{3}}\,A$$

Mit diesen Zwischenergebnissen beträgt die Durchlassverlustleistung

$$P_{VDS} = U_{S(T0)} \cdot I_{SAV} + I_{SRMS} \cdot r_{Sdiff} = 1\,\text{V} \cdot \frac{10}{3}\,\text{A} + \left(\frac{10}{\sqrt{3}}\,\text{A}\right)^2 \cdot 0.2\,\Omega$$

$$P_{VDS} = \frac{10}{3}\,\text{W} + \frac{100}{3}\,\text{A}^2 \cdot 0.2\,\Omega = \frac{10}{3}\,\text{W} + \frac{20}{3}\,\text{W} = 10\,\text{W}$$

Übung 2.6

In erster Linie wird der Wärmewiderstand eines Kühlkörpers vom verwendeten Werkstoff (Stahl, Aluminium), durch seine Oberfläche und die Geschwindigkeit des Kühlmittels (Luft, Öl, Wasser) bestimmt. Entscheidend ist, welche Wärmemenge er an die Umgebung abgeben kann. Durch zusätzliche Maßnahmen lässt sich der Wärmewiderstand erniedrigen. Beispielsweise kann mit einem Ventilator Luft durch die Kühlrippen geblasen und damit deren Geschwindigkeit erhöht werden, um den Wärmeaustausch zu verbessern. Bei hohen Anforderungen an die Kühlleistung setzt man alternativ eine Flüssigkeitskühlung ein. In diesem Fall wird der Kühlkörper von einer Flüssigkeit (Wasser, Öl) durchströmt, die deutlich mehr Wärme aufnehmen kann als Luft. Dadurch sinkt der Wärmewiderstand weiter. Der Kühlkörper heizt sich bei gleichem Wärmestrom bei Weitem nicht so stark auf.

Übung 2.7

Zur Lösung der Aufgabe kann das Ersatzbild aus **Bild 2.22** verwendet werden. Zunächst werden die Temperaturunterschiede zwischen dem Kühlkörper und den Sperrschichten der beiden Bauteile berechnet. Diese hängen von den Wärmewiderständen sowie der in den Bauelementen anfallenden Verlustleistung ab.

2.7 Lösungen

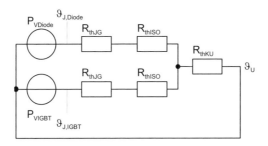

Bild 2.22 Ersatzbild zur Lösung von Übung 2.7

$$\Delta\vartheta_{\text{JK,Diode}} = P_{\text{VDiode}} \cdot \left(R_{\text{thJG}} + R_{\text{thISO}}\right) = 20\,\text{W} \cdot \left(1\,\frac{\text{K}}{\text{W}} + 0.5\,\frac{\text{K}}{\text{W}}\right)$$

$$\Delta\vartheta_{\text{JK,Diode}} = 20\,\text{W} \cdot 1.5\,\frac{\text{K}}{\text{W}} = 30\,\text{K}$$

$$\Delta\vartheta_{\text{JK,IGBT}} = P_{\text{VIGBT}} \cdot \left(R_{\text{thJG}} + R_{\text{thISO}}\right) = 12\,\text{W} \cdot \left(1\,\frac{\text{K}}{\text{W}} + 0.5\,\frac{\text{K}}{\text{W}}\right)$$

$$\Delta\vartheta_{\text{JK,IGBT}} = 12\,\text{W} \cdot 1.5\,\frac{\text{K}}{\text{W}} = 18\,\text{K}$$

Der größte Temperaturunterschied liegt bei der Diode vor. Damit deren Sperrschichttemperatur nicht über 110 °C hinaus ansteigt, liegt die maximal zulässige Kühlkörpertemperatur bei 110 °C – 30 K = 80 °C. Bei dieser Kühlkörpertemperatur beträgt die Sperrschichttemperatur des IGBT 80 °C + 18 K = 98 °C und ist somit geringer als die maximal zulässigen 110 °C.

Der minimale Temperaturunterschied zwischen Kühlkörper und Umgebung liegt dann bei 80 °C – 40 °C = 40 K. Der Wärmewiderstand des Kühlkörpers muss nun so gewählt werden, dass die Summe der beiden Wärmeströme von Diode und IGBT nicht mehr als 40 K Temperaturdifferenz am Wärmewiderstand des Kühlkörpers erzeugt. Dies führt zu folgendem Ansatz:

$$\Delta\vartheta_{\text{KU}} = \left(P_{\text{VDiode}} + P_{\text{VIGBT}}\right) \cdot R_{\text{thKU}}$$

$$R_{\text{thKU}} = \frac{\Delta\vartheta_{\text{KU}}}{\left(P_{\text{VDiode}} + P_{\text{VIGBT}}\right)}$$

$$R_{\text{thKU}} = \frac{40\,\text{K}}{20\,\text{W} + 12\,\text{W}} = \frac{40\,\text{K}}{32\,\text{W}} = 1.25\,\frac{\text{K}}{\text{W}}$$

Der Wärmewiderstand des Kühlkörpers muss demzufolge kleiner als 1.25 K/W bleiben.

3 Stromrichterschaltungen mit Dioden und Thyristoren

Gleichspannungen sind in unterschiedlichen Anwendungen erforderlich. Hohe Leistungen, die bis in den MW-Bereich reichen können, in Verbindung mit Gleichspannungen bis 1250 V werden bei der Gleichstromantriebstechnik verlangt. Gleichstrommotoren dieser Leistungsklasse kommen in Walzwerken oder zur Produktion von Kunststoffrohren (Extruder) zum Einsatz. Stromrichteranlagen für Antriebszwecke müssen die Höhe der Gleichspannung kontinuierlich und möglichst schnell verstellen können. Deutlich kleinere Leistungen und auch kleinere Spannungen sind dagegen zur Spannungsversorgung von Konsumelektronik erforderlich. Im Allgemeinen ist hier eine Verstellung der Spannungsamplitude nicht notwendig.

In den folgenden Abschnitten werden Stromrichter besprochen, die im Bereich der Antriebstechnik Verwendung finden. Thyristoren und Dioden werden zunächst als ideale Bauelemente betrachtet, die weder Durchlassspannungen noch Verluste aufweisen. Dadurch können die grundlegenden Funktionsprinzipien der Schaltungen sehr einfach verstanden werden. Als gleichzurichtende Spannung wird die Netzwechselspannung mit 50 Hz oder 60 Hz vorausgesetzt.

3.1 Einpuls-Gleichrichter M1

Lernziele

Der Lernende …

- wendet die Einschaltbedingungen von Thyristor und Diode an
- ermittelt das Steuergesetz
- unterscheidet gesteuerte und ungesteuerte Schaltungen

3.1.1 Aufbau der Schaltung

Die einfachste Gleichrichterschaltung aus **Bild 3.1** besteht aus nur einem Ventilzweig, der mit der Netzspannung verbunden ist. An diesen Gleichrichter wird eine Last angeschlossen. Üblicherweise besteht die Last neben einem ohmschen Widerstand immer auch aus einem induktiven Anteil. Wird mit dem Gleichrichter ein Motor betrieben, so taucht dessen induzierte Spannung zusätzlich als Gegenspannung im Lastkreis auf.

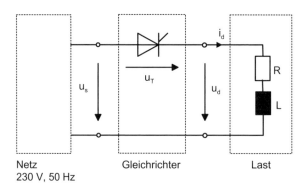

Netz 230 V, 50 Hz   Gleichrichter   Last

Bild 3.1 Stromrichter M1C mit Thyristor als elektronischem Schalter und ohmsch-induktiver Last

Zur übersichtlichen Erläuterung der Funktionsweise werden in den Schaltbildern benannte Spannungs- und Stromzählpfeile verwendet. Die Pfeilrichtung gibt immer die positive Zählrichtung der jeweiligen Größe an. Ihre Bezeichnung setzt sich aus dem Kurzzeichen der Größe (U, I) und einem oder mehreren Indizes zusammen, die zur Unterscheidung dienen. Großbuchstaben bezeichnen Mittel- oder Effektivwerte. Ist eine Größe von der Zeit abhängig, dann werden Kleinbuchstaben verwendet.

Tabelle 3.1 Bezeichnungen von Strömen und Spannungen bei Stromrichtern

Bezeichnung	Bedeutung
i_d, u_d	Zeitverläufe für Strom und Spannung. Der Index d steht für die Ausgangsgrößen des Gleichrichters
I_d, U_d	Mittelwerte, die in den Zeitverläufen von i_d und u_d enthalten sind
u_T	zeitlicher Verlauf der Spannung an einem Thyristor
u_s	zeitlicher Verlauf der Netzspannung; der Index s steht für Strang
U_s	Effektivwert der Netzspannung
U_N	Effektivwert der verketteten Spannung bei drei- oder mehrphasigen Systemen

In **Bild 3.1** ist ein M1C-Stromrichter mit einem Thyristor als Ventil dargestellt. Schaltungen mit Thyristoren werden als steuerbare Stromrichter bezeichnet. Diese Steuerbarkeit kommt in der Typenbezeichnung durch das nachgestellte C (Controllable) zum Ausdruck. Ersetzt man den Thyristor durch eine Diode, ist der Stromrichter nicht mehr steuerbar. Er wird ungesteuerter Stromrichter genannt und erhält die Bezeichnung M1U (Uncontrollable).

3.1.2 Funktionsweise der ungesteuerten M1U-Schaltung

Zunächst unterstellen wir in der Schaltung von **Bild 3.1** eine rein ohmsche Last. Für die Spannung am Schalter ergibt sich anhand der Zählpfeile folgender zentraler Zusammenhang:

$$u_T = u_s - u_d = u_s - i_d \cdot R \tag{3.1}$$

Wird in **Bild 3.1** statt des Thyristors eine ideale Diode eingesetzt, dann beginnt deren Leitvorgang, wenn ihre Einschaltbedingung erfüllt ist, also u_T größer als null wird. Dieser Zeitpunkt wird natürlicher Zündzeitpunkt genannt. Solange die Diode nicht leitet, ist auch i_d und damit der Spannungsabfall an der Last gleich null. Aus Gl. (3.1) ergibt sich somit, dass die Diode beim positiven Nulldurchgang der Netzspannung $u_s > 0$ einschaltet.

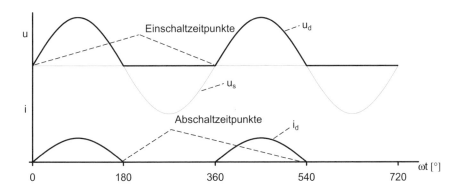

Bild 3.2 Zeitverläufe der ungesteuerten M1-Schaltung mit ohmscher Last; oben: pulsierende Gleichspannung, unten: pulsierender Gleichstrom

Der Leitvorgang dauert so lange, bis die Ausschaltbedingung eintritt, also der Diodenstrom gleich null wird. Aufgrund des rein ohmschen Lastwiderstandes sind i_d und u_d in diesem Fall phasengleich und erreichen somit gleichzeitig den Wert null. Die

Diode schaltet im negativen Nulldurchgang von i_d wieder ab. Die daraus resultierenden Zeitverläufe zeigt **Bild 3.2**.

Während der Leitphase liegt an der idealen Diode keine Durchlassspannung an, daher ist $u_T = 0$, solange die Diode leitet. Aus Gl. (3.1) folgt daher, dass in diesem Zeitraum $u_d = u_s$ sein muss. Während der Leitphase liegen die Zeitverläufe von u_d und u_s im oberen Teil von **Bild 3.2** übereinander. Sobald die Diode abgeschaltet hat, fließt kein Strom mehr und u_d wird zu null. Aufgrund der rein ohmschen Last ist i_d im unteren Bildteil ebenfalls eine Sinushalbwelle und formgleich zu u_d.

Die Einweg-Gleichrichtung mit der ungesteuerten M1U-Schaltung ergibt eine pulsierende Gleichspannung u_d, bei der die negative Halbwelle der Netzwechselspannung fehlt. In dieser pulsierenden Spannung u_d ist ein Mittelwert U_d enthalten. Er kann mit Gl. (1.2) berechnet werden.

$$U_d = \frac{1}{T} \cdot \int_0^T \hat{U}_s \cdot \sin\omega t \cdot dt = \frac{1}{2\pi} \cdot \int_0^{2\pi} \hat{U}_s \cdot \sin\omega t \cdot d\omega t = \frac{1}{2\pi} \cdot \left(\int_0^{\pi} \hat{U}_s \cdot \sin\omega t \cdot d\omega t + \int_{\pi}^{2\pi} 0 \cdot d\omega t \right)$$

$$U_d = \frac{1}{2\pi} \cdot \left(\hat{U}_s \cdot (-\cos\omega t)\big|_0^{\pi} + 0 \right) = \frac{1}{2\pi} \cdot \hat{U}_s \cdot \left((-\cos\pi) - (-\cos(0)) \right) = \frac{1}{2\pi} \cdot \hat{U}_s \cdot 2 \quad (3.2)$$

$$U_d = \frac{\hat{U}_s}{\pi} = 0.318 \cdot \hat{U}_s = 0.45 \cdot U_s$$

Ganz offensichtlich hängt der Gleichanteil, der mit der M1U erreicht werden kann, vom Scheitelwert der Netzwechselspannung ab.

3.1.3 Funktionsweise der gesteuerten M1C-Schaltung

Wird die M1C-Schaltung, wie in **Bild 3.1** gezeichnet, tatsächlich mit einem Thyristor ausgestattet, so kann dessen Einschaltzeitpunkt gesteuert werden. In **Bild 3.3** wird der Thyristor bei $\omega t = 45°$ gezündet. Vor diesem Zeitpunkt blockiert das Ventil und es fließt kein Strom. Die Spannung an der Last ist im Blockier- wie im Sperrbetrieb null. Nach der Zündung liegt die Spannung u_s an der Last. Der Strom i_d fließt gemäß dem ohmschen Gesetz durch den Lastwiderstand (auch hier wird die Lastinduktivität vorerst als null angenommen). Der Abschaltzeitpunkt des Thyristors ergibt sich – genauso wie bei der Diode – beim negativen Nulldurchgang von i_d.

Die Verwendung von Thyristoren statt Dioden ermöglicht es, den Beginn des Leitzustandes – ausgehend vom natürlichen Zündzeitpunkt – nach hinten zu verschieben. Da sich der Abschaltzeitpunkt jedoch nicht verändert, verkürzt sich nach **Bild 3.3** insgesamt die Leitdauer und damit selbstverständlich auch der in dieser pulsierenden Gleichspannung enthaltene Mittelwert.

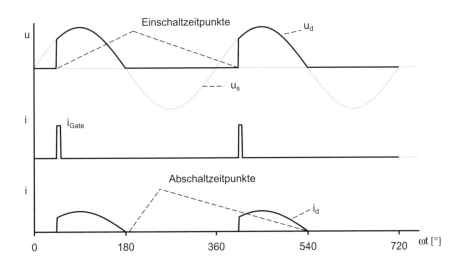

Bild 3.3 Zeitverläufe der gesteuerten M1-Schaltung mit ohmscher Last; oben: pulsierende Gleichspannung, Mitte: Gate-Strom des Thyristors, unten: pulsierender Gleichstrom

Der Winkel, um den der Einschaltzeitpunkt des Thyristors verschoben wird, heißt Zündwinkel oder Steuerwinkel und wird mit dem Kürzel α bezeichnet. Der Zusammenhang zwischen dem Zündwinkel und dem sich ergebenden Gleichspannungsmittelwert heißt Steuergesetz. In Übung 1.2 wurde dieser Zusammenhang für eine pulsierende Gleichspannung der vorliegenden Form bereits ermittelt.

Bei einem verlustfreien Stromrichter mit idealen Schaltern nennt man den Mittelwert der Ausgangsspannung ideelle Gleichspannung. Hier und bei allen weiteren Gleichrichterschaltungen wird dieser Mittelwert mit $U_{di\alpha}$ bezeichnet.

Das *Steuergesetz* beschreibt den Zusammenhang zwischen dem Steuerwinkel α und dem Mittelwert der pulsierenden Ausgangsgleichspannung.

Für die M1C-Schaltung mit ohmscher Last lautet das Steuergesetz allgemein

$$U_{di\alpha} = \frac{\hat{U}_s}{2\pi} \cdot (1 + \cos\alpha) \qquad (3.3)$$

Durch eine Änderung des Steuerwinkels ist der Mittelwert der Stromrichterausgangsspannung in weiten Grenzen stufenlos verstellbar. Der Höchstwert der Gleichspannung wird bei Vollaussteuerung für $\alpha = 0°$ erreicht und mit dem Kürzel U_{di0} bezeichnet.

$$U_{di0} = \frac{\hat{U}_S}{2\pi} \cdot (1 + \cos 0°) = \frac{\hat{U}_S}{\pi} = 0{,}45 \cdot U_S \tag{3.4}$$

Bezieht man Gl. (3.3) auf die ideale Gleichspannung U_{di0}, so erhält man die sog. Steuerkennlinie des Stromrichters, die in **Bild 3.4** dargestellt ist.

$$\frac{U_{di\alpha}}{U_{di0}} = \frac{(1 + \cos \alpha)}{2} \tag{3.5}$$

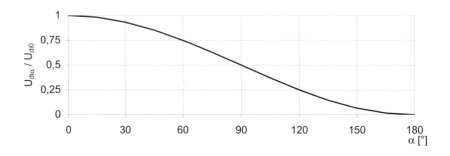

Bild 3.4 Steuerkennlinie der M1C-Schaltung bei ohmscher Last

Die Ausgangsspannung u_d des Stromrichters ist eine Mischspannung und enthält neben dem gewünschten Mittelwert $U_{di\alpha}$ ebenso auch unerwünschte Wechselanteile. Zur Bildung weiterer stromrichterspezifischer Kenngrößen wird der Effektivwert des Wechselanteils $U_{d\sim}$ benötigt. Nach Abschnitt 1.2.4 berechnet man $U_{d\sim}$ aus dem Gesamteffektivwert U_{dRMS} der Mischspannung $u_d(t)$ sowie dem darin enthaltenen Mittelwert $U_{di\alpha}$.

$$U_{d\sim} = \sqrt{U_{dRMS}^2 - U_{di\alpha}^2} \tag{3.6}$$

Der Gesamteffektivwert U_{dRMS} einer angeschnittenen Sinushalbwelle wurde in Übung 1.2 ermittelt. Wenn man die dort berechnete Lösung anwendet, erhält man

$$U_{dRMS} = \sqrt{\frac{1}{2\pi} \int_{\alpha}^{\pi} (\hat{U}_S \cdot \sin(\omega t))^2 \, d(\omega t)} = \frac{\hat{U}_S}{\sqrt{2}} \cdot \sqrt{\frac{1}{2} - \frac{\alpha}{2\pi} + \frac{\sin(2\alpha)}{4\pi}} \tag{3.7}$$

3.1 Einpuls-Gleichrichter M1

Als Maß für den Wechselspannungsgehalt der Stromrichterausgangsspannung wird der Begriff der Spannungswelligkeit mit folgender Definition verwendet:

$$w_\mathrm{U} = \frac{U_\mathrm{d\sim}}{U_\mathrm{di\alpha}} = \sqrt{\left(\frac{U_\mathrm{dRMS}}{U_\mathrm{di\alpha}}\right)^2 - 1} \qquad (3.8)$$

Für reine Gleichgrößen ist die Spannungswelligkeit $w_\mathrm{U} = 0$. Sie steigt jedoch mit zunehmendem Wechselspannungsgehalt immer weiter an.

Setzt man die Werte der M1-Schaltung ein, so erhält man für $\alpha = 0°$:

$$w_\mathrm{U0} = \frac{U_\mathrm{d\sim}}{U_\mathrm{di\alpha}} = \sqrt{\left(\frac{U_\mathrm{dRMS}}{U_\mathrm{di\alpha}}\right)^2 - 1} = \sqrt{\left(\frac{\frac{\hat{U}_\mathrm{s}}{\sqrt{2}} \cdot \sqrt{\frac{1}{2} - \frac{\alpha}{2\pi} + \frac{\sin(2\alpha)}{4\pi}}}{U_\mathrm{di0} \cdot \frac{(1+\cos\alpha)}{2}}\right)^2 - 1}$$

$$w_\mathrm{U0} = \sqrt{\left(\frac{\frac{\hat{U}_\mathrm{s}}{\sqrt{2}} \cdot \sqrt{\frac{1}{2} - \frac{0}{2\pi} + \frac{\sin(2 \cdot 0)}{4\pi}}}{U_\mathrm{di0} \cdot \frac{(1+\cos 0)}{2}}\right)^2 - 1} = \sqrt{\left(\frac{\frac{\hat{U}_\mathrm{s}}{\sqrt{2}} \cdot \sqrt{\frac{1}{2}}}{U_\mathrm{di0} \cdot \frac{(1+1)}{2}}\right)^2 - 1} = \sqrt{\frac{\frac{\hat{U}_\mathrm{s}^2}{2} \cdot \frac{1}{2}}{U_\mathrm{di0}^2} - 1} \qquad (3.9)$$

$$w_\mathrm{U0} = \sqrt{\frac{\hat{U}_\mathrm{s}^2}{4 \cdot U_\mathrm{di0}^2} - 1} = \sqrt{\frac{\hat{U}_\mathrm{s}^2}{4 \cdot \frac{\hat{U}_\mathrm{s}^2}{\pi^2}} - 1} = \sqrt{\frac{\pi^2}{4} - 1} = 1.21$$

Bei Vollaussteuerung beträgt die Welligkeit der M1-Schaltung bereits $w_\mathrm{U0} = 1.21$; dies bedeutet, dass der Effektivwert des Wechselanteils das 1.21-Fache des Gleichanteils beträgt. Dieser hohe Wert macht sie für die meisten Anwendungen ungeeignet; im praktischen Einsatz kommt die M1-Schaltung daher nicht vor.

> Stromrichter mit Thyristoren ermöglichen durch Verschiebung des tatsächlichen Zündzeitpunktes eine fast stufenlose Einstellung der Ausgangsspannung. Der Mittelwert der Ausgangsspannung wird mit $U_\mathrm{di\alpha}$ bezeichnet. Dieser Mittelwert stellt sich beim Zündwinkel α ein und kann mit Hilfe des Steuergesetzes berechnet werden.

Übung 3.1

Was versteht man unter einem ungesteuerten Stromrichter? Welche Bauelemente werden bei ungesteuerten Stromrichtern eingesetzt?

Übung 3.2

Was ist der natürliche Zündzeitpunkt?

Übung 3.3

Eine M1C-Schaltung liegt an der Netzspannung von 230 V. Wie groß wird der Mittelwert der Ausgangsspannung bei rein ohmscher Last für die Steuerwinkel 0°, 30°, 45° und 120°?

3.2 Zweiphasige Mittelpunktschaltung M2

Lernziele

Der Lernende ...

- kennt den Aufbau der M2C- und M2U-Schaltung
- ist in der Lage, die Liniendiagramme für verschiedene Steuerwinkel zu konstruieren
- berechnet die arithmetischen Mittelwerte der Ausgangsspannung für ohmsche und ohmsch-induktive Last
- unterscheidet zwischen lückendem und nicht lückendem Betrieb
- erläutert das Steuergesetz für nicht lückenden Betrieb

3.2.1 Aufbau und Funktionsweise

Um die störende Welligkeit der M1C-Schaltung zu verringern, werden zwei M1C-Schaltungen nach **Bild 3.5** parallel angeordnet. Dazu wird je eine M1C-Schaltung an eine Hälfte der Sekundärwicklung des Transformators angeschlossen. Die Schaltung wird primärseitig aus dem normalen einphasigen Wechselstromnetz gespeist. Sekundärseitig muss der Transformator eine Wicklung mit Mittelanzapfung aufweisen.

Diese kann man als Reihenschaltung zweier Teilwicklungen mit gegenläufigem Wicklungssinn auffassen. Die Sekundärspannung u_{s12}, die sich aus dem Übersetzungsverhältnis und der Netzspannung ergibt, teilt sich demnach in die beiden sekundären Teilspannungen u_{s1} und u_{s2} auf. Für diese Spannungen gilt mit den Windungszahlen w_1 und w_2 und den angegebenen Zählpfeilen folgender Zusammenhang:

$$u_{s12} = u_{s1} - u_{s2} = u_N \cdot \frac{w_2}{w_1} \qquad (3.10)$$

Die Teilspannungen u_{s1} und u_{s2} sind gegenphasig. Demnach kann man die sekundärseitigen Spannungen als zweiphasiges System auffassen.

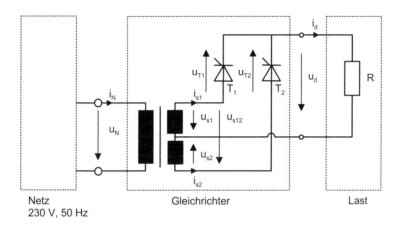

Bild 3.5 Mittelpunktschaltung M2C mit ohmscher Belastung

Vollaussteuerung

Vollaussteuerung bedeutet, dass jeder der beiden Thyristoren an seinem natürlichen Zündzeitpunkt, also mit dem Steuerwinkel $\alpha = 0°$, gezündet wird. Der natürliche Zündzeitpunkt liegt für jeden Thyristor individuell dann vor, wenn seine Ventilspannung u_T den positiven Nulldurchgang aufweist. Dies ist der Fall, wenn

für Thyristor T1: $\quad u_{T1} = u_{s1} - u_d = (u_{s1} - i_d R) > 0$
für Thyristor T2: $\quad u_{T2} = u_{s2} - u_d = (u_{s2} - i_d R) > 0$ $\qquad (3.11)$

Zunächst wird eine rein ohmsche Last unterstellt. In diesem Fall sind auch bei der M2C-Schaltung Gleichspannung und Gleichstrom phasen- und formgleich. Daher fällt der natürliche Zündzeitpunkt von T1 mit dem positiven Nulldurchgang von u_{s1} sowie der natürliche Zündzeitpunkt von T2 mit dem positiven Nulldurchgang von u_{s2} zusammen.

> Der natürliche Zündzeitpunkt eines Thyristors liegt dann vor, wenn seine Ventilspannung ihren positiven Nulldurchgang aufweist. Es ist der Moment, an dem eine Diode einschalten würde.

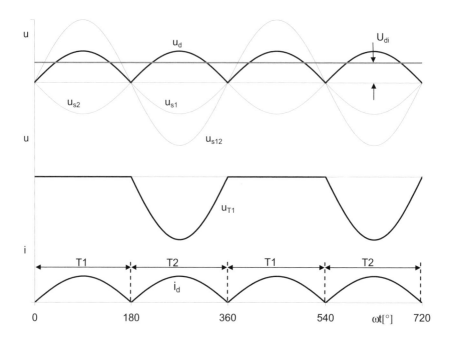

Bild 3.6 Ausgangsgrößen der M2-Schaltung für Vollaussteuerung und rein ohmsche Last; oben: Zeitverlauf der Ausgangsspannung, Mitte: Zeitverlauf der Spannung am Thyristor T1, unten: Zeitverlauf der Gleichstroms

Bei Vollaussteuerung leitet jeder Ventilzweig während einer Halbperiode. Dadurch ergibt sich sowohl für die Ausgangsspannung u_d als auch für den dazu phasengleichen Ausgangsstrom i_d der M2C-Schaltung ein zweipulsiger Verlauf, der in **Bild 3.6** dargestellt ist. Ideale Ventile weisen keine Durchlassspannung auf. Unter dieser Voraussetzung gilt für die Ausgangsspannung $u_d(t)$:

3.2 Zweiphasige Mittelpunktschaltung M2

$$\begin{aligned}\text{wenn T1 leitet}: \quad & u_{T1} = u_{s1} - u_d = 0 & \Rightarrow & \quad u_d = u_{s1} \\ \text{wenn T2 leitet}: \quad & u_{T2} = u_{s2} - u_d = 0 & \Rightarrow & \quad u_d = u_{s2}\end{aligned} \quad (3.12)$$

Die Ausgangsspannung der M2C-Schaltung folgt immer derjenigen Phasenspannung, deren Thyristor leitet. Die Spannung, die an den gesperrten Thyristoren auftritt, wird aus dem Zeitverlauf der Ventilspannung im Mittelteil von **Bild 3.6** abgelesen. Der prinzipielle Verlauf ist für beide Thyristoren identisch. Die Kurven sind aber um 180° gegeneinander versetzt.

Die Thyristorspannung u_{T1} ist null während der Leitphase von T1. Leitet T2, so ist nach Gl. (3.11) $u_d = u_{s2}$; damit folgt laut Gl. (3.13) die Spannung über T1 der verketteten Spannung u_{s12}:

$$\text{wenn T2 leitet}: \quad u_{T1} = u_{s1} - u_d = u_{s1} - u_{s2} = u_{s12} \quad (3.13)$$

Der Höchstwert der Thyristorsperrspannung bei der M2C-Schaltung tritt bei Vollaussteuerung auf. Er ist gleich dem Scheitelwert der verketteten Spannung. Für T2 gelten die Erläuterungen sinngemäß.

Übung 3.4

Wie groß wird der Maximalwert der Blockierspannung bei der M2C-Schaltung unter Vollaussteuerung?

Wie bereits bei der M1C-Schaltung ist im Zeitverlauf der Ausgangsspannung u_d der Mittelwert U_{di0} enthalten. Dieser Mittelwert ist bei der M2C-Schaltung und Vollaussteuerung doppelt so groß wie bei der M1C-Schaltung. Der Effektivwert des Wechselanteils ist allerdings deutlich kleiner als bei der M1C-Schaltung. Dadurch verringert sich auch die Welligkeit bei Vollaussteuerung von $w_{u0} = 1.21$ auf $w_{u0} = 0.483$.

Beispiel 3.1 Geometrische Angabe des Mittelwertes

Der Mittelwert kann näherungsweise geometrisch konstruiert werden. Auf diese Weise erhält man den Mittelwert dann, wenn wie in **Bild 3.7** die Summe der Flächen 1 und 2 dem Flächeninhalt von 3 entspricht.

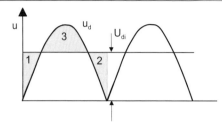

Bild 3.7 Zusammenhang zwischen Zeitverlauf und Mittelwert der Ausgangsspannung

Teilaussteuerung

Selbstverständlich kann auch die M2C-Schaltung in Teilaussteuerung betrieben werden. Die Zündung eines Thyristors wird dann (bezogen auf den natürlichen Zündzeitpunkt) um den Steuerwinkel α verzögert. Die Zeitverläufe für einen Zündwinkel von 45° und rein ohmsche Last sind in **Bild 3.8** dargestellt.

Statt beim positiven Nulldurchgang werden die Thyristoren erst 45° später gezündet. Der Ausschaltzeitpunkt liegt dagegen immer noch beim negativen Spannungsnulldurchgang. Zur Bildung des Mittelwertes trägt bei Teilaussteuerung also nicht mehr die gesamte Sinushalbwelle der Spannung bei, sondern lediglich der Teil ab dem Zündzeitpunkt (in **Bild 3.8** sind dies 45°) bis zum negativen Nulldurchgang. Das verzögerte Einschalten der Thyristoren führt dazu, dass der Mittelwert der Ausgangsspannung gegenüber dem bei Vollaussteuerung zurückgeht.

Bei der hier vorliegenden ohmschen Belastung wird der Strom i_d am Ende jeder Halbperiode null. Der nächste Thyristor wird aber verzögert eingeschaltet. Es entstehen also stromlose Pausen, der Strom „lückt".

Bei Teilaussteuerung leiten die Thyristoren nicht mehr für eine gesamte Halbperiode. Daher gibt es Zeiten, in denen der Thyristor blockiert. Aus **Bild 3.8** geht hervor, dass die Ventilspannung u_T zu Beginn einer Halbperiode auch positive Werte annimmt. Während der stromlosen Pausen werden die Thyristoren also in Vorwärtsrichtung beansprucht. An jedem Ventil liegt als Blockierspannung dann die jeweilige Strangspannung an.

$$u_{T1} = u_{s1} \qquad \text{bzw.} \qquad u_{T2} = u_{s2}$$

Beim Zünden eines Thyristors ändert sich die Spannung am anderen Thyristor schlagartig. Sie springt dann von der jeweiligen Phasenspannung auf den Momentanwert der verketteten Spannung u_{s12}.

3.2 Zweiphasige Mittelpunktschaltung M2

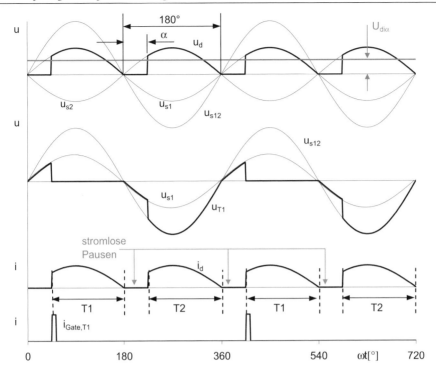

Bild 3.8 Ausgangsgrößen der M2C-Schaltung für $\alpha = 45°$ und rein ohmsche Last; oben: ungeglättete Ausgangsspannung $u_d(t)$ und arithmetischer Mittelwert $U_{di\alpha}$, Mitte oben: Zeitverlauf der Spannung am Thyristor T1, Mitte unten: Zeitverlauf des Gleichstroms, unten: Ansteuersignal für T1

3.2.2 Stromglättung

Da bei rein ohmscher Last Strom und Spannung am Ausgang des Stromrichters form- und phasengleich sind, gilt für die Stromwelligkeit w_I des Ausgangsstroms ausgehend von Gl. (3.8) derselbe Wert wie für die Spannungswelligkeit.

$$w_I = \frac{I_{d\sim}}{I_d} = \sqrt{\left(\frac{I_{dRMS}}{I_d}\right)^2 - 1}$$

Beim Betrieb von Motoren verursacht diese Stromwelligkeit eine entsprechende Welligkeit des Motordrehmoments und führt zu unruhigem Lauf der Antriebe. Für den

Fall der Teilaussteuerung wird die Welligkeit durch den dann lückenden Strom noch verstärkt. Daher wird in nahezu allen Situationen eine Glättungsinduktivität im Gleichstromkreis vorgesehen. Diese reduziert die Stromwelligkeit und beeinflusst dadurch das Verhalten des Stromrichters maßgeblich.

Zur Erläuterung der Einzelheiten stellt **Bild 3.9** den Sekundärteil der M2C-Schaltung noch einmal dar. Hier sind alle Induktivitäten und Widerstände des Gleichstromkreises in der Gesamtinduktivität L und dem Gesamtwiderstand R zusammengefasst. Die grundlegende Funktionsweise der Glättungsdrossel erschließt sich durch die Maschengleichung im Ausgangskreis. Diese lautet:

$$u_\mathrm{d} = u_\mathrm{R} + u_\mathrm{L} = i_\mathrm{d} \cdot R + L \cdot \frac{di_\mathrm{d}}{dt}$$

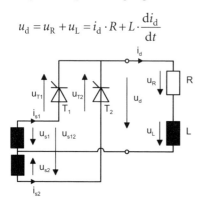

Bild 3.9 Sekundärkreis der M2C-Schaltung mit ohmsch-induktiver Belastung

Die Spannung u_d ist eine Mischspannung und setzt sich aus einem Gleich- und einem Wechselanteil zusammen. An der Induktivität, die für reinen Gleichstrom keinen Widerstand darstellt, fällt der Wechselanteil ab. Der Gleichanteil der Spannung liegt am Widerstand. Je größer die Induktivität gewählt wird, umso größer ist ihr induktiver Widerstand, den sie dem Wechselanteil der Spannung entgegensetzt. Mit steigendem induktiven Widerstand sinkt demzufolge der Wechselanteil des Stromes i_d. Das Verhältnis von L zu R wird Glättungszeitkonstante genannt. Sie ist definiert als

$$T_\mathrm{L} = \frac{L}{R}$$

Die Induktivität bewirkt eine Phasenverschiebung zwischen i_d und u_d. Des Weiteren wird die Kurvenform von i_d gegenüber der bei rein ohmscher Belastung verändert. In **Bild 3.10** sind die Verläufe des Gleichstromes bei Vollaussteuerung der M2C-Schaltung für verschiedene Glättungszeitkonstanten dargestellt. Der Verlauf für $T_\mathrm{L} = 0\,\mathrm{ms}$ ist bereits aus **Bild 3.6** bekannt und phasen- sowie formgleich mit der Gleichspannung u_d.

3.2 Zweiphasige Mittelpunktschaltung M2

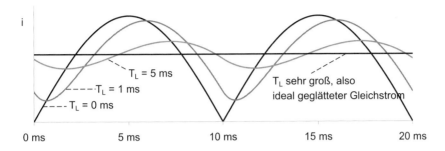

Bild 3.10 Stromverlauf $i_d(t)$ einer M2C-Schaltung bei Vollaussteuerung mit verschiedenen Glättungszeitkonstanten T_L

Bereits eine Glättungszeitkonstante von $T_L = 1$ ms bewirkt, dass der Strom i_d nicht mehr null wird. Für $T_L = 5$ ms liegt bereits eine ausgeprägte Stromglättung vor; der Wechselanteil $i_{d\sim}(t)$ ist gegenüber $T_L = 0$ ms bereits deutlich reduziert. Sehr große Glättungsdrosseln bei verschwindend kleinem Widerstand ($T_L = L/R \approx \infty$) ermöglichen theoretisch einen ideal geglätteten Gleichstrom. Dieser ist in **Bild 3.10** als waagrechte Linie zu erkennen.

> Die Induktivität der Glättungsdrossel im Verhältnis zum ohmschen Widerstand im Gleichstromkreis beeinflusst die Stärke der Glättungswirkung. Ist das grundlegende Verhalten eines Stromrichters von Interesse, wird häufig angenommen, dass die Drossel so groß ist, dass der Gleichstrom *ideal geglättet* wird, also keine Welligkeit mehr aufweist.

Besonders deutlich wird die Wirkung der Induktivität im Fall der Teilaussteuerung. Diese Situation zeigt **Bild 3.11** für einen Steuerwinkel von 20°. Trotz des Steuerwinkels liegt bei ohmsch-induktiver Last ein kontinuierlicher Stromfluss vor. Die stromlosen Pausen, die bei Teilaussteuerung und ohmscher Last in **Bild 3.8** vorhanden waren, sind verschwunden. Die Leitdauer eines Thyristors beträgt daher auch bei Teilaussteuerung und ausreichender Stromglättung 180°. In diesem Fall liegt ein nicht lückender Betrieb des Stromrichters vor.

Betreibt man die M2C-Schaltung mit überwiegend induktiver Belastung, so ergeben sich als wesentliche Unterschiede zur ohmschen Belastung:

- eine vollständige Glättung des Gleichstroms i_d. Die einzelnen Thyristorströme sind in diesem Idealfall rechteckförmig.

- die auf 180° verlängerte Stromflusszeit jedes Ventils. Dadurch stellt sich ein nicht lückender Gleichstrom ein.
- ein Zeitverlauf von u_d mit abschnittsweise negativen Werten. Dies passiert immer dann, wenn die jeweilige Phasenspannung zwar negativ wird, aber der leitende Thyristor nicht abschaltet, weil der durch ihn fließende Strom noch größer als der Haltestrom ist. Eine ausführlichere Darstellung der Zusammenhänge findet sich unter dem Stichwort „Kommutierung" in Abschnitt 3.3.5.

Während der Leitphase von T1 ist u_{T1} natürlich null. Sie folgt dem Verlauf der verketteten Spannung, wenn T2 stromführend ist.

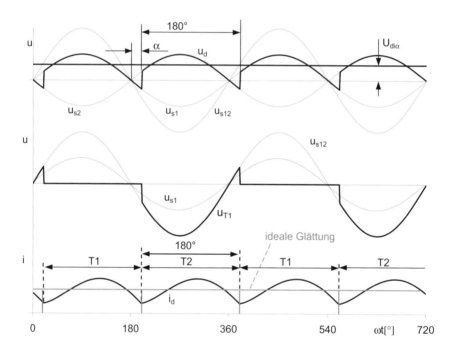

Bild 3.11 Ausgangsgrößen der M2C-Schaltung für $\alpha = 20°$ und ohmsch-induktive Belastung; oben: ungeglättete Ausgangsspannung $u_d(t)$ und arithmetischer Mittelwert $U_{di\alpha}$, Mitte: Zeitverlauf der Spannung am Thyristor T1, unten: Zeitverlauf des Gleichstroms; schwarz: ungeglättet, grau: ideal geglättet

Auch bei endlicher Spannungswelligkeit einer Gleichrichterschaltung kann der Gleichstrom beliebig geglättet werden, indem die Glättungszeitkonstante des Ausgangskreises entsprechend erhöht wird. Im nicht lückenden Betrieb beträgt die

> Leitdauer eines Thyristors bei der M2-Schaltung 180°. Leitet ein Thyristor noch, wenn die ihm zugeordnete Phasenspannung ihren negativen Nulldurchgang aufweist, so werden die Augenblickswerte der Gleichspannung u_d negativ.

Übung 3.5

Zeichnen Sie den Zeitverlauf der Ventilströme bei der M2C-Schaltung in Abhängigkeit von I_d, wenn eine ideale Stromglättung vorliegt.

Übung 3.6

Berechnen Sie mit Hilfe von **Beispiel 1.4** Mittel- und Effektivwert der Ventilströme aus Übung 3.5.

3.2.3 Steuergesetz im nicht lückenden Betrieb

Zur Verdeutlichung der Zusammenhänge ist der zeitliche Verlauf der Gleichspannung bei Teilaussteuerung in **Bild 3.12** vergrößert dargestellt. T1 wird mit dem Zündwinkel α angesteuert und leitet für die Dauer von 180°. Beim Winkel $\alpha + \pi$ wird T2 gezündet; die Ausgangsspannung folgt nun für weitere 180° der Phasenspannung u_{s2}.

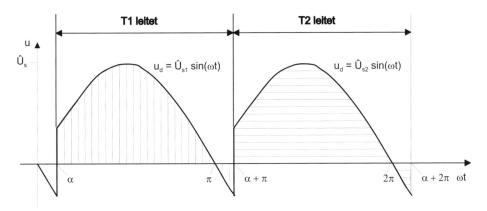

Bild 3.12 Zeitverlauf für $u_d(t)$ im nicht lückenden Betrieb

Den Gleichspannungsmittelwert U_d berechnet man nach Kapitel 1 durch Integration des Spannungsverlaufes $u_d(t)$ über eine gesamte Periodendauer.

$$U_{d\alpha} = \frac{1}{2\pi} \cdot \int_{\alpha}^{2\pi+\alpha} \sqrt{2} \cdot U_s \sin(\omega t) d(\omega t) \tag{3.14}$$

Für T1 und T2 ergeben sich identische Zeitverläufe der Spannung. Daher reicht in diesem Fall die Integration über eine halbe Periodendauer aus.

$$U_{d\alpha} = \frac{1}{\pi} \cdot \int_{\alpha}^{\pi+\alpha} \sqrt{2} \cdot U_s \sin(\omega t) d(\omega t) = \frac{1}{\pi} \cdot \left[\sqrt{2} \cdot U_s (-\cos(\omega t))\right]_{\alpha}^{\pi+\alpha}$$

$$U_{d\alpha} = \frac{1}{\pi} \cdot \left[\sqrt{2} \cdot U_s (-\cos(\pi+\alpha) - (-\cos(\alpha)))\right] = \frac{1}{\pi} \cdot \left[\sqrt{2} \cdot U_s (\cos(\alpha) - (-\cos(\alpha)))\right] \tag{3.15}$$

$$U_{d\alpha} = \frac{2 \cdot \sqrt{2}}{\pi} U_s \cos\alpha$$

Der maximale Mittelwert der Gleichspannung U_{di0} bei der M2C-Schaltung ergibt sich nach Gl. (3.14) ebenso für $\alpha = 0°$. Bezieht man $U_{d i\alpha}$ wieder wie in Gl. (3.5) auf U_{di0}, so erhält man das Steuergesetz der M2C-Schaltung für den nicht lückenden Betrieb.

$$\frac{U_{d i\alpha}}{U_{di0}} = \cos\alpha \quad \text{mit} \quad U_{di0} = \frac{2 \cdot \sqrt{2}}{\pi} U_s \tag{3.16}$$

Diese Gleichung beschreibt den Zusammenhang zwischen Steuerwinkel und Gleichspannungsmittelwert für alle vollgesteuerten Mittelpunkt- und Brückenschaltungen.

> Als *vollgesteuert* werden diejenigen Schaltungen bezeichnet, bei denen alle Ventile Thyristoren sind. Im nicht lückenden Betrieb gilt für solche netzgeführten Stromrichter das Steuergesetz $U_{d i\alpha} = U_{di0} \cdot \cos\alpha$.

Wird der Steuerwinkel α über 90° hinaus erhöht, so wird die Ausgangsspannung negativ. Nach den Betrachtungen in Abschnitt 1.4 Betriebsquadranten handelt es sich bei der M2C-Schaltung demnach um einen Zweiquadrantenstromrichter.

Übung 3.7

Erläutern Sie den Unterschied zwischen den Begriffen „Vollaussteuerung" und „vollgesteuert".

3.3 Dreiphasige Mittelpunktschaltung M3

Lernziele

Der Lernende ...

- kennt den Aufbau der M3C- und M3U-Schaltung
- ist in der Lage, die Liniendiagramme für verschiedene Steuerwinkel zu konstruieren
- berechnet die arithmetischen Mittelwerte der Ausgangsspannung für ohmsche und ohmsch-induktive Last
- erläutert das Steuergesetz für nicht lückenden Betrieb
- berechnet die Glättungsdrossel
- erläutert den Betrieb mit Steuerwinkeln größer als 90°
- erläutert den Kommutierungsvorgang und begründet das Entstehen des Überlappungswinkels

3.3.1 M3-Schaltung bei ohmscher Last

Gleichrichterschaltungen können auch am dreiphasigen Drehstromnetz betrieben werden. In diesem Fall ist für jede Phase ein Thyristor vorzusehen. **Bild 3.13** zeigt eine M3C-Schaltung, die über einen Drehstromtransformator an das Netz angeschlossen ist. Als Last dient ein ohmscher Widerstand. Der Gleichspannungskreis ist am Transformatorsternpunkt angeschlossen; daher heißt die Schaltung dreiphasige Mittelpunktschaltung mit dem Kürzel M3C.

Natürlicher Zündzeitpunkt

Bei Vollaussteuerung der Schaltung ist jeweils derjenige Thyristor stromführend, dessen Anode das höchste Potenzial aufweist. An dieser Anode liegt dabei das höchste Potenzial der Transformatorsekundärseite, woraus sich die Beanspruchung in Vorwärtsrichtung ergibt. Die Anoden der anderen Thyristoren liegen während dieser Zeit an Potenzialen, die niedriger sind; sie werden also in Sperrrichtung beansprucht.

Die Thyristoren T1, T3 und T5 leiten abwechselnd nacheinander. Führt beispielsweise T5 den Strom, dann ist T1 der nächste im stationären Betrieb zu zündende Thyristor. T1 kann dann gezündet werden, wenn seine Einschaltbedingungen erfüllt sind. Dies erfordert neben dem Zündimpuls zusätzlich eine positive Thyristorspannung u_{T1}.

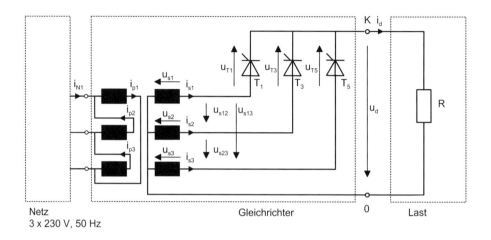

Bild 3.13 M3C-Schaltung mit ohmscher Last

Mit Hilfe von **Bild 3.13** kann die Maschengleichung für u_{T1} bei leitendem T5 aufgestellt werden.

$$u_{T1} = u_{s13} + u_{T5} \quad \text{da } u_{T5} \approx 0, \text{ gilt}: \quad u_{T1} = u_{s13}$$

Demnach wird u_{T1} positiv, wenn die verkettete Spannung u_{s13} ihren positiven Nulldurchgang aufweist. Vergleichbare Zusammenhänge gelten auch für T3 und T5. Zusammengefasst ergibt sich für T1:

> Der natürliche Zündzeitpunkt für T1 liegt vor, wenn die verkettete Spannung u_{s13} ihren positiven Nulldurchgang hat. Dies ist gleichbedeutend mit dem Zeitpunkt, zu dem u_{s1} größer als u_{s3} wird.

Übung 3.8

Ermitteln Sie die Bedingungen für die natürlichen Zündzeitpunkte der Thyristoren T3 und T5.

Die natürlichen Zündzeitpunkte der drei Thyristoren sowie der Spannungsverlauf $u_d(t)$ für Vollaussteuerung sind in **Bild 3.14** dargestellt. Der Spannungsverlauf setzt sich aus je einem Abschnitt der Phasenspannungen u_{s1} bis u_{s3} zusammen. Die pulsierende Gleichspannung $u_d(t)$ hat die dreifache Frequenz der Netzspannung. Man sagt, die M3C-Schaltung ist dreipulsig.

3.3 Dreiphasige Mittelpunktschaltung M3

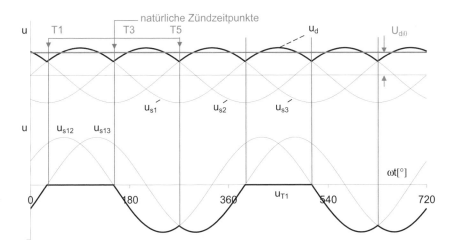

Bild 3.14 Zeitverläufe der M3-Schaltung bei Vollaussteuerung; oben: ungeglättete Ausgangsspannung $u_d(t)$ und arithmetischer Mittelwert $U_{di\alpha}$, unten: Zeitverlauf der Spannung am Thyristor T1

Beispiel 3.2 Mittelwert bei Vollaussteuerung

Berechnen Sie den arithmetischen Mittelwert der Gleichspannung bei einem Steuerwinkel von 0°.

Lösung:

Der arithmetische Mittelwert wird durch Integration über eine Periode ermittelt. Hier ergeben sich, wie schon bei der M2C-Schaltung, identische Zeitverläufe der Spannung, wenn T1, T2 oder T3 leiten. Daher reicht in diesem Fall die Integration über 1/3 Periodendauer aus. Anhand von **Bild 3.14** kann man erkennen, dass der natürliche Zündzeitpunkt für T1 bezogen auf $u_{s1}(t)$ bei 30° liegt. Daher beträgt die untere Integrationsgrenze 30°. T1 leitet für 120°, so dass sich für die obere Integrationsgrenze 150° ergeben.

$$U_{di0} = \frac{3}{2\pi} \cdot \int_{30°}^{150°} \hat{u}_s \sin(\omega t) \cdot d(\omega t) = \frac{3 \cdot \hat{u}_s}{2\pi} \cdot [-\cos(\omega t)]_{30°}^{150°}$$

$$U_{di0} = \frac{3 \cdot \hat{u}_s}{2\pi} \cdot [\frac{1}{2}\sqrt{3} + \frac{1}{2}\sqrt{3}] = \frac{3 \cdot \sqrt{3} \cdot \hat{u}_s}{2\pi} = \frac{3 \cdot \sqrt{3} \cdot \sqrt{2} \cdot U_s}{2\pi} = 1{,}17 \cdot U_s$$

(3.17)

Beispiel 3.3 Welligkeit bei Vollaussteuerung

Wie groß ist die Spannungswelligkeit der M3C-Schaltung bei Vollaussteuerung?

Lösung:

Die Welligkeit erhält man nach Gl. (1.5).

$$w_u = \frac{U_{RMS,\sim}}{U_d} = \sqrt{\frac{U_{RMS}^2}{U_d^2} - 1}$$

Um den Wert bei Vollaussteuerung zu berechnen, muss zunächst der Effektivwert U_{RMS} der Ausgangsspannung $u_d(t)$ ermittelt werden. Mit denselben Überlegungen wie in **Beispiel 3.2** werden die Integrationsgrenzen auf 30° ($\pi/6$) und 150° ($5\pi/6$) festgelegt.

$$U_{RMS} = \sqrt{\frac{3}{2\pi} \cdot \int_{\pi/6}^{5\pi/6} \left(\hat{U}_s \sin(\omega t)\right)^2 \cdot d(\omega t)} = \sqrt{\frac{3}{2\pi} \cdot \int_{\pi/6}^{5\pi/6} \hat{U}_s^2 \sin^2(\omega t) \cdot d(\omega t)}$$

$$U_{RMS} = \sqrt{\frac{3 \cdot \hat{U}_s^2}{2\pi} \cdot \left[\frac{1}{2} \cdot \omega t - \frac{1}{4} \cdot \sin(2\omega t)\right]_{\pi/6}^{5\pi/6}}$$

$$U_{RMS} = \sqrt{\frac{3 \cdot \hat{U}_s^2}{2\pi} \cdot \left[\left(\frac{1}{2} \cdot \frac{5}{6}\pi - \frac{1}{4} \cdot \sin(2\frac{5}{6}\pi)\right) - \left(\frac{1}{2} \cdot \frac{1}{6}\pi - \frac{1}{4} \cdot \sin(2\frac{1}{6}\pi)\right)\right]}$$

$$U_{RMS} = \sqrt{\frac{3 \cdot \hat{U}_s^2}{2\pi} \cdot \left[\left(\frac{5}{12}\pi - \frac{1}{4} \cdot \sin(\frac{10}{6}\pi)\right) - \left(\frac{1}{12}\pi - \frac{1}{4} \cdot \sin(\frac{2}{6}\pi)\right)\right]}$$

$$U_{RMS} = \sqrt{\frac{3 \cdot \hat{U}_s^2}{2\pi} \cdot \left[\left(\frac{4}{12}\pi - \frac{1}{4} \cdot \sin(\frac{10}{6}\pi) + \frac{1}{4} \cdot \sin(\frac{2}{6}\pi)\right)\right]}$$

$$U_{RMS} = \sqrt{\frac{3 \cdot \hat{U}_s^2}{2\pi} \cdot \left[\left(\frac{4}{12}\pi - \frac{1}{4} \cdot \left(-\frac{\sqrt{3}}{2}\right) + \frac{1}{4} \cdot \left(\frac{\sqrt{3}}{2}\right)\right)\right]}$$

$$U_{RMS} = \sqrt{\frac{3 \cdot \hat{U}_s^2}{2\pi} \cdot \left[\left(\frac{4}{12}\pi + \frac{1}{2} \cdot \left(\frac{\sqrt{3}}{2}\right)\right)\right]}$$

$$U_{RMS} = \hat{U}_s \cdot \sqrt{\frac{3}{2\pi} \cdot \left[\left(\frac{4}{12}\pi + \frac{1}{2} \cdot \left(\frac{\sqrt{3}}{2}\right)\right)\right]} = \hat{U}_s \cdot \sqrt{\left[\left(\frac{1}{2} + \frac{3}{4\pi} \cdot \frac{\sqrt{3}}{2}\right)\right]} = 0.8405 \cdot \hat{U}_s$$

Setzt man dieses Ergebnis in die Beziehung für die Welligkeit ein dann erhält man

$$w_u = \sqrt{\frac{U_{RMS}^2}{U_d^2} - 1} = \sqrt{\frac{\left(0.8405 \cdot \hat{U}_s\right)^2}{\left(1.17 \cdot U_s\right)^2} - 1} = \sqrt{\frac{0.7065 \cdot 2 \cdot U_s^2}{1.3689 \cdot U_s^2} - 1} \approx 0.18$$

Gegenüber der M2C-Schaltung ist der Wechselanteil $u_{d\sim}(t)$ der M3C-Schaltung bei Vollaussteuerung weiter gesunken. Bei Vollaussteuerung beträgt die Spannungswelligkeit nur noch $w_{u0} = 0.183$.

Ventilspannung

Die Ventilspannung für T1 ist null, solange T1 leitet. Um die Ventilspannung an T1 für den restlichen Teil der Periode zu ermitteln, werden die Leitphasen für T3 und T5 getrennt betrachtet.

Beispiel 3.4 Ermittlung der Ventilspannung für T1

Geben Sie den zeitlichen Verlauf der Ventilspannung für T1 bei nicht lückendem Betrieb an.

Lösung:

Führt T3 den Strom, so kann dessen Ventilspannung als null angenommen werden. Die Spannung an T1 erhält man durch einen Maschenumlauf anhand von **Bild 3.13** aus der Differenz der Phasenspannungen.

$$u_{T1} = u_{s1} - u_{s2} + u_{T3} = u_{s1} - u_{s2} = u_{s12}$$

Während T3 leitet, liegt die verkettete Spannung u_{s12} als Ventilspannung an T1 an. Die Spannung an T1 während der Leitphase von T5 ergibt sich aus der Differenz der Phasenspannungen u_{s1} und u_{s3}.

$$u_{T1} = u_{s1} - u_{s3} + u_{T5} = u_{s1} - u_{s3} = u_{s13}$$

Solange T5 leitet, liegt die verkettete Spannung u_{s13} als Ventilspannung an T1.

Beispiel 3.5 Ermittlung der Ventilspannung im Lückbetrieb

Geben Sie den zeitlichen Verlauf der Ventilspannung für T1 für den Lückbetrieb an.

Lösung:

Während einer der Thyristoren Strom führt, gelten die Ergebnisse aus **Beispiel 3.4**. In den stromlosen Pausen fließt kein Laststrom; die stromabhängigen Spannungsabfälle an der Last sind dann ebenfalls null. Für T1 erhält man die Spannung

$$u_{T1} = u_{s1} - u_d = u_{s1} - i_d \cdot R = u_{s1}$$

Die Ventilspannung eines Thyristors ist null, wenn der Thyristor selbst leitet, und gleich einer verketteten Spannung, während einer der beiden anderen Thyristoren den Strom führt. In der stromlosen Pause ist die Ventilspannung eines Thyristors gleich dessen jeweiliger Phasenspannung. Die Ventilspannung ändert sich beim Löschen/Zünden eines anderen Thyristors schlagartig.

Die unteren Teile von **Bild 3.14** und **Bild 3.15** zeigen den Ventilspannungsverlauf u_{T1} für Voll- bzw. für Teilaussteuerung. Man erkennt, dass die Ventilspannung abschnittsweise aus den Verläufen der verketteten Spannung besteht. Die Halbleiter werden auch bei der M3-Schaltung durch die verketteten Spannungen belastet.

Teilaussteuerung

Bild 3.15 zeigt die Ausgangsgrößen der M3C-Schaltung bei Teilaussteuerung mit $\alpha = 30°$. Dadurch ändert sich neben dem Zeitverlauf auch der Mittelwert der Ausgangsspannung.

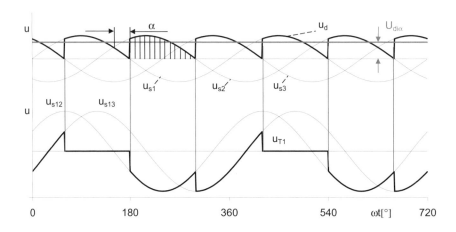

Bild 3.15 Ausgangsgrößen der M3C-Schaltung mit $\alpha = 30°$; oben: ungeglättete Ausgangsspannung $u_d(t)$ und arithmetischer Mittelwert $U_{di\alpha}$, unten: Zeitverlauf der Ventilspannung am Thyristor T1

Übung 3.9

Eine M3C-Schaltung ist über einen Transformator an das Netz 3 x 400 V angeschlossen. Die Gleichspannung U_{di0} bei Vollaussteuerung beträgt 230 V. Berechnen Sie das Transformatorübersetzungsverhältnis sowie die erforderliche Spannungsfestigkeit U_{RRM} der Thyristoren für einen Sicherheitsfaktor $k = 2.5$. Welcher maximale Mittelwert des Ventilstroms I_{TAVM} ergibt sich bei einem Lastwiderstand von 20 Ω?

Beispiel 3.6 Teilaussteuerung mit $\alpha = 60°$

Zeichnen Sie den zeitlichen Verlauf der Ausgangsspannung bei der M3C-Schaltung für $\alpha = 60°$ und ohmsche Last. Ergibt sich ein gravierender Unterschied zum Zeitverlauf in **Bild 3.15**?

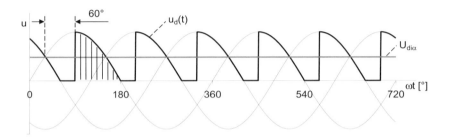

Bild 3.16 Zeitverlauf der Ausgangsspannung für $\alpha = 60°$ und rein ohmsche Last

Lösung:

Die Thyristoren löschen im Spannungsnulldurchgang. Dadurch treten stromlose Pausen auf; der Strom lückt.

Zur Berechnung des Gleichspannungsmittelwertes müssen bei Teilaussteuerung zwei verschiedene Gleichungen verwendet werden, je nachdem ob der Strom lückt oder nicht.

3.3.1.1 Steuergesetz im nicht lückenden Betrieb

Für Steuerwinkel kleiner als 30° wird stets der nächste Thyristor gezündet, bevor die Ausgangsspannung den Wert null erreicht (**Bild 3.17**). Bei ohmscher Last ist der Strom phasengleich zur Spannung und damit ebenfalls immer ungleich null. Somit liegt nicht lückender Betrieb vor.

Der Mittelwert ergibt sich aus dem Integral über eine Periode. Die Leitphase beginnt am Zündzeitpunkt $\omega t = 30° + \alpha$. Sie endet 120° später bei $\omega t = 150° + \alpha$. Mit folgendem Ansatz ergibt sich das Steuergesetz für den nicht lückenden Betrieb:

$$U_{di\alpha} = \frac{3}{2\pi} \cdot \int_{30+\alpha}^{150°+\alpha} \hat{U}_s \sin(\omega t) \cdot d(\omega t) = \frac{3 \cdot \hat{U}_s}{2\pi} \cdot [-\cos(\omega t)]_{30+\alpha}^{150°+\alpha}$$

$$U_{di\alpha} = \frac{3 \cdot \hat{U}_s}{2\pi} \cdot [-\cos(150°+\alpha) - (-\cos(30°+\alpha))] = \frac{3 \cdot \hat{U}_s}{2\pi} \cdot [\cos(30°+\alpha) - \cos(150°+\alpha)]$$

$$U_{di\alpha} = \frac{3 \cdot \hat{U}_s}{2\pi} \cdot [\cos\alpha \cdot \cos 30° - \sin\alpha \cdot \sin 30° - \cos\alpha \cdot \cos 150° + \sin\alpha \cdot \sin 150°]$$

$$U_{di\alpha} = \frac{3 \cdot \hat{U}_s}{2\pi} \cdot \sqrt{3} \cdot \cos\alpha = \frac{3 \cdot \sqrt{3} \cdot \sqrt{2} \cdot U_s}{2\pi} \cdot \cos\alpha$$

$$U_{di\alpha} = U_{di0} \cdot \cos\alpha \quad \text{für } 0° \leq \alpha < 30°; \text{ ohmsche Last} \tag{3.18}$$

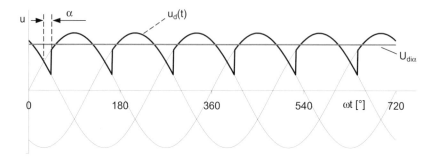

Bild 3.17 Ausgangsspannung der M3C im nicht lückenden Bereich

3.3.1.2 Steuergesetz im Lückbetrieb

Bei rein ohmscher Last beginnt der Lückbereich ab einem Steuerwinkel von $\alpha > 30°$. Den Zeitverlauf der Ausgangsspannung zeigt **Bild 3.18**.

Der Mittelwert ergibt sich wiederum aus dem Integral über eine Periode. Der Zündwinkel wird erst ab $\omega t = 30°$ gezählt. Damit verwendet man den folgenden Ansatz:

$$U_{di\alpha} = \frac{3}{2\pi} \cdot \int_{30+\alpha}^{180°} \hat{U}_s \sin(\omega t) \cdot d(\omega t) = \frac{3 \cdot \hat{U}_s}{2\pi} \cdot [-\cos(\omega t)]_{30+\alpha}^{180°}$$

$$U_{di\alpha} = \frac{3 \cdot \hat{U}_s}{2\pi} \cdot [-\cos(180) - (-\cos(30+\alpha))] = \frac{3 \cdot \hat{U}_s}{2\pi} \cdot [-(-1) + \cos(30+\alpha)]$$

$$U_{di\alpha} = \frac{3 \cdot \hat{U}_s}{2\pi} \cdot [1 + \cos(30+\alpha)] \qquad 30° \leq \alpha \leq 150°; \text{ ohmsche Last}$$

3.3 Dreiphasige Mittelpunktschaltung M3

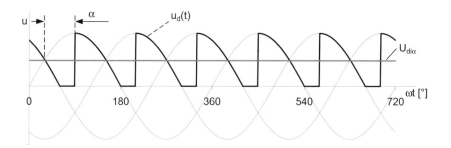

Bild 3.18 Ausgangsspannung der M3C mit ohmscher Last im lückenden Bereich

Übung 3.10

Warum sind bei ohmscher Last Steuerwinkel größer als 150° nicht möglich?

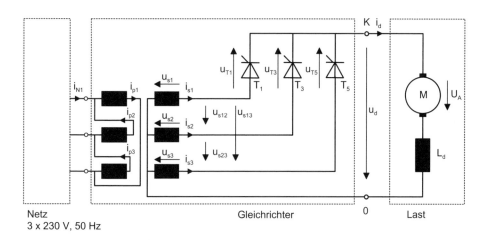

Bild 3.19 M3C-Schaltung am Ankerkreis einer fremderregten Gleichstrommaschine

3.3.2 M3-Schaltung bei idealer Glättung

Bei antriebstechnischen Anwendungen arbeitet die M3C-Schaltung über eine Glättungsdrossel L_d auf den Ankerkreis einer fremderregten Gleichstrommaschine. Der Motor in **Bild 3.19** dreht sich im Uhrzeigersinn.

Die Drossel L_d ist so bemessen, dass der Strom $i_d(t)$ vollständig geglättet ist. Nach den Ausführungen in Abschnitt 3.2.2 ist dies nur möglich, wenn weder Induktivität noch Ankerwicklung einen ohmschen Widerstand aufweisen. Erst dann gilt Gl. (3.19):

$$T_L = \frac{L_d}{R} \approx \infty \tag{3.19}$$

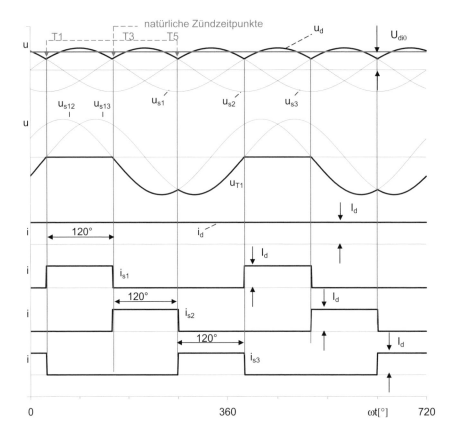

Bild 3.20 Zeitverläufe der M3C-Schaltung bei Vollaussteuerung und idealer Stromglättung; oben: ungeglättete Ausgangsspannung $u_d(t)$ und arithmetischer Mittelwert $U_{di\alpha}$. Mitte oben: Zeitverlauf der Spannung am Thyristor T1, Mitte unten: Zeitverlauf des ideal geglätteten Gleichstroms, unten: Zeitverläufe der Strangströme i_{s1} bis i_{s3}

Der Gleichstrom setzt sich aus den Strömen der jeweils leitenden Thyristoren zusammen. Bei einer idealen Gleichstromglättung ist $i_d(t) = I_d$ = const. und es treten auch bei Teilaussteuerung keine Stromlücken mehr auf. Die Thyristorströme sind

3.3 Dreiphasige Mittelpunktschaltung M3

jetzt einzelne rechteckförmige Stromblöcke mit der Amplitude I_d und einer Leitdauer von 360°/3 = 120°. Für das Steuergesetz kann Gl. (3.18) übernommen werden. **Bild 3.20** zeigt die Zusammenhänge bei Voll-, **Bild 3.21** bei Teilaussteuerung.

Beispiel 3.7 Mittel- und Effektivwert der Ventilströme bei der M3C-Schaltung

Berechnen Sie Mittel- und Effektivwert der M3C-Ventilströme.

Lösung:

Mittel- und Effektivwert der Ventilströme werden wiederum mit **Beispiel 1.4** ermittelt.

$$I_{TAV} = D \cdot I_d = \frac{120°}{360°} \cdot I_d = \frac{I_d}{3} \qquad I_{TRMS} = \sqrt{D} \cdot I_d = \sqrt{\frac{120°}{360°}} \cdot I_d = \frac{I_d}{\sqrt{3}}$$

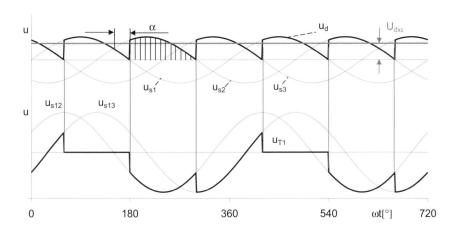

Bild 3.21 Zeitverläufe der M3C-Schaltung bei Teilaussteuerung und idealer Stromglättung; oben: ungeglättete Ausgangsspannung $u_d(t)$ und arithmetischer Mittelwert $U_{di\alpha}$, unten: Ventilspannung u_{T1}

Wird der Steuerwinkel über 30° hinaus erhöht, so treten wie schon bei der M2C-Schaltung in **Bild 3.12** auch bei der M3C-Schaltung negative Spannungszeitflächen auf. Erreicht er 90°, werden die positiven und die negativen Spannungszeitflächen gleich groß. Dies bedeutet, dass $U_{di\alpha}$ für $\alpha = 90°$ zu null wird. Das gleiche Ergebnis erhält man auch durch Anwendung des Steuergesetzes aus Gl. (3.18).

Bild 3.22 stellt die Spannungszeitverläufe für die Steuerwinkel 0°, 60° und 90° unter der Voraussetzung idealer Stromglättung dar. Beim Steuerwinkel 60° sind die negativen Spannungszeitflächen bereits deutlich zu erkennen.

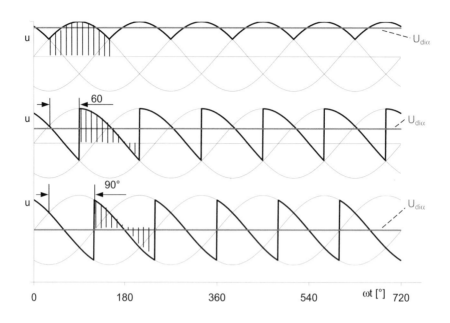

Bild 3.22 Spannungsverläufe der M3C-Schaltung für Steuerwinkel von 0°, 60° und 90°

Übung 3.11

Berechnen Sie den Mittelwert der Gleichspannung bei Teilaussteuerung von $\alpha = 30°$ durch Integration des schraffierten Bereichs in **Bild 3.21**.

Übung 3.12

Die M3C-Schaltung aus **Bild 3.19** ist an das 230-V-Netz angeschlossen und speist den Motor mit einer Ankerspannung von 250 V. Wie groß ist der Steuerwinkel?

Übung 3.13

Berechnen Sie mit Hilfe von Kapitel 1 Mittel- und Effektivwert der Ventilströme (s. **Bild 3.20**) einer M3C-Schaltung bei idealer Stromglättung in Abhängigkeit von I_d.

Übung 3.14

Zeichnen Sie in das Liniendiagramm von **Bild 3.23** den Verlauf der Gleichspannung $u_d(t)$ der M3C-Schaltung aus Übung 3.12 für einen Steuerwinkel von $\alpha = 45°$ unter der Annahme ein, dass der Gleichstrom sehr gut geglättet ist.

 Verwenden Sie für die Lösung das Applet M3-Schaltung.

Berechnen Sie für diesen Steuerwinkel den Gleichspannungsmittelwert $U_{di\alpha}$.

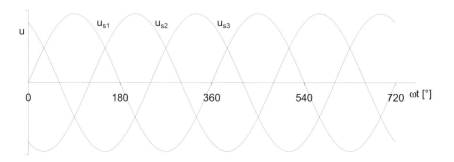

Bild 3.23 Liniendiagramm zur Übung 3.14

3.3.3 Glättungsdrossel

Eine ideale Stromglättung ist in der Praxis nicht erreichbar. Man begnügt sich mit einer Glättungsdrossel, die eine bestimmte Restwelligkeit des Stromes sicherstellt. Eine Berechnung der Drossel bei kleiner Restwelligkeit gelingt mit Hilfe von **Bild 3.24**. Die dortigen Angaben beziehen sich auf die Schaltung in **Bild 3.19**.

Dargestellt sind die Ausgangsspannung $u_d(t)$ der M3C-Schaltung bei Vollaussteuerung und die Klemmenspannung U_A des Gleichstrommotors. Die Differenz zwischen beiden Spannungen $u_L(t) = u_d(t) - U_A$ liegt an der Drossel und ist in der Bildmitte gezeichnet. Unten ist der wellige Gleichstrom $i_d(t)$ abgebildet.

An den Punkten A und B wird die Drosselspannung $u_L(t)$ null. Dies sind die Zeitpunkte, an denen der wellige Gleichstrom ein Minimum oder Maximum erreicht. Ist u_L positiv, dann nimmt $i_d(t)$ zu. Ist u_L negativ, dann wird $i_d(t)$ kleiner. Für $i_d(t)$ gilt:

$$i_d(t) = \frac{1}{L} \cdot \int u_L(\omega t) \mathrm{d}(\omega t) \tag{3.20}$$

Um die Stromänderung ΔI_d zu berechnen, muss das Integral zwischen den Punkten A und B ausgewertet werden. Mit dieser Rechnung kann die erforderliche Größe der Drossel L_d abgeschätzt werden, wenn die maximal zulässige Stromänderung ΔI_d vorgegeben wird.

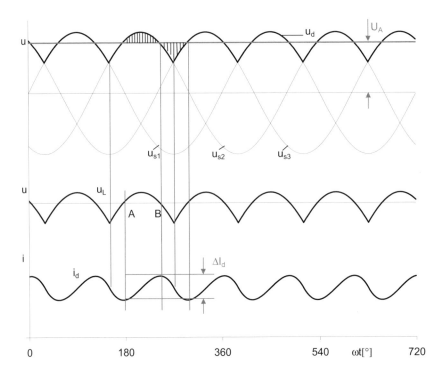

Bild 3.24 Abschätzung der Restwelligkeit; oben: Gleichrichterausgangsspannung u_d, Klemmenspannung des Motors U_A, Mitte: Spannung u_L an der Drossel, unten: welliger Gleichstrom i_d

Beispiel 3.8 Abschätzung der Glättungsdrossel

Berechnen Sie die erforderliche Induktivität der Glättungsdrossel so, dass bei der M3C-Schaltung nach **Bild 3.19** bei Vollaussteuerung $\Delta I_d/I_d = 8\ \%$ beträgt. Daten der Anlage sind $U_{di0} = 220$ V, $I_d = 120$ A.

Lösung:

Für ΔI_d ergibt sich

3.3 Dreiphasige Mittelpunktschaltung M3

$$\frac{\Delta I_d}{I_d} = 8\% = 0.08 \quad \Rightarrow \quad \frac{\Delta I_d}{120\,\text{A}} = 0.08 \tag{3.21}$$

$$\Delta I_d = 0.08 \cdot 120\,\text{A} = 9.6\,\text{A}$$

Im stationären Betrieb wird der Motor mit U_{di0} als Klemmenspannung versorgt. Daher ist $U_A = U_{di0}$. Zunächst müssen die Integrationsgrenzen A und B in **Bild 3.24** ermittelt werden. Diese Zeitpunkte ergeben sich dann, wenn $u_d(\omega t) = U_{di0}$ ist. Zunächst wird Punkt A berechnet:

$$u_d(\omega t_A) = \hat{U}_s \cdot \sin(\omega t_A) = U_{di0} = 1.17 \cdot U_s = 1.17 \cdot \frac{\hat{U}_s}{\sqrt{2}}$$

$$\sin(\omega t_A) = \frac{1.17}{\sqrt{2}} \quad \Rightarrow \quad \omega t_A = \arcsin(\frac{1.17}{\sqrt{2}}) = 55.8°$$

Der Punkt A liegt ca. 55.8° hinter dem positiven Nulldurchgang der Sinus-Kurve. Aufgrund der Symmetrie muss sich der Punkt B 55.8° vor dem negativen Nulldurchgang der Sinus-Kurve befinden.

$$\omega t_B = 180° - 55.8° = 124.2°$$

Damit wird

$$t_A = \frac{55.8°}{180°} \cdot 10\,\text{ms} = 3.1\,\text{ms} \qquad t_B = \frac{124.2°}{180°} \cdot 10\,\text{ms} = 6.9\,\text{ms}$$

Die Integrationsgrenzen t_A und t_B liegen jetzt fest. Mit Gl. (3.20) und diesen Werten berechnet man ΔI_d. Dies ergibt den nachfolgenden Ansatz:

$$\Delta I_d = \frac{1}{L_d} \cdot \int_{3.1\,\text{ms}}^{6.9\,\text{ms}} u_L(t) \cdot dt = \frac{1}{L_d} \cdot \int_{3.1\,\text{ms}}^{6.9\,\text{ms}} \left(\hat{U}_s \cdot \sin(\omega t) - U_{di0}\right) \cdot dt \quad \text{mit} \quad U_{di0} = 1.17 \cdot \frac{\hat{U}_s}{\sqrt{2}}$$

Der Scheitelwert $\hat{U}_s$ der Netzspannung ist nicht gegeben und wird daher durch U_{di0} ausgedrückt. Die Differenz zwischen der Phasenspannung $u_s(t)$ und der Spannung U_{di0} beschreibt den Spannungsverlauf $u_L(t)$ an der Drossel (vgl. **Bild 3.24**, Mitte).

$$\Delta I_d = \frac{1}{L_d} \cdot \int_{3.1\,\text{ms}}^{6.9\,\text{ms}} \left(\hat{U}_s \cdot \sin(\omega t) - U_{di0}\right) \cdot dt = \frac{1}{L_d} \cdot \int_{3.1\,\text{ms}}^{6.9\,\text{ms}} \left(\sqrt{2} \cdot \frac{U_{di0}}{1.17} \cdot \sin(\omega t) - U_{di0}\right) \cdot dt$$

$$\Delta I_d = \frac{1}{L_d} \cdot \left(\sqrt{2} \cdot \frac{U_{di0}}{1.17} \cdot \left[\frac{-\cos(\omega t)}{\omega}\right]_{3.1\,\text{ms}}^{6.9\,\text{ms}} - U_{di0} \cdot [t]_{3.1\,\text{ms}}^{6.9\,\text{ms}}\right)$$

$$\Delta I_d = \frac{U_{di0}}{L_d} \cdot \left(\frac{\sqrt{2}}{1.17} \cdot \left[\frac{-\cos(\omega \cdot 3.1\,\text{ms}) - (-\cos(\omega \cdot 6.9\,\text{ms}))}{\omega} \right] - [6.9\,\text{ms} - 3.1\,\text{ms}] \right)$$

Bei 50 Hz Netzfrequenz ist $\omega = 314\,\text{s}^{-1}$

$$\Delta I_d = \frac{U_{di0}}{L_d} \cdot \left(\frac{\sqrt{2}}{1.17} \cdot \left[\frac{-\cos(\omega \cdot 3.1\,\text{ms}) - (-\cos(\omega \cdot 6.9\,\text{ms}))}{\omega} \right] - [6.9\,\text{ms} - 3.1\,\text{ms}] \right)$$

$$\Delta I_d = \frac{U_{di0}}{L_d} \cdot \left(\frac{\sqrt{2}}{1.17} \cdot \left[\frac{-(-0.562) - (-0.562)}{\omega} \right] - [6.9\,\text{ms} - 3.1\,\text{ms}] \right)$$

$$\Delta I_d = \frac{U_{di0}}{L_d} \cdot \left(\frac{\sqrt{2}}{1.17} \cdot \left[\frac{(0.562) + (0.562)}{314\,\text{s}^{-1}} \right] - [3.8\,\text{ms}] \right) = \frac{U_{di0}}{L_d} \cdot \left(\frac{\sqrt{2}}{1.17} \cdot \left[\frac{1.124}{314\,\text{s}^{-1}} \right] - [3.8\,\text{ms}] \right)$$

$$\Delta I_d = \frac{U_{di0}}{L_d} \cdot \left(\frac{\sqrt{2}}{1.17} \cdot \left[\frac{1.124}{314\,\text{s}^{-1}} \right] - [3.8\,\text{ms}] \right)$$

$$\Delta I_d = \frac{U_{di0}}{L_d} \cdot (0.0043267\,\text{s} - 0.0038\,\text{s}) = \frac{U_{di0}}{L_d} \cdot 0.00005267\,\text{s}$$

Dieses Ergebnis entspricht der linken schraffierten Fläche in **Bild 3.24**, oben. Diese Gleichung wird nach L_d aufgelöst, so dass mit Gl. (3.21) die Drossel berechnet werden kann.

$$L_d = \frac{U_{di0}}{\Delta I_d} \cdot 0.00005267\,\text{s} = \frac{220\,\text{V}}{9.6\,\text{A}} \cdot 0.00005267\,\text{s} \approx 0.012\,\text{H} = 12\,\text{mH}$$

Die Drossel benötigt eine Induktivität von 12 mH, damit bei Vollaussteuerung die Stromwelligkeit $\Delta I_d/I_d$ bei 8 % bleibt.

3.3.4 Wechselrichterbetrieb

Setzt man in Gl. (3.16) für den Steuerwinkel α Werte größer als 90° ein, so wird der Gleichspannungsmittelwert $U_{di\alpha}$ sogar negativ. Dies bestätigt auch der Spannungszeitverlauf aus **Bild 3.25** für diesen Fall. Für $\alpha = 120°$ ist die negative Spannungszeitfläche bereits deutlich größer als die positive. Dies heißt nichts anderes, als dass es durch Steuerwinkel größer als 90° möglich ist, die Ausgangsgleichspannung $U_{di\alpha}$ umzupolen. Die Stromrichtung kann sich aufgrund der Ventile nicht ändern und bleibt positiv.

Steuerwinkel größer als 90° ermöglichen es, die Stromrichterausgangsspannung umzupolen.

3.3 Dreiphasige Mittelpunktschaltung M3

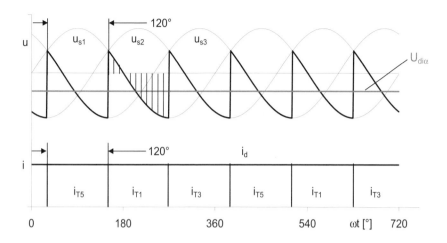

Bild 3.25 Zeitverlauf der Gleichspannung sowie der ideal geglätteten Ventilströme für $\alpha = 120°$

Die Zeitverläufe aus **Bild 3.25** sind nur möglich, wenn der an die M3C-Schaltung angeschlossene Gleichstrommotor angetrieben wird und als Generator arbeitet. **Bild 3.26** zeigt einen solchen Fall.

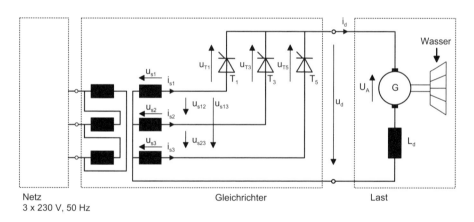

Netz
3 x 230 V, 50 Hz

Bild 3.26 M3C-Schaltung mit Gleichstromgenerator für Wechselrichterbetrieb

Hier wird der Generator beispielsweise durch eine Turbine in Bewegung gesetzt. Die induzierte Spannung erscheint gegenüber dem Motorbetrieb aus **Bild 3.19** umgekehrt an den Generatorklemmen. Diese Generatorspannung treibt jetzt den Strom i_d entgegen der Ausgangsspannung $u_d(t)$ des Stromrichters. Deren Werte sind bezogen auf den Zählpfeil in **Bild 3.26** negativ, da der Steuerwinkel größer als 90° ist.

Der Stromrichter arbeitet jetzt als Verbraucher. Er nimmt die vom Generator erzeugte Energie auf und speist sie ins Drehstromnetz ein. Bei Steuerwinkeln größer als 90° arbeitet der Stromrichter im Wechselrichterbetrieb und wandelt die Energie des Gleichstromkreises in Energie um, die im Drehstromnetz verfügbar ist. Auch die M3C-Schaltung ist demnach ein Zweiquadrantenstromrichter.

Beispiel 3.9 Berechnung des Steuerwinkels

Ein Gleichstromgenerator mit $U_N = 220$ V, $I_{AN} = 63$ A, $R_A = 0.179$ Ω, $n_N = 1400$ min^{-1} bremst mit dem Nenndrehmoment ausgehend von einer Drehzahl $n_{br} = 800$ min^{-1} ab. Die M3C-Schaltung liefert für $\alpha = 0°$ eine Ausgangsspannung von 220 V. Welcher Steuerwinkel muss zu Beginn des Bremsvorgangs eingestellt werden?

Lösung:

Die Ankerspannung im Bremsbetrieb $U_{A,br}$ hat den Wert

$$U_{A,br} = \frac{n_{br}}{n_N} \cdot (U_N - R_A \cdot I_{AN})$$

$$U_{A,br} = \frac{800}{1400} \cdot (220\,\text{V} - 0.179\,\Omega \cdot 63\,\text{A}) = 119.2\,\text{V}$$

Damit Nennstrom fließt, ist folgende Klemmenspannung im Generatorbetrieb U_{br} nötig:

$$U_{br} = U_{A,br} - R_A \cdot I_{AN} = 119.2\,\text{V} - 0.179\,\Omega \cdot 63\,\text{A} = 108\,\text{V}$$

Die Maschengleichung aus **Bild 3.26** ergibt $u_d = -U_A$. Dies gilt auch für den Mittelwert $U_{di\alpha}$.

$$U_{di\alpha} = -U_{br} \Rightarrow \alpha_{br} = \arccos\frac{-U_{br}}{U_{di0}} = \arccos\frac{-108\,\text{V}}{220\,\text{V}} = 119°$$

Der Stromrichter muss demnach mit $\alpha = 119°$ angesteuert werden.

3.3.5 Auswirkung und Berechnung der Kommutierung

3.3.5.1 Kommutierung bei netzgeführten Stromrichtern

Bisher wurde bei den betrachteten Schaltungen unterstellt, dass der leitende Thyristor schlagartig den Strom an den neu gezündeten Thyristor abgibt und dadurch abschaltet. Aus dieser Annahme ergeben sich die sprungförmigen Stromübergänge zwischen den Thyristorströmen i_{T1}, i_{T3} und i_{T5} in **Bild 3.25** unten.

In der Realität sind in jedem Stromkreis jedoch Induktivitäten vorhanden, die sprungförmige Stromänderungen nicht zulassen. Der Stromübergang von einem Ventil auf das nächste heißt Kommutierung. Anhand des Ersatzschaltbildes in **Bild 3.27** wird die Kommutierung von T1 auf T3 erläutert. Aus Gründen der Übersichtlichkeit unterstellt man $i_d(t) = I_d$ = const., also eine ideale Stromglättung.

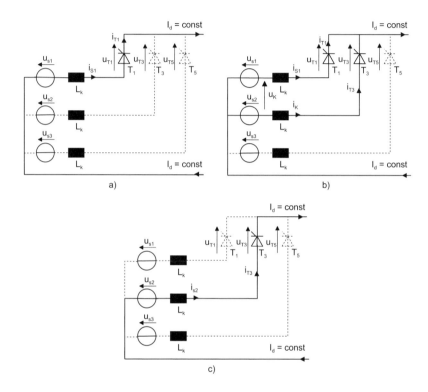

Bild 3.27 Ersatzschaltbild zur Erläuterung der Kommutierung; a) Ersatzschaltbild während der Alleinzeit von T1, b) Ersatzschaltbild während der Überlappungszeit von T1 und T3, c) Ersatzschaltbild während der Alleinzeit von T3

In Teilbild a) führt T1 zunächst allein den Strom I_d. Dieser Zeitraum wird Alleinzeit genannt. Die Zweige, in denen T3 und T5 sperren, sind gestrichelt gezeichnet. Mit der Zündung von T3 gilt das Schaltbild von **Bild 3.27** b). Die Induktivität L_k, die im Ventilzweig von T1 vorhanden ist, verhindert, dass i_{T1} nach der Zündung von T3 schlagartig null wird. Für einen gewissen Zeitraum, der Überlappungszeit genannt wird, leiten beide Thyristoren T1 und T3.

Der Stromkreis in Teilbild b) schließt die Netzspannung über L_K, T_1, T_3 und L_K kurz. Der Kurzschluss hat einen Kurzschlussstrom zur Folge, der hier Kommutierungsstrom i_K genannt wird. Er fließt in Richtung von i_{T3} und aufgrund des konstanten Gleichstroms I_d entgegen i_{T1} wieder zurück. Die Kommutierungsspannung u_K ergibt sich aus der Differenz der Phasenspannungen, deren Thyristoren an der Kommutierung beteiligt sind. Sie sorgt dafür, dass der Kommutierungsstrom i_K fließt. Während des Kommutierungsvorganges wird i_{T1} durch den Kurzschlussstrom i_K bis auf null abgebaut. Dagegen steigt i_{T3} auf I_d an. Man spricht bei T3 von Auf-, bei T1 von Abkommutieren. Aus dem während dieser Überlappungszeit gültigen Teilbild b) leitet man folgende Maschengleichungen ab:

$$u_K = u_{s2} - u_{s1} = u_{s21}$$
$$u_K = u_{s21} = L_K \cdot \frac{di_K}{dt} + u_{T3} - u_{T1} - L_K \cdot \frac{di_{s1}}{dt} = L_K \cdot (\frac{di_K}{dt} - \frac{di_{s1}}{dt}) \quad (3.22)$$

T1 und T3 leiten beide während der Überlappung und schließen die Strangspannungen in diesem Zeitraum quasi kurz. Auch beide Ventilspannungen sind während dieser Zeit null, da sowohl T1 als auch T3 leitet. Somit begrenzen nur die beiden Induktivitäten L_K den Kommutierungsstrom i_K.

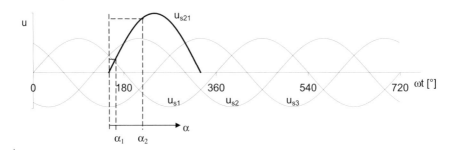

Bild 3.28 Kommutierungsspannung $u_K = u_{s21}$ in Abhängigkeit des Steuerwinkels

Aus der Knotengleichung von Teilbild b) erhält man:

$$i_K + i_{s1} = I_d = \text{const} \quad \Rightarrow \quad \frac{di_K}{dt} + \frac{di_{s1}}{dt} = \frac{dI_d}{dt} = 0 \quad \Rightarrow \quad \frac{di_K}{dt} = -\frac{di_{s1}}{dt}$$

Für die Ventilströme gilt daher

$$i_{T3}(\omega t) = i_K(\omega t) \quad \text{und} \quad i_{T1}(\omega t) = I_d - i_K(\omega t) = I_d - i_{T3}(\omega t)$$

3.3 Dreiphasige Mittelpunktschaltung M3

Bei konstantem Gleichstrom I_d bedeutet dies, dass sich bei Vergrößerung von i_K und damit auch von i_{s2} der Strom i_{s1} um denselben Betrag verringern muss. Sobald $i_K = I_d$ wird, ist i_{s1} und damit i_{T1} null und T1 schaltet ab. In diesem Moment ist die Kommutierung beendet. Jetzt gilt Teilbild c). Der gesamte Gleichstrom fließt nun durch T3.

Der Kommutierungsvorgang wird durch Gl. (3.22) beschrieben und verläuft für jeden Steuerwinkel etwas anders. Bestimmende Größen sind die Kommutierungsinduktivität L_K sowie die verkettete Spannung u_{s21}. Es ist einleuchtend, dass der Augenblickswert dieser Spannung zum Zündzeitpunkt und damit auch die Dauer des Kommutierungsvorgangs vom Steuerwinkel abhängen. In **Bild 3.28** erkennt man, dass $u_{s21}(\alpha_1)$ wesentlich kleiner als $u_{s21}(\alpha_2)$ ist. Damit ergibt sich bei α_1 eine andere Kommutierungsdauer als bei α_2.

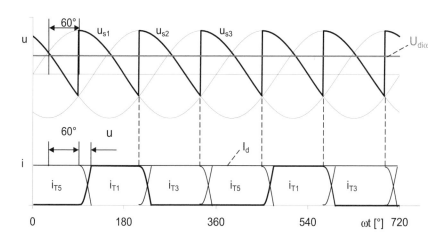

Bild 3.29 Ventilstromverläufe unter Berücksichtigung der Kommutierung; oben: Zeitverlauf der pulsierenden Spannung $u_d(t)$ und arithmetischer Mittelwert $U_{di\alpha}$ (beide hier noch ohne Berücksichtigung der Kommutierung), unten: Ventilströme i_{T1} bis i_{T5} unter Berücksichtigung der Kommutierung

In **Bild 3.29** sind beispielhaft die Stromverläufe einer M3C-Schaltung während der Kommutierung bei einem Steuerwinkel von 60° angegeben. Der Überlappungswinkel u ist hier übertrieben groß dargestellt. Während der Kommutierung entspricht die Summe der Ventilströme dem Gleichstrom I_d.

> Bei netzgeführten Stromrichtern wird der leitende Thyristor durch das Zünden des folgenden Thyristors gelöscht. Diesen Vorgang bezeichnet man als *Kommutierung* (commutation). Für die Dauer der Kommutierung leiten beide Thyristoren.

> Die Dauer der Kommutierung heißt *Überlappungszeit* (commutation time). Der zugehörige Winkel wird Überlappungswinkel *u* (commutation angle) genannt.

Dauer der Überlappung

Die Dauer der Überlappung kann entweder als Überlappungswinkel *u* oder als Überlappungszeit t_u angegeben werden. Die Herleitung erfolgt für die bisher schon betrachtete Kommutierung von T1 auf T3.

Während der Überlappung gilt für die Thyristorströme $i_{T1} = i_{s1}$ und $i_{T3} = i_{s2} = i_K$ sowie

$$i_{s1} + i_{s2} = I_d \quad \Rightarrow \quad \frac{di_{s1}}{dt} + \frac{di_{s2}}{dt} = \frac{dI_d}{dt} = 0 \quad \Rightarrow \quad \frac{di_{s1}}{dt} = -\frac{di_{s2}}{dt}$$

Ausgehend von Gl. (3.22) erhält man die Bestimmungsgleichung für $i_K(t)$.

$$u_K = u_{s21} = L_K \cdot \frac{di_K}{dt} + u_{T3} - u_{T1} - L_K \cdot \frac{di_{s1}}{dt} = L_K \cdot \left(\frac{di_K}{dt} - \frac{di_{s1}}{dt}\right) = 2 \cdot L_K \cdot \frac{di_K}{dt} \quad (3.23)$$

$$di_K = \frac{u_K}{2 \cdot L_K} dt$$

Die Kommutierung beginnt am Zündzeitpunkt von T3, also bei $t = \alpha / \omega$. An diesem Zeitpunkt ist der Anfangswert von $i_K(\alpha/\omega)$ null. Als Lösung der Differentialgleichung (3.23) erhält man:

$$i_K(t) = \frac{\hat{u}_K}{2\omega L_K}(\cos\alpha - \cos(\omega t)) \qquad \text{mit } \hat{u}_K = \hat{u}_{s12}$$

Die Kommutierung endet zum Zeitpunkt $t_u = (\alpha + u)/\omega$, wenn der aufkommutierende Strom den Betrag des Gleichstroms erreicht hat. An diesem Zeitpunkt t_u gilt:

$$i_K(t_u) = \frac{\hat{u}_K}{2\omega L_K}(\cos\alpha - \cos(\omega t_u)) = \frac{\hat{u}_K}{2\omega L_K}(\cos\alpha - \cos(\alpha + u)) = I_d \quad (3.24)$$

Mit Hilfe von Gl. (3.24) können die Dauer der Überlappung und auch der Überlappungswinkel errechnet werden. Er ergibt sich zu

$$\cos(\alpha + u) = \cos\alpha - \frac{I_d \cdot 2\omega L_K}{\hat{u}_K}$$

$$u = \arccos\left(\cos\alpha - \frac{I_d \cdot 2\omega L_K}{\hat{u}_K}\right) - \alpha$$

Übung 3.15

Überlegen und begründen Sie anhand von **Bild 3.28**, welchen Wertebereich der Steuerwinkel α bei der M3C-Schaltung annehmen kann.

Übung 3.16

Wie verändert sich der Überlappungswinkel u, wenn

1. der Steuerwinkel vergrößert wird
2. die Kommutierungsinduktivität L_K erhöht wird
3. der Laststrom I_d zunimmt

3.3.5.2 Auswirkung der Überlappung

Die Überlappung, die bei jeder Kommutierung auftritt, vermindert die Ausgangsspannung des Stromrichters gegenüber dem idealen Wert $U_{di\alpha}$. Zur Erläuterung dieses Sachverhaltes dient **Bild 3.30**.

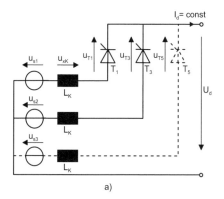
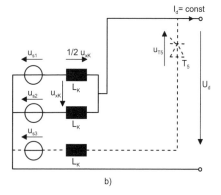

Bild 3.30 Spannungsabfall während der Überlappungszeit; a) leitende Ventile während der Kommutierung von T1 auf T3, b) Ersatzschaltbild für die Dauer der Kommutierung von T1 auf T3

In Teilbild a) ist der Stromkreis während der Überlappung dargestellt. Die leitenden Thyristoren T1 und T3 verursachen einen Kurzschluss der beteiligten Strangspannungen u_{s1} und u_{s2}. Strombegrenzend wirken lediglich die Reaktanzen $X_K = \omega L_K$. Beide Thyristorspannungen u_{T1} und u_{T3} sind während der Kommutierung null. Somit erhält man das vereinfachte Ersatzschaltbild aus Teilbild b).

An den Reaktanzen entsteht der Spannungsabfall u_{xK}, der über die Maschengleichung ermittelt wird.

$$u_{xK} = u_{s1} - u_{s2}$$

$$\frac{1}{2} u_{xK} = \frac{1}{2} \cdot (u_{s1} - u_{s2}) = \frac{u_{s1} - u_{s2}}{2}$$

In der Regel sind die Induktivitäten L_K und damit die Reaktanzen X_K gleich groß. Daher beträgt der Spannungsabfall an der Reaktanz im Zweig von T1 genau die Hälfte von u_{xK}. Für die Dauer der Kommutierung ist der Ausgang des Stromrichters mit dem Mittelpunkt beider Reaktanzen verbunden. Daher ist an diesem Ausgang während der Überlappung nicht mehr die volle Strangspannung, sondern nur noch die Strangspannung vermindert um $0.5\, u_{xK}$ verfügbar.

Mit Gl. (3.25) wird die Ausgangsspannung des Stromrichters während der Überlappung berechnet. Man erkennt, dass die Gleichspannung $u_d(t)$ für die Dauer der Kommutierung von T1 auf T3 auf den Mittelwert von u_{s1} und u_{s2} einbricht. Diese Spannungseinbrüche sind in **Bild 3.31** schraffiert dargestellt.

$$u_d(t) = u_{s1} - u_{xK} = u_{s1} - \frac{1}{2} \cdot (u_{s1} - u_{s2}) = \frac{2 u_{s1} - (u_{s1} - u_{s2})}{2} = \frac{u_{s1} + u_{s2}}{2} \quad (3.25)$$

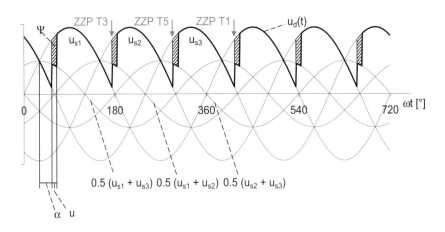

Bild 3.31 Spannungsverlauf der M3C-Schaltung mit Berücksichtigung der Kommutierung

Berechnet man auf dieser Grundlage den Mittelwert von $u_d(t)$, so stellt man fest, dass er kleiner ist als bei unberücksichtigter Kommutierung. Dies ist auch unmittelbar einleuchtend, weil die schraffierten und mit Ψ bezeichneten Spannungszeitflächen bei der Mittelwertberechnung jetzt nicht mehr einbezogen werden.

3.3 Dreiphasige Mittelpunktschaltung M3

Die Zündzeitpunkte (ZZP) der Thyristoren sind in **Bild 3.31** eingezeichnet. Nach der Zündung von T3 (ZZP T3) folgt die Ausgangsspannung $u_d(t)$ während der Überlappung zunächst dem Mittelwert von $u_{s1}(t)$ und $u_{s2}(t)$. Am Ende der Überlappung springt $u_d(t)$ auf die Phasenspannung u_{s2}. Diese Erkenntnis kann verallgemeinert werden:

> Die Kommutierung bewirkt eine Verminderung der Ausgangsspannung. Während der Überlappungszeit bricht die Stromrichterausgangsspannung auf den Mittelwert der Phasenspannungen ein, die an der Kommutierung beteiligt sind.

Berechnung der Spannungsänderung D_x

In **Bild 3.31** wird eine Spannungszeitfläche, die durch die Überlappung verloren geht, mit Ψ bezeichnet. Pro Periode treten bei der M3-Schaltung drei dieser Flächen auf. Der Mittelwert von Ψ ist der Spannungsbetrag D_x, um den die Ausgangsspannung durch Berücksichtigung der Überlappung kleiner wird. Es gilt:

$$D_x = \frac{3}{T} \cdot \int_{\alpha/\omega}^{(\alpha+u)/\omega} \frac{1}{2} \cdot u_{xK}(\omega t) \mathrm{d}(\omega t) = \frac{3}{T} \cdot \int_{\alpha/\omega}^{(\alpha+u)/\omega} \frac{u_{s1}(\omega t) + u_{s2}(\omega t)}{2} \mathrm{d}(\omega t)$$

Der Wert des Integrals in obiger Gleichung hat die Einheit Vs (<u>V</u>olt · <u>S</u>ekunde) und entspricht einem magnetischen Fluss. Dieser Fluss kann genauso auch durch die Stromänderung in der Induktivität L_K, also durch $\Psi = L_K \Delta i$, berechnet werden.

Während der Kommutierung ändert sich der Strom i_{T3} um Δi von null auf I_d. Somit ergibt sich mit $T = 2\pi/\omega$

$$D_x = \frac{3}{T} \cdot \int_{\alpha/\omega}^{(\alpha+u)/\omega} \frac{u_{s1}(\omega t) + u_{s2}(\omega t)}{2} \mathrm{d}(\omega t) = \frac{3}{T} \cdot \Psi = \frac{3}{T} \cdot L_K \cdot I_d = \frac{3}{2\pi} \cdot \omega L_K \cdot I_d \quad (3.26)$$

Der Betrag, um den der Mittelwert der Ausgangsspannung durch die Kommutierung absinkt, wird demnach umso größer sein, je größer der Wert der Kommutierungsinduktivität und je höher der zu kommutierende Gleichstrom I_d ist.

Die relative Spannungsänderung d_x beträgt

$$d_x = \frac{D_x}{U_{di}}$$

Aufgrund der Kommutierung verringert sich der Mittelwert der Ausgangsgleichspannung eines Stromrichters um den Wert D_x. Dieser Wert ist umso größer, je höher der Gleichstrom und je größer die Kommutierungsinduktivität ist.

3.3.5.3 Wechselrichtergrenze

Bei einem idealen Stromrichter, dessen Ventile unendlich schnell ein- und abschalten und bei dem keine Überlappung auftritt, könnte der Steuerwinkel α zwischen 0° und 180° verstellt werden. Dies ergibt sich unmittelbar aus **Bild 3.28**. Der natürliche Zündzeitpunkt für T3 fällt mit dem positiven Nulldurchgang der Kommutierungsspannung u_{s21} zusammen. Eine Zündung von T3 kann im Idealfall daher so lange erfolgen, wie diese Kommutierungsspannung größer als null bleibt. Dies ist für einen Winkel von 180° der Fall. Bei praktischen Anwendungen kann dieser Spielraum allerdings nicht vollständig ausgenutzt werden. Zur Erläuterung dient **Bild 3.32**.

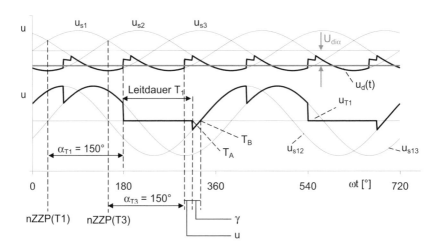

Bild 3.32 Kommutierung von T1 auf T3; $\alpha = 150°$ und $u = 15°$

Beispiel 3.10 Maximaler Steuerwinkel einer M3C

Schätzen Sie den maximal möglichen Steuerwinkel ab, mit dem eine M3C-Schaltung betrieben werden kann, wenn der zulässige Überlappungswinkel maximal 15° beträgt.

3.3 Dreiphasige Mittelpunktschaltung M3

Lösung:

Ausgehend vom natürlichen Zündzeitpunkt nZZP(T3) in **Bild 3.32** erfolgt die tatsächliche Zündung von T3 mit $\alpha_{T3} = 150°$. Die Überlappung beträgt 15°, so dass die Kommutierung zum Zeitpunkt T_A beendet ist. T3 leitet nun allein, T1 hat abgeschaltet.

Zum Zeitpunkt T_B wird die Ventilspannung T1 wieder positiv. Bis dahin müssen die Ladungsträger, die in T1 gespeichert sind (vgl. Abschnitte 2.2 und 2.3), noch aus dem Bauelement ausgeräumt werden. Dies ist erforderlich, damit die Blockierfähigkeit von T1 wiederhergestellt wird. Für das Ausräumen steht als sog. Schonzeit der Zeitraum $T_B - T_A$ zur Verfügung. Die Leitdauer von T1 ist im vorliegenden Fall um den Winkel u größer als 120°. Ist die zum Ausräumen der Ladungsträger erforderliche Zeit $t_{rr}(T1)$ größer als die verfügbare Schonzeit $T_B - T_A$, dann schaltet T1 nicht ordnungsgemäß ab, sondern beginnt zum Zeitpunkt T_B erneut zu leiten. In diesem Fall steigt der Strom durch T1 immer weiter an. Der Effekt wird als Kippen des Wechselrichters bezeichnet und muss unbedingt vermieden werden.

Aus Sicherheitsgründen wählt man die Schonzeit t_c um 50 % größer, als es die Freiwerdezeit t_q der Ventile erfordert. Diese Schonzeit kann auch als Winkel angegeben werden. Er wird Löschwinkel genannt. Für den einzuhaltenden Löschwinkel γ erhält man somit

$$t_c = 1.5 \cdot t_q \quad \Rightarrow \quad \gamma = \omega \cdot t_c = \omega \cdot 1.5 \cdot t_q$$

Um ein Kippen des Wechselrichters zu vermeiden, muss der Steuerwinkel bei allen netzgeführten Stromrichtern auf $0° < \alpha < 180°-(u+\gamma)$ begrenzt werden.

3.3.5.4 Gleichspannungsersatzschaltbild für Mittelwerte

Der Spannungsabfall D_x wird nach Gl. (3.26) bestimmt durch L_K und I_d. Üblicherweise ist L_K konstant. Dann hängt der Spannungsabfall D_x nur vom Gleichstrom ab. Dies legt es nahe, den Ausdruck $3 \cdot \omega L_K / 2\pi$ aus Gl. (3.26) als eine Art Innenwiderstand R_i des Stromrichters aufzufassen. Dieser Innenwiderstand wird R_{ix} genannt. Der zusätzliche Index x deutet an, dass die Reaktanz $X_K = \omega L_K$ in dessen Berechnung eingeht.

Natürlich sind bei realen Stromrichtern weitere ohmsche Widerstände vorhanden. Zum einen sind dies die Wicklungswiderstände der Transformatorwicklungen. Zum anderen treten die Durchlasswiderstände der Ventile in Erscheinung (vgl. Ersatzschaltbild der Diode, Bild 2.5). Alle ohmschen Innenwiderstände werden unter der Bezeichnung R_{ir} zusammengefasst.

Neben den Durchlasswiderständen trägt auch die Durchlassspannung der Ventile zum nicht idealen Verhalten des Stromrichters bei. Nach Abschnitt 2.2 muss die

Durchlassspannung der Ventile aufgebracht werden, bevor ein Stromfluss zustande kommt. Daher geht auch die Summe aller Durchlassspannungen D_V dem Mittelwert der Stromrichterausgangsspannung verloren.

Betrachtet man ausschließlich die Mittelwerte der Ausgangsspannung für den nicht lückenden Betrieb, dann kann der netzgeführte Stromrichter durch das Ersatzschaltbild in **Bild 3.33** beschrieben werden.

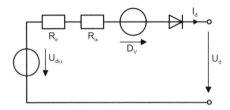

Bild 3.33 Ersatzschaltbild für Mittelwerte

Die Spannungsquelle ist hier der Mittelwert $U_{di\alpha}$, der sich bei einem idealen Stromrichter und dem Einfluss des Steuerwinkels ergeben würde. Dieser muss größer als die Summe aller Durchlassspannungen sein, damit ein Stromfluss zustande kommt. Der Gleichstrom verursacht Spannungsabfälle an den Innenwiderständen R_{ir} und R_{ix}. Die ideale Diode symbolisiert letztlich die gleichrichtende Wirkung. Am Ausgang des Stromrichters steht der Mittelwert U_d zur Verfügung.

$$U_d = U_{di\alpha} - I_d \cdot (R_{ir} + R_{ix}) - D_V$$

Beispiel 3.11 Berechnung des Steuerwinkels

Gegeben ist ein Stromrichter in M3C-Schaltung, der über einen Transformator an das Drehstromnetz angeschlossen ist. Die Daten der Anlage lauten:

Transformator: Streuinduktivität L_s = 1 mH, Wicklungswiderstand R_T = 0.3 Ω
                  verkettete Spannung, sekundärseitig U_{s12} = 380 V

Ventile: Durchlassspannung D_V = 1.5 V,
                  differentieller Widerstand R_d = 0.2 Ω

Ermitteln Sie den erforderlichen Steuerwinkel für eine Ausgangsspannung U_d = 188 V bei einem Gleichstrom von 50 A.

Lösung:

a) $R_{ir} = R_T + R_d = 0.3\ \Omega + 0.2\ \Omega = 0.5\ \Omega$
b) $D_V = 1.5\ V$
c) $U_{di} = 1.17 \cdot 380\ V\ /\ \sqrt{3} = 257\ V$

d) $R_{ix} = 3 \cdot 50 \text{ Hz} \cdot 1 \text{ mH} = 0.15 \text{ Ω}$
e) $U_{di\alpha} = U_d + I_d (R_{ir} + R_{ix}) + D_V = 188 \text{ V} + 50 \text{ A} \cdot 0.65 \text{ Ω} + 1.5 \text{ V} = 222 \text{ V}$
f) $U_{di\alpha} = U_{di} \cos\alpha = 257 \text{ V} \cdot \cos\alpha = 222 \text{ V}$
g) $\alpha = \arccos(222 / 257) = 30°$

3.3.6 Mittelpunktschaltungen mit verbundenen Anoden

Sowohl die M2- als auch die M3-Schaltungen können auch so aufgebaut werden, dass die Anoden der Ventile ein gemeinsames Potenzial haben. Die bisherigen Überlegungen zur Kommutierung, zum Wechselrichterbetrieb und zur Stromglättung gelten weiterhin ohne Einschränkungen.

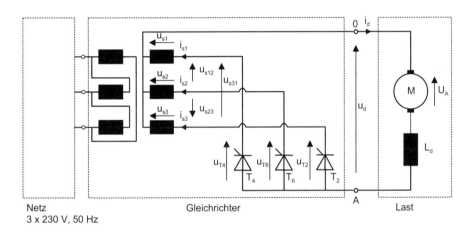

Bild 3.34 M3C-Schaltung mit verbundenen Anoden

In **Bild 3.34** ist eine M3C-Schaltung mit verbundenen Anoden dargestellt. Hier kann das Ventil gezündet werden, das das negativste Kathodenpotential aufweist. Leitet beispielsweise T2, so lässt sich T4 frühestens dann zünden, wenn u_{T4} größer als null wird. In diesem Fall liefert die Maschengleichung:

$$u_{T4} = u_{T2} + u_{s3} - u_{s1} = u_{T2} + u_{s31} = u_{s31}$$

Der natürliche Zündzeitpunkt für u_{T4} liegt also dann vor, wenn die verkettete Spannung u_{s31} ihren positiven Nulldurchgang hat. Die Bedingung für den natürlichen Zündzeitpunkt kann auch folgendermaßen formuliert werden:

$$u_{s31} = u_{s3} - u_{s1} > 0 \quad \Rightarrow \quad u_{s3} > u_{s1} \tag{3.27}$$

Beispiel 3.12 Ausgangsspannung bei M3C-Schaltung mit verbundenen Anoden

Konstruieren Sie den Verlauf der Gleichspannung $u_d(t)$ für Vollaussteuerung bei der M3-Schaltung aus **Bild 3.34**.

Lösung:

Die natürlichen Zündzeitpunkte liegen nach Gl. (3.27) an den negativen Schnittpunkten der Phasenspannungen. Daraus ergibt sich der dreipulsige Spannungsverlauf in **Bild 3.35**. Gegenüber dem Verlauf bei der M3-Schaltung mit verbundenen Kathoden und Vollaussteuerung in **Bild 3.20** ist er um 60° verschoben. Dies liegt daran, dass die positiven und negativen Schnittpunkte der Phasenspannungen um 60° gegeneinander versetzt sind.

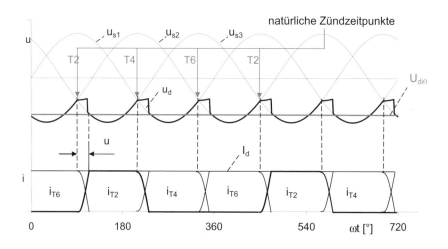

Bild 3.35 Spannungs- und Stromverläufe für die M3C-Schaltung mit verbundenen Anoden bei $\alpha = 0°$ und Berücksichtigung der Überlappung

Im unteren Teil von **Bild 3.35** sind die Ventilströme unter Berücksichtigung der Überlappung dargestellt. Auch hier ist der Überlappungswinkel übertrieben groß wiedergegeben. Der Mittelwert U_{di0} der Ausgangsgleichspannung ist bei vollausgesteuerten Schaltungen mit verbundenen Anoden negativ.

Übung 3.17

Konstruieren und zeichnen Sie in **Bild 3.36** den Verlauf der Gleichspannung $u_d(t)$ für $\alpha = 60°$ bei der M3C-Schaltung aus **Bild 3.34**. Gehen Sie von einer idealen Glättung aus und stellen Sie qualitativ die Überlappung dar. Kennzeichnen Sie den Ventilstrom i_{T6}.

3.3 Dreiphasige Mittelpunktschaltung M3

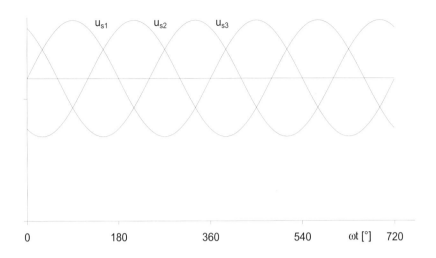

Bild 3.36 Liniendiagramm zur Übung 3.17

3.3.7 Netzströme und Transformatorbauleistung

Transformatoren können nur Wechsel- aber keine Gleichgrößen übertragen. Dies führt bei Stromrichtertransformatoren zu primärseitigen Wicklungsströmen, die sich von denen der Sekundärseite erheblich unterscheiden können.

Beispiel 3.13 Berechnung der primärseitigen Transformatorströme

Konstruieren Sie die primärseitigen Transformatorströme der M3-Schaltung aus **Bild 3.13**, wenn das Übersetzungsverhältnis $ü$ beträgt. Berechnen Sie die Effektivwerte der primären und sekundären Strangströme für den Sonderfall $ü = 1$.

Lösung:

Die sekundären Strangströme i_{s1} bis i_{s3} werden mit dem Übersetzungsverhältnis auf die Primärseite transformiert. Der Gleichanteil wird nicht übertragen. Dies bedeutet, dass der Mittelwert der primären Strangströme i_{p1} bis i_{p3} null betragen muss.

Der Netzstrom i_{N1} ergibt sich aus der Knotengleichung

$$i_{N1} + i_{p2} = i_{p1} \quad \Rightarrow \quad i_{N1} = i_{p1} - i_{p2}$$

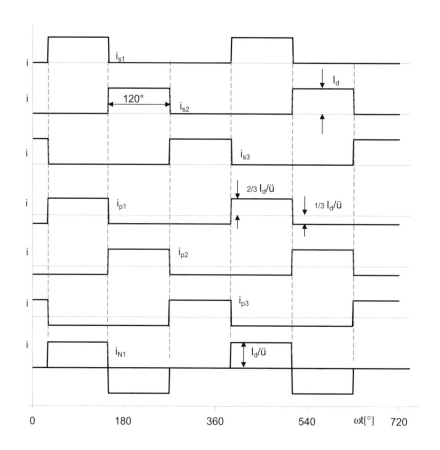

Bild 3.37 Liniendiagramm zu **Beispiel 3.13**; oben: sekundäre Strangströme i_{s1} bis i_{s3}, Mitte: primäre Wicklungsströme i_{p1} bis i_{p3}, unten: Netzstrom i_{N1}

Die primären Wicklungs- und auch die Netzströme sind reine Wechselgrößen. Zur Berechnung des Effektivwertes können die Ergebnisse von **Beispiel 1.4** und **Beispiel 1.5** verwendet werden. Für den Effektivwert der sekundären Strangströme erhält man

$$I_{s1,RMS} = I_{s2,RMS} = I_{s3,RMS} = I_d \cdot \sqrt{D} = \frac{I_d}{\sqrt{3}}$$

Der Effektivwert der primären Strangströme errechnet sich zu

3.3 Dreiphasige Mittelpunktschaltung M3

$$I_{p1,RMS} = I_{p2,RMS} = I_{p3,RMS} = \sqrt{\left(\frac{2}{3} \cdot \frac{I_d}{ü}\right)^2 \cdot \frac{120°}{360°} + \left(-\frac{1}{3} \cdot \frac{I_d}{ü}\right)^2 \cdot \frac{240°}{360°}}$$

$$I_{p1,RMS} = \frac{\sqrt{2}}{3} \cdot \frac{I_d}{ü} \quad \text{mit } ü=1 \text{ folgt}: \quad I_{p1,RMS} = \frac{\sqrt{2}}{3} \cdot I_d$$

Die Scheinleistung S, die auf der Transformatorsekundärseite erforderlich ist, entspricht der sekundären Transformatorleistung S_{2Tr} und beträgt

$$S = 3 \cdot U_{s1} \cdot I_{s1,RMS} = 3 \cdot \frac{U_{di0}}{1.17} \cdot \frac{I_d}{\sqrt{3}} = 1.48 \cdot U_{di0} \cdot I_d \tag{3.28}$$

$$S_{2Tr} = S = 1.48 \cdot U_{di0} \cdot I_d$$

Die Scheinleistung der Primärwicklung berechnet man durch einen vergleichbaren Ansatz. Es ergibt sich

$$S_{1Tr} = 3 \cdot U_{p1} \cdot I_{p1,RMS} = 3 \cdot \frac{U_{di0}}{1.17} \cdot \frac{\sqrt{2} \cdot I_d}{3} = 1.2 \cdot U_{di0} \cdot I_d \tag{3.29}$$

Am Unterschied der Gleichungen (3.28) und (3.29) wird deutlich, dass die Scheinleistungen von Primär- und Sekundärwicklung erheblich voneinander abweichen, wenn ein Stromrichter an den Transformator angeschlossen wird.

Als Bauleistung S_{Tr} eines Transformators wird der Mittelwert aus primärer und sekundärer Transformatorscheinleistung bezeichnet.

$$S_{Tr} = \frac{S_{Tr1} + S_{Tr2}}{2} = \frac{1.48 + 1.2}{2} \cdot U_{di0} \cdot I_d = 1.34 \cdot U_{di0} \cdot I_d \tag{3.30}$$

Erstaunlicherweise muss nach dieser Auslegung die Bauleistung des Transformators um 34 % größer sein als die übertragene Gleichstromleistung. Der Grund dafür ist, dass Stromrichter im Betrieb prinzipiell Blindleistung benötigen. In Verbindung mit der zu übertragenden Wirkleistung ergibt sich eine erforderliche Gesamtleistung, die die Wirkleistung übersteigt.

3.4 Brückenschaltungen netzgeführter Stromrichter

Lernziele

Der Lernende …

- erläutert die Entstehung von Brückenschaltungen aus Mittelpunktschaltungen
- zeichnet die Liniendiagramme für die B6C- und die B2C-Schaltung
- überträgt die Gleichungen der Mittelpunktschaltungen auf die Brückenschaltungen

3.4.1 Vollgesteuerte Drehstrombrückenschaltung B6C

Brückenschaltungen entstehen durch die gleichstromseitige Reihenschaltung von Mittelpunktschaltungen. In der Gleichstromantriebstechnik ist die Drehstrombrückenschaltung die am meisten verwendete Variante. Auch Brückenschaltungen arbeiten – wie die Mittelpunktschaltungen – in zwei Quadranten.

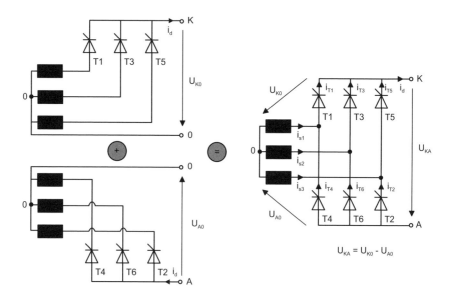

Bild 3.38 Grundlegender Aufbau der Brückenschaltung B6C

3.4 Brückenschaltungen netzgeführter Stromrichter

Die Schaltung B6C besteht laut **Bild 3.38** aus der Reihenschaltung von zwei M3C-Schaltungen. Eine der beiden ist mit verbundenen Kathoden, die andere mit verbundenen Anoden ausgeführt. Beide Schaltungen werden mit demselben Netzanschluss gekoppelt. Üblicherweise wird die obere Brückenhälfte als Kathodenseite bezeichnet. Die untere heißt dagegen Anodenseite. Soll ein Transformator zur Spannungsanpassung eingesetzt werden, lässt für beide M3-Schaltungen dieselbe Transformatorsekundärwicklung verwenden. Ein Y-Y-Transformator ist ausreichend.

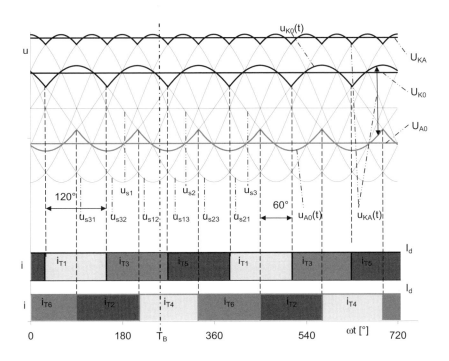

Bild 3.39 Zeitverläufe der B6C-Schaltung bei $\alpha = 0°$ ohne Darstellung der Überlappung

Die Teilspannungen U_{K0} und U_{A0} beider Mittelpunktschaltungen addieren sich zur Gesamtspannung U_{AK}. Demzufolge wird bei Brückenschaltungen die Gleichspannung gegenüber den Mittelpunktschaltungen verdoppelt. Die Spannungsbelastung der Ventile halbiert sich, da immer zwei Ventile in Reihe geschaltet sind. Im Unterschied zu Mittelpunktschaltungen erfordern Brückenschaltungen keinen Transformatormittelpunkt und eignen sich daher auch zum direkten Netzanschluss. Dies wird bei vielen Anwendungen ausgenutzt.

Während des nicht lückenden Betriebs leitet immer je ein Ventil der oberen und ein Ventil der unteren Brückenhälfte. Bei Vollaussteuerung liegt das jeweils höchste Potenzial der Anschlussspannung über dem stromführenden Ventil der oberen Brückenhälfte an der Klemme K. Deren Potenzial ist durch die obere Hüllkurve der drei Strangspannungen gegeben. Entsprechend liegt das Potenzial der Klemme A auf der unteren Hüllkurve. Die Gleichspannung U_d ergibt sich als Differenz der Potenziale von K und A. Infolge der Phasenverschiebung von 60° zwischen den Spannungen beider Brückenhälften erhält die Ausgangsspannung sechspulsigen Charakter. Die Welligkeit bei Vollaussteuerung ist gering und beträgt $w_{U0} = 0.042$.

Bild 3.39 zeigt die Zeitverläufe der B6C-Schaltung für Vollaussteuerung und ideal geglätteten Gleichstrom. Die Überlappung ist hier vernachlässigt. Im oberen Bildteil sind dünn ausgezogen die Strangspannungen u_{s1} bis u_{s3} und die insgesamt sechs verketteten Spannungen u_{s12} bis u_{s32} dargestellt. Der Mittelwert der Ausgangsspannung der oberen Brückenhälfte heißt U_{K0}. Zusammen mit der zugehörigen Hüllkurve $u_{K0}(t)$ ist er dick schwarz gezeichnet.

Die untere Brückenhälfte ist im Prinzip eine M3-Schaltung mit verbundenen Anoden, deren Ausgangsspannung negativ ist. Ihre natürlichen Zündzeitpunkte und damit die Hüllkurve $u_{A0}(t)$ sind gegenüber denen der oberen Brückenhälfte um 60° verschoben. Die Hüllkurve sowie der zugehörige Mittelwert U_{A0} sind dick grau dargestellt.

Die Gesamtausgangsspannung $u_{KA}(t)$ ergibt sich aus der Differenz von $u_{K0}(t) - u_{A0}(t)$. Gleiches gilt für die Berechnung des Gesamtmittelwertes der B6C-Schaltung.

$$U_d = U_{KA} = U_{K0} - U_{A0}$$

Es kommen insgesamt sechs verschiedene Kombinationen von leitenden Ventilen vor. Jede Kombination schaltet eine verkettete Spannung an den Ausgang. Die Gesamtspannung setzt sich aus diesen verketteten Spannungsverläufen zusammen.

Die Leitdauer eines Ventils und damit die Zeitdauer eines solchen Stromblocks beträgt – wie bei den M3-Schaltungen auch – 120°. Die Stromblöcke von oberer und unterer Brückenhälfte sind ebenfalls um 60° gegeneinander versetzt. Ihre Amplituden betragen jeweils I_d. Die Schattierung der Stromblöcke in **Bild 3.39** symbolisiert die stromführende Phase. Helles Grau steht für Phase 1, mittleres Grau für Phase 2 und Dunkelgrau kennzeichnet, dass Phase 3 leitet. Daran erkennt man, dass bei der B6C-Schaltung immer zwei Phasen leiten und die dritte stromlos ist.

> Die B6-Brückenschaltung entsteht aus der Reihenschaltung zweier M3-Mittelpunktschaltungen. Der Mittelwert der 6-pulsigen Ausgangsspannung ist doppelt so hoch wie bei der M3-Schaltung. Die Welligkeit bei Vollaussteuerung ist gegenüber den Mittelpunktschaltungen gering.

Beispiel 3.14 Bestimmung der leitenden Ventile einer Brückenschaltung

Betrachtet wird der Zeitpunkt T_B in **Bild 3.39**. Welche Ventile leiten zu diesem Zeitpunkt, und welchen Betrag haben die einzelnen Strangströme i_{s1} bis i_{s3}?

Lösung:

Zum betrachteten Zeitpunkt T_B gilt $i_{T3} = I_d$ sowie $i_{T4} = I_d$. Dies bedeutet, dass die Ventile T3 und T4 leiten und den Gleichstrom führen. Bezogen auf die Zählpfeile in **Bild 3.38** ergibt sich daraus $i_{s1} = -I_d$, $i_{s2} = I_d$, $i_{s3} = 0$.

Übung 3.18

Berechnen Sie mit Hilfe von **Beispiel 1.4** Mittel- und Effektivwert der Ventilströme (s. **Bild 3.39**) einer B6-Schaltung in Abhängigkeit von I_d bei idealer Stromglättung und unter Vernachlässigung der Überlappung.

Übung 3.19

Wie lauten die möglichen Leitkombinationen der Ventile bei der B6C-Schaltung? Geben Sie diese Leitkombinationen in der korrekten zeitlichen Reihenfolge an.

 Verwenden Sie für die Lösung das Applet B6C-Schaltung.

Übung 3.20

Wie groß wird die maximale Ausgangsspannung bei der B6C-Schaltung, wenn diese an ein Drehstromnetz mit $U_{s12} = 380$ V angeschlossen wird?

In der Teilaussteuerung werden obere und untere Brückenhälfte in der Regel mit demselben Steuerwinkel betrieben. **Bild 3.40** zeigt die Ausgangsspannungen $u_d(t)$, U_d sowie den Strangstrom i_{s1} für $\alpha = 30°$. Der natürliche Zündzeitpunkt eines jeden Ventils entspricht dem Schnittpunkt zweier verketteter Spannungen. Auch hier ist die Überlappung nicht dargestellt.

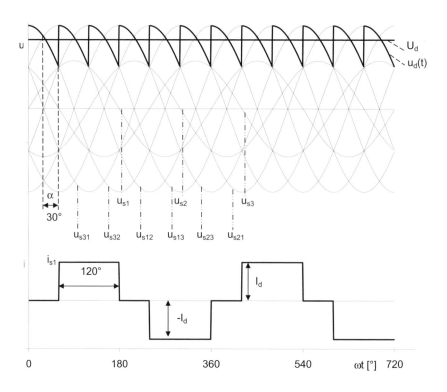

Bild 3.40 Ausgangsspannung und Strangstrom einer B6C-Schaltung für $\alpha = 30°$ ohne Überlappung

Übung 3.21

Begründen Sie, warum der Steuerwinkel bei der B6C-Schaltung ausgehend von den Schnittpunkten der verketteten Spannung u_{s12} bis u_{s31} gezählt wird.

Übung 3.22

Warum müssen bei jedem Zündvorgang einer B6C-Schaltung immer zwei Ventile gezündet werden?

Übung 3.23

Wie lauten die Gleichungen zur Ermittlung der Ventilspannung u_{T1}? Konstruieren Sie die Ventilspannung für das Ventil T1 bei nicht lückendem Betrieb und Teilaussteuerung mit $\alpha = 30°$ und zeichnen Sie den Verlauf in **Bild 3.41**.

Verwenden Sie für die Lösung das Applet B6C-Schaltung.

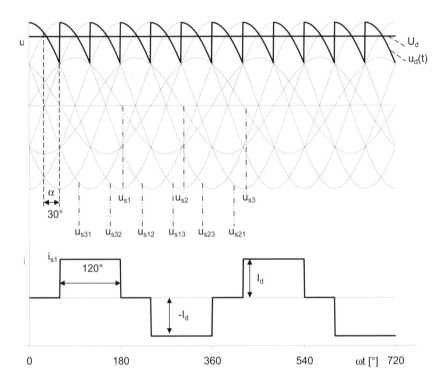

Bild 3.41 Liniendiagramm zur Übung 3.23

3.4.2 Brückenschaltung B2C

Schaltet man eine M2-Schaltung mit verbundenen Kathoden in Reihe mit einer M2-Schaltung mit verbundenen Anoden, so erhält man die B2C-Schaltung. Bei Netzteilen wird als Netzgleichrichter aus Kostengründen oft die ungesteuerte Variante einer Diodenbrücke eingesetzt. Anwendung findet die B2-Schaltung im Leistungsbereich bis etwa 10 kW.

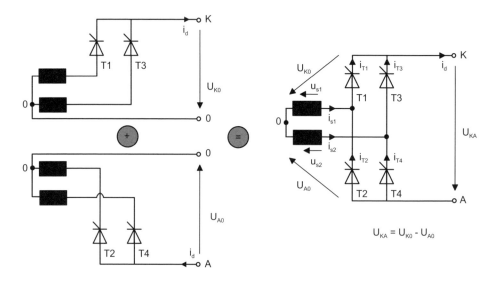

Bild 3.42 B2C-Schaltung bestehend aus der Reihenschaltung zweier M2C-Schaltungen

Im Unterschied zur B6C-Schaltung kommutieren bei der B2-Schaltung allerdings obere und untere Brückenhälfte gleichzeitig.

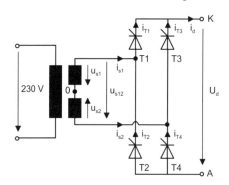

Bild 3.43 B2C-Schaltung mit Transformator

Beispiel 3.15 Ausgangsspannung der B2C-Schaltung

Die B2C-Schaltung in **Bild 3.43** ist über einen Transformator an das 230-V-Wechselstromnetz angeschlossen.

Konstruieren Sie den Verlauf der Ausgangsspannung $u_d(t)$ für die B2C-Schaltung bei einem Steuerwinkel von 0° sowie idealer Stromglättung. Berechnen Sie die Ausgangsspannung U_{di0}, wenn das Spannungsübersetzungsverhältnis w1:w2 = 5:1 beträgt. Wie groß wird die Welligkeit bei Vollaussteuerung? Verwenden Sie das Applet B2C-Schaltung.

Lösung:

Für den Effektivwert der Spannung U_{s12} erhält man

$$U_{s12} = 230\,\text{V} \cdot \frac{1}{5} = 46\,\text{V}$$

Die sekundärseitigen Phasenspannungen sind halb so groß wie U_{s12}.

$$U_{s1} = U_{s2} = \frac{1}{2} \cdot 46\,\text{V} = 23\,\text{V}$$

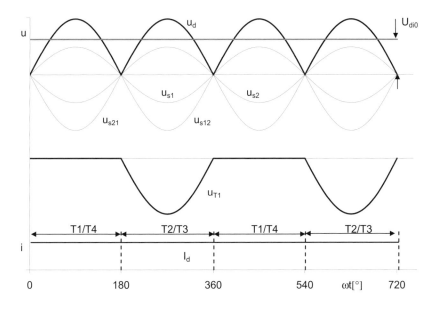

Bild 3.44 Ausgangsspannung und Ventilströme der B2C-Schaltung für Vollaussteuerung ohne Berücksichtigung der Überlappung; oben: pulsierende Gleichspannung $u_d(t)$; Gleichspannungsmittelwert U_{di0}, Mitte: Ventilspannung u_{T1}, unten: Ventilströme und Gleichstrom

Die Ausgangsspannung U_{di0} ergibt sich damit nach folgendem Zusammenhang:

$$U_{di0} = U_{KA} = U_{K0} - U_{A0} = 0.9 \cdot U_{s1} - (-0.9 \cdot U_{s2}) = 1.8 \cdot U_{s1} = 41.4\,\text{V}$$

Zur Berechnung der Welligkeit wird Gl. (3.8) verwendet. Der Gesamteffektivwert der Ausgangsspannung bei Vollaussteuerung beträgt U_{s12}, da $u_d(t) = u_{s12}(t)$.

$$w_{U0} = \sqrt{\left(\frac{U_{dRMS}}{U_{di0}}\right)^2 - 1} = \sqrt{\left(\frac{U_{s12}}{1.8 \cdot U_{s1}}\right)^2 - 1} = \sqrt{\left(\frac{2 \cdot U_{s1}}{1.8 \cdot U_{s1}}\right)^2 - 1} = \sqrt{\left(\frac{2}{1.8}\right)^2 - 1} = 0.48$$

Die Welligkeit ist mit 0.483 also genauso groß wie bei der M2-Schaltung.

Wie bei der B6C-Schaltung leiten immer zwei Ventile gleichzeitig. Die möglichen Leitkombinationen sind T1T4 und T3T2. Leitet T1T4, so folgt die Ausgangsspannung der verketteten Spannung u_{s12}. Leitet das Ventilpaar T3T2, so ist $u_d(t) = -u_{s12}(t) = u_{s21}(t)$.

> Die B2-Brückenschaltung entsteht aus der Reihenschaltung zweier M2-Mittelpunktschaltungen. Der Mittelwert der zweipulsigen Ausgangsspannung ist doppelt so hoch wie bei der M2-Schaltung. Die Welligkeit bei Vollaussteuerung bleibt gegenüber der M2-Schaltung unverändert.

Die wesentlichen Unterschiede der wichtigsten netzgeführten Schaltungen fasst **Tabelle 3.2** zusammen.

Tabelle 3.2 Eigenschaften der netzgeführten Schaltungen

	M1	M2	M3	B2C	B6C
U_{di0}/U_s	0.45	0.9	1.17	1.8	2.34
Steuergesetz	$U_{di0}\cos\alpha$	$U_{di0}\cos\alpha$	$U_{di0}\cos\alpha$	$U_{di0}\cos\alpha$	$U_{di0}\cos\alpha$
Welligkeit w_{u0}	1.21	0.48	0.183	0.48	0.042

3.5 Umkehrstromrichter

Lernziele

Der Lernende ...

- zeichnet den Schaltungsaufbau
- erläutert, warum bei Anwendungen der Antriebstechnik ein Umkehrstromrichter vorteilhaft eingesetzt werden kann
- nennt Einsatzgebiete für Umkehrstromrichter

Anwendungen der Antriebstechnik

Bei vielen Anwendungen der Antriebstechnik besteht die Forderung, einen Gleichstrommotor in beiden Drehrichtungen elektrisch beschleunigen und bremsen zu können. Dies entspricht dem Betrieb des Stromrichters in allen 4 Quadranten.

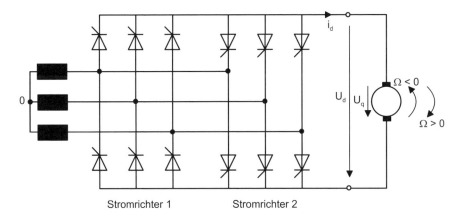

Bild 3.45 Umkehrstromrichter bestehend aus zwei gegenparallel geschalteten B6C-Brücken

Eine solche Betriebsart ist weder mit den bislang besprochenen Mittelpunkt- noch mit den Brückenschaltungen möglich. Vollgesteuerte netzgeführte Stromrichter können nur das Vorzeichen der Ausgangsspannung verändern. Sie erlauben lediglich eine Stromrichtung und können so nur den Zweiquadrantenbetrieb realisieren (positive Stromrichtung, positive und negative Spannungspolarität, also Quadranten I und IV in Bild 1.23, Kapitel 1).

Sind zur Lösung der Antriebsaufgabe die beiden verbleibenden Quadranten ebenfalls erforderlich, so muss der Stromrichter auch eine negative Stromrichtung zulassen. Dies ist nach **Bild 3.45** möglich, wenn ein weiterer Stromrichter gegenparallel dazugeschaltet wird.

Eine solche Anordnung heißt Umkehrstromrichter, da neben der Spannungspolarität auch die Richtung des Ausgangsstromes I_d geändert werden kann. Üblicherweise werden solche Umkehrstromrichter kreisstromfrei angesteuert. Kreisstromfrei bedeutet, dass immer nur einer der beiden Stromrichter Zündimpulse erhält. Die Ventile des jeweils anderen bleiben gesperrt. Ein solcher Antrieb kann ein positives und negatives Drehmoment in beiden Drehrichtungen liefern und wird daher als Vierquadrantenantrieb bezeichnet.

Jeder der beiden Stromrichter deckt zwei Betriebsquadranten ab. Dabei arbeitet der Stromrichter im einen der beiden Quadranten als Gleichrichter und im anderen als Wechselrichter. Einzelheiten sind in **Bild 3.46** dargestellt.

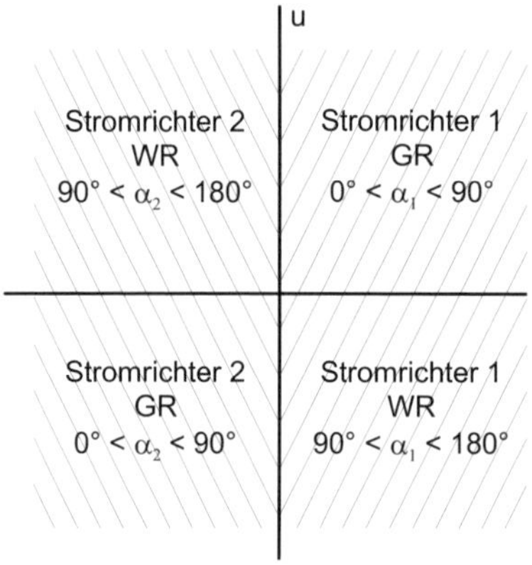

Bild 3.46 Quadranten beim Umkehrstromrichter

Beispiel 3.16 Umkehrstromrichter

In **Bild 3.45** entsteht eine positive Rotationsspannung u_q, wenn die positive Drehrichtung $\Omega > 0$ vorliegt. In welchem Quadranten arbeitet der Antrieb, wenn der Motor in positiver Drehrichtung beschleunigt wird? Welcher der beiden Stromrichter ist aktiv?

Lösung:

Zum Beschleunigen des Motors in positiver Drehrichtung ist ein positiver Strom erforderlich. Dies ist nur realisierbar, wenn I_d größer als null ist. Ein Gleichstrom mit dieser Stromrichtung kann nur von Stromrichter 1 geliefert werden. Demnach ist Stromrichter 1 aktiv und erhält Zündimpulse; die Ventile des Stromrichters 2 bleiben gesperrt.

3.5 Umkehrstromrichter

Der Antrieb arbeitet hierbei im ersten Quadranten der u-i-Ebene, da sowohl die Spannung U_d als auch der Strom I_d positiv sind.

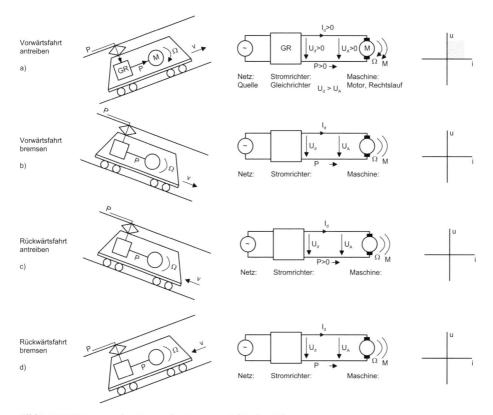

Bild 3.47 Erläuterung des Vierquadrantenstromrichterbetriebs

Übung 3.24

In **Bild 3.47** ist eine Lokomotive dargestellt, die über einen stromrichtergespeisten Gleichstrommotor angetrieben und gebremst werden kann. Je nachdem, ob die Lokomotive beschleunigt oder bremst, wird die Leistung P aus dem Netz aufgenommen oder in das Netz zurückgespeist. Für den Fall der Vorwärtsfahrt im Motorbetrieb sind im Teilbild a) die Leistungsrichtung und die Betriebsarten für den Motor sowie den Stromrichter eingetragen. Des Weiteren ist angegeben, ob der Strom und die Spannungen bezogen auf die eingezeichneten Zählpfeile positiv oder negativ sind. Ergänzen Sie die fehlenden Angaben für die Teilbilder b) bis d). Kennzeichnen Sie, in welchem Quadranten der Stromrichter jeweils arbeitet.

3.6 Lösungen

Übung 3.1

Ein ungesteuerter Stromrichter ist mit Dioden ausgestattet. Ein frei wählbarer Zündzeitpunkt ist nicht möglich; daher kann die Ausgangsspannung nicht gesteuert werden.

Übung 3.2

Der natürliche Zündzeitpunkt eines Ventils ist der Moment, in dem die Ventilspannung größer wird als null. Er entspricht also dem Zeitpunkt, an dem eine Diode beginnen würde zu leiten.

Übung 3.3

Für die M1-Schaltung gilt

$$U_{di\alpha} = 0.45 \cdot U_s \frac{(1+\cos\alpha)}{2}$$

mit $U_s = 230$ V folgt

$U_{di\alpha}(0°) = 103.5$ V; $U_{di\alpha}(30°) = 96.57$ V; $U_{di\alpha}(45°) = 88.34$ V; $U_{di\alpha}(0°) = 25.88$ V

Übung 3.4

Jeder der beiden Thyristoren beginnt bei positivem Nulldurchgang der zugehörigen Phasenspannung zu leiten. Die Leitdauer beträgt 180° und endet beim negativen Nulldurchgang der Phasenspannung. Eine positive Ventilspannung – und damit der Blockierbetrieb – tritt bei Vollaussteuerung an der M2C-Schaltung nicht auf (vgl. **Bild 3.6**).

Übung 3.5

Bei idealer Stromglättung beträgt die Leitdauer beider Ventile jeweils 180°. Die Ventilströme sind rechteckförmig mit einer Amplitude von I_d.

Übung 3.6

Mit dem genannten Beispiel erhält man

$$I_{TAV} = D \cdot I_d = \frac{180°}{360°} \cdot I_d = \frac{I_d}{2} \qquad I_{TRMS} = \sqrt{D} \cdot I_d = \sqrt{\frac{180°}{360°}} \cdot I_d = \frac{I_d}{\sqrt{2}}$$

Übung 3.7

Eine Gleichrichterschaltung heißt dann vollgesteuert, wenn alle Ventile steuerbar sind, also zu gezielten Zeitpunkten eingeschaltet werden können. Dioden sind keine steuerbaren Ventile.

Unter Vollaussteuerung versteht man einen Zündwinkel von 0°. Die Thyristoren werden bei Vollaussteuerung also zum frühestmöglichen Zeitpunkt gezündet.

Übung 3.8

Natürlicher Zündzeitpunkt für T3, wenn $u_{s2} > u_{s1}$ bzw. wenn $u_{s21} > 0$

Natürlicher Zündzeitpunkt für T5, wenn $u_{s3} > u_{s2}$ bzw. wenn $u_{s32} > 0$

Übung 3.9

Zunächst wird die sekundärseitige Phasenspannung berechnet. Bei der M3C gilt:

$$U_{di0} = 1.17 \cdot U_s \quad \Rightarrow \quad U_s = \frac{U_{di0}}{1.17} = \frac{230\,V}{1.17} = 196.6\,V$$

Der Transformator der M3C-Schaltung ist vom Typ D-y; die primäre Wicklungsspannung ist gleich der verketteten Netzspannung und beträgt 400 V. Damit wird das erforderliche Übersetzungsverhältnis

$$ü = \frac{w_1}{w_2} = \frac{400\,V}{196{,}6\,V} = 2.03$$

Die maximal auftretende Ventilspannung ist der Scheitelwert der sekundären verketteten Spannung. Diese liegt im vorliegenden Fall bei

$$\hat{U}_{s12} = \sqrt{2} \cdot \sqrt{3} \cdot U_s = \sqrt{2} \cdot \sqrt{3} \cdot 196.6\,V = 481\,V$$

Mit $k = 2.5$ und der Netzspannungstoleranz 1.1 ermittelt man U_{RRM} mit Gl. (2.1) aus Kapitel 2.

$$U_{RRM} = k \cdot 1.1 \cdot \hat{U}_{s12} = 2.5 \cdot 1.1 \cdot 481\,V = 1322\,V$$

Der maximale Gleichstrom ergibt sich bei Vollaussteuerung und beträgt

$$I_d = \frac{U_{di0}}{R} = \frac{230\,V}{20\,\Omega} = 11.5\,A$$

Dieser Gleichstrom fließt jeweils 120° lang über einen Thyristor. Der Strommittelwert beträgt dann

$$I_{TAVM} > \frac{I_d}{3} = \frac{11.5\,A}{3} = 3.83\,A$$

Übung 3.10

Ein Steuerwinkel von $\alpha = 150°$ entspricht einem Winkel $\omega t = (30° + \alpha) = 180°$. Bei diesem Winkel wird die Spannung $\hat{U} \cdot \sin(\omega t)$ über dem Thyristor gerade wieder negativ. Damit ist ein wichtiger Teil der Einschaltbedingung – positive Spannung über dem Thyristor – nicht mehr erfüllt.

Übung 3.11

Die Zündung beginnt bei $\alpha = 30°$; relativ zum Kurvenverlauf von $u_{s1}(t)$ ist dies der Winkel $\omega t = 60°$. Daher lautet der Ansatz:

$$U_{di\alpha} = \frac{3}{2\pi} \cdot \int_{60°}^{180°} \hat{U}_s \sin(\omega t) \cdot d(\omega t) = \frac{3 \cdot \hat{U}_s}{2\pi} \cdot \left[-\cos(\omega t)\right]_{60°}^{180°}$$

$$U_{di\alpha} = \frac{3 \cdot \hat{U}_s}{2\pi} \cdot [-\cos(180) - (-\cos 60)] = \frac{3 \cdot \hat{U}_s}{2\pi} \cdot [-(-1) - (-\frac{1}{2})] = \frac{3 \cdot \hat{U}_s}{2\pi} \cdot \frac{3}{2}$$

Mit Gl. (3.17) ergibt sich daraus

$$U_{di\alpha} = \frac{3 \cdot \sqrt{2} \cdot \sqrt{3} \cdot U_s}{2\pi} \cdot \frac{\sqrt{3}}{2} = 0.866 \cdot U_{di0}$$

Schneller verläuft die Rechnung allerdings mit dem Steuergesetz für den nicht lückenden Betrieb, das auch für die M3-Schaltung gilt:

$$U_{di\alpha} = U_{di0} \cdot \cos\alpha = U_{di0} \cdot \cos 60° = 0.866 \cdot U_{di0}$$

Übung 3.12

Für den Anschluss an 230 V ergibt sich mit Gl. (3.17) U_{di0} = 269.1 V. Damit die Ankerspannung 200 V beträgt, muss gelten:

$$U_{di\alpha} = 200\,\text{V} = 269.1\,\text{V} \cdot \cos\alpha$$

$$\cos\alpha = \frac{200\,\text{V}}{269.1\,\text{V}} = 0.7432$$

$$\alpha = \arccos(0.7432) = 42°$$

Übung 3.13

$$I_{TAV} = D \cdot I_d = \frac{120°}{360°} \cdot I_d = \frac{I_d}{3} \qquad I_{TRMS} = \sqrt{D} \cdot I_d = \sqrt{\frac{120°}{360°}} \cdot I_d = \frac{I_d}{\sqrt{3}}$$

Übung 3.14

$U_{di\alpha}$ = 269.1 V cos(45°) = 190.3 V

 Zeitverlauf s. Applet M3-Schaltung.

Übung 3.15

Der Wertebereich für den Steuerwinkel beträgt für alle kommutierenden netzgeführten Stromrichter 0° < α < 180°. Das liegt daran, dass nur innerhalb dieses Bereiches eine positive Kommutierungsspannung u_K vorliegt. Nur eine solche Spannung u_K kann einen Kommutierungsstrom i_K treiben, der den noch leitenden Ventilstrom verringern und damit das Ventil abschalten kann.

Übung 3.16

1. $u = f(\alpha)$: Für kleine Steuerwinkel ist die Kommutierungsspannung klein und damit auch die von ihr bewirkte Änderung des Kommutierungsstromes i_K. Daher ist der Überlappungswinkel u in diesem Bereich groß. Bei α = 90° hat die Kommutierungsspannung ein Maximum, d.h. der Überlappungswinkel wird minimal und steigt für α > 90° wieder an.
2. $u = f(L_K)$: Je größer L_K, umso größer wird der Überlappungswinkel, weil ein größeres L_K den Stromauf- und -abbau verzögert.

3. $u = f(I_d)$: Je größer I_d, desto länger dauert es, bis $i_K = I_d$, d.h. desto größer wird der Überlappungswinkel u

Übung 3.17

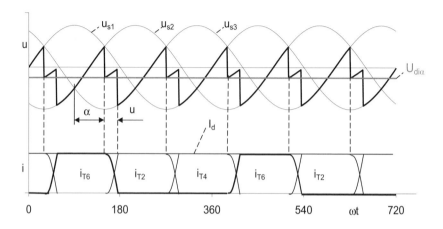

Bild 3.48 Strom- und Spannungsverläufe bei der M3-Schaltung mit verbundenen Anoden und $\alpha = 60°$ unter Berücksichtigung der Überlappungszeit

Übung 3.18

Mittel- und Effektivwert der Ventilströme sind identisch mit denen der M3-Schaltung.

$$I_{TAV} = D \cdot I_d = \frac{120°}{360°} \cdot I_d = \frac{I_d}{3} \qquad I_{TRMS} = \sqrt{D} \cdot I_d = \sqrt{\frac{120°}{360°}} \cdot I_d = \frac{I_d}{\sqrt{3}}$$

Übung 3.19

Leitkombinationen: T3T4 – T5T4 – T5T6 – T1T6 – T1T2 – T3T2 – T3T4 – usw.

Übung 3.20

Der Maximalwert der Gleichspannung einer M3-Schaltung beträgt $1.17 \cdot U_s$. Die Reihenschaltung zweier M3-Schaltungen liefert also $2 \cdot 1.17 \cdot U_s = 2.34 \cdot U_s$. Somit ergibt sich für $\alpha = 0°$ als maximale Gleichspannung $U_d = 2.34 \cdot 380 \text{ V} / \sqrt{3} = 538 \text{ V}$.

Übung 3.21

Als Beispiel dient der Leitzustand T3T2. Die Ausgangsspannung der Kathodenseite beträgt wegen T3 $u_{K0} = u_{s2}$, die Ausgangsspannung der Anodenseite wegen T2 $u_{A0} = u_{s3}$. Die Gesamtausgangsspannung während dieses Leitzustandes ergibt sich daher zu

$$u_d(t) = u_{KA}(t) = u_{K0}(t) - u_{A0}(t) = u_{s2}(t) - u_{s3}(t) = u_{s23}(t)$$

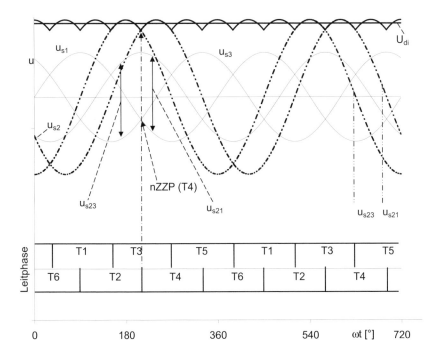

Bild 3.49 Zusammenhang natürlicher Zündzeitpunkt mit Liniendiagramm der Ausgangsspannung

Das nächste zu zündende Ventil ist gemäß Übung 3.20 der Thyristor T4. Die Bedingung für den natürlichen Zündzeitpunkt von T4 lautet $u_{s1} < u_{s3}$. Wird T4 mit $\alpha = 0°$, also im natürlichen Zündzeitpunkt, gezündet, so beträgt die Gesamtausgangsspannung dann

$$u_d(t) = u_{KA}(t) = u_{K0}(t) - u_{A0}(t) = u_{s2}(t) - u_{s1}(t) = u_{s21}(t)$$

Der natürliche Zündzeitpunkt von T4 entspricht also dem Schnittpunkt von u_{s23}

und u_{s21} im Liniendiagramm der Gesamtausgangsspannung $u_d(t)$. Diese Ergebnisse gelten analog für alle anderen Thyristoren.

Übung 3.22

Ein Unterschied gegenüber den Mittelpunktschaltungen besteht für die B6C-Schaltung bezüglich der Zündung. Die gewählte Nummerierung der Ventilzweige entspricht der zeitlichen Folge der Stromführung, also auch der Zündimpulsfolge. Da aber jeweils zwei Ventilzweige gleichzeitig stromführend sind, müssen beim ersten Einschalten des Stromrichters auch zwei Ventile gezündet werden. Damit zu jedem Zeitpunkt eingeschaltet werden kann, erhält jedes Ventil außer dem eigentlichen Zündimpuls einen zweiten, der nur zum ersten Einschalten dient und mit dem Impuls des in der Stromführung folgenden Ventils synchron ist. Daraus ergeben sich Doppelimpulse mit einem Abstand von 60°. Auch für den Betrieb mit lückendem Strom sind die Doppelimpulse erforderlich.

Übung 3.23

Die Gleichungen zur Bestimmung der Ventilspannung u_{T1} lauten:

T1 leitet: $u_{T1} = 0$ T3 leitet: $u_{T1} = u_{s12}$ T5 leitet: $u_{T1} = u_{s13}$

Die Sprünge im Verlauf der Ventilspannung, während T1 nicht leitet, resultieren aus der Kommutierung von T3 auf T5. Die zeitlichen Verläufe sind in **Bild 3.50** dargestellt.

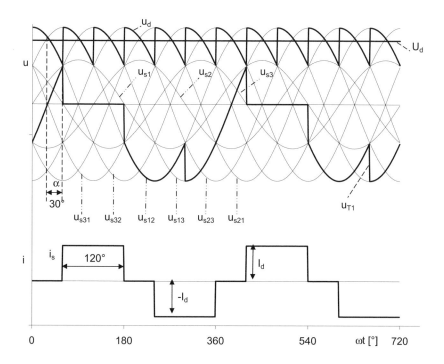

Bild 3.50 Ventilspannung u_{T1} für $\alpha = 30°$

Übung 3.24

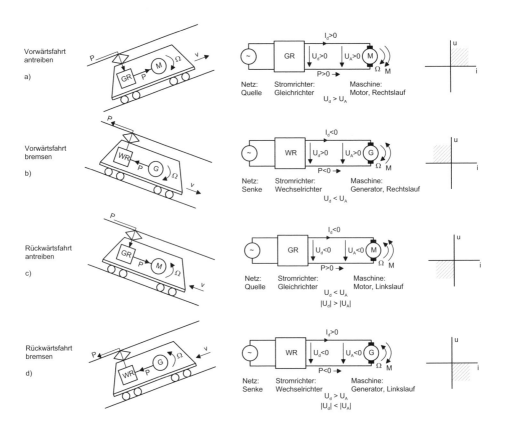

Bild 3.51 Lösungsvorschlag zur Übung 3.24

4 Gleichstromsteller

4.1 Einführung

Lernziele

Der Lernende ...

- begründet, welche Bauelemente zum Einsatz kommen
- unterscheidet die Begriffe Pulsen und Takten
- nennt Anwendungsgebiete für Gleichstromsteller

Grundlagen

Schaltungen, bei denen die Kommutierungsvorgänge, also Umschaltungen von einem leitenden Schaltungszweig auf einen anderen, in ihrem zeitlichen Ablauf und in ihrer Reihenfolge von äußeren Spannungen beeinflusst werden, heißen fremdgeführte Stromrichter. Bei den Stromrichtern aus Kapitel 3 wird die Kommutierung durch die Netzspannung gesteuert. Fremdgeführte Stromrichter dieser Art werden *netzgeführte Stromrichter* genannt.

Ein fremdgeführter Betrieb ist dann nicht möglich, wenn entweder eine solche Wechselspannung nicht zur Verfügung steht oder eine Zündung bzw. Löschung von Ventilzweigen erforderlich wird, die unabhängig von der Frequenz des speisenden Netzes sein muss. Stromrichter, die Kommutierungen ohne Verwendung äußerer Spannungen bewerkstelligen, werden als *selbstgeführte Stromrichter* bezeichnet. Bei ihnen hängen Änderungen des Schaltzustandes nicht von der speisenden Wechsel- oder Drehspannung ab.

Thyristoren können zwar durch ein Steuersignal ein-, aber nicht durch den Steuerkreis wieder abgeschaltet werden. Die Netzspannungen sorgen daher in der beschriebenen Weise dafür, dass der Strom im abkommutierenden Ventil zu null wird und das Ventil beim Nulldurchgang des Stromes löscht. Zur Umwandlung einer Gleichspannung einer Amplitude in eine Gleichspannung mit anderer Amplitude können netzgeführte Stromrichter allerdings nicht verwendet werden.

Für solche Anwendungen werden stattdessen Gleichstromsteller eingesetzt. Kernstück eines solchen Stellers ist ein elektronischer Schalter, üblicherweise ein Transistor. Ein solcher Transistor muss im Schaltbetrieb arbeiten, also abwechselnd ideal leiten oder den Stromfluss vollständig sperren. Als Schalttransistoren können bipolare Transistoren (NPN, PNP) oder unipolare MOSFETs verwendet werden. Bei mittleren und hohen Leistungen kommen heutzutage fast ausschließlich IGBTs zum Einsatz. Sehr große Leistungen im MW-Bereich sind den GTOs und IGCTs vorbehalten.

Der Schalttransistor muss ständig (mehrere Tausend Mal pro Sekunde) zwischen leitendem und sperrendem Zustand umgeschaltet werden. Im Umschaltmoment ändert sich der Innenwiderstand eines MOSFET von nahezu $0\,\Omega$ auf unendlich. In dieser Übergangszeit treten gleichzeitig hohe Ströme und Spannungen entlang der Drain-Source-Strecke des MOSFET auf. Das führt zu Verlusten und zur Erwärmung des Bauelements. Diese Umschaltverluste sind oft höher als die Verluste im leitenden Zustand. Um sie so klein wie möglich zu halten, muss das Umschalten so schnell es geht erfolgen.

Man spricht bei solchen Anwendungen von selbstgeführten Stromrichtern, da keine Netzwechselspannung mehr zur Kommutierung benötigt wird.

> Selbstgeführte Stromrichter, die Gleichspannungen umwandeln, werden *Gleichstromsteller* genannt. Sie verwenden Transistoren oder GTOs als Schaltelemente. Im Gegensatz zu Thyristoren können diese Schalter zu beliebigen Zeiten ein- und wieder ausgeschaltet werden.

Übung 4.1

Warum können Thyristoren bei Gleichstromstellern im Allgemeinen nicht eingesetzt werden?

Takten und Pulsen

Bei selbstgeführten Stromrichtern gibt es zwei grundsätzlich verschiedene Steuerverfahren, den getakteten Betrieb und den Pulsbetrieb. Beim getakteten Betrieb bleibt

4.1 Einführung

der betreffende Schalter während des gesamten Taktes eingeschaltet. Beim gepulsten Betrieb wird der Schalter zusätzlich während eines Taktes periodisch ein- und ausgeschaltet. Man erhält dadurch die Möglichkeit, die Amplitude der Ausgangsspannung zu verändern.

Anwendungen von Gleichstromstellern

Gleichstromsteller sind selbstgeführte Stromrichter, die weit verbreitete Anwendung in geregelten Schaltnetzteilen und bei Gleichstromantrieben finden. Sie dienen in beiden Fällen dazu, die am Eingang angelegte ungeregelte Gleichspannung in eine geregelte Gleichspannung am Ausgang zu wandeln. Ihren grundlegenden Aufbau zeigt **Bild 4.1**.

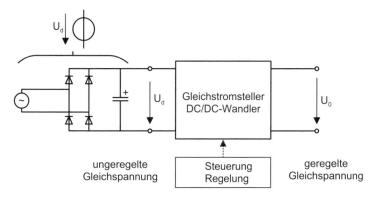

Bild 4.1 Allgemeine Anordnung beim Gleichstromsteller

Die Netzwechselspannung wird mit einer B2-Diodenbrücke gleichgerichtet. Die wellige Ausgangsgleichspannung des Gleichrichters glättet der nachgeschaltete Siebkondensator. Der Kondensator stellt die Eingangsgleichspannung für den Gleichstromsteller zur Verfügung. Seine Spannung hängt direkt von der Netzspannung ab. Da Letztere sich ändern kann, ist auch die Kondensatorspannung nicht konstant. Sie wird daher als ungeregelte Gleichspannung bezeichnet. Vereinfachend wird diese ungeregelte Gleichspannung gemäß **Bild 4.1** in den nachfolgenden Betrachtungen als Gleichspannungsquelle mit der Bezeichnung U_d nachgebildet.

Bei Gleichstromantrieben muss die Ausgangsspannung des Stellers entsprechend der gewünschten Drehzahl des Motors in ihrer Höhe verändert werden können. Beim Aufbau von Netzteilen mit Hilfe von Gleichstromstellern ist die Ausgangsspannung dagegen konstant. Dies bedingt eine unterschiedliche Steuerung des Stellers abhängig vom jeweiligen Anwendungszweck.

Übung 4.2

Warum müssen Schaltnetzteile abweichend zum allgemeinen Aufbau in **Bild 4.1** mit einem Transformator ausgestattet werden?

Im vorliegenden Kapitel werden nur die transformatorlosen Steller besprochen. Die Analyse der Gleichstromsteller erfolgt im stationären Zustand. Die Schalter werden dabei als ideal angenommen und Verluste in den Speicherelementen L und C vernachlässigt. Ebenso wird unterstellt, dass die Eingangsspannung keinen Innenwiderstand aufweist. Um diese niedrige Impedanz in der Praxis zu erreichen, schaltet man daher an den Eingang des Stellers einen ausreichend groß dimensionierten Kondensator.

4.2 Tiefsetzsteller

Lernziele

Der Lernende ...

- erläutert die Grundschaltung eines Gleichstromstellers
- leitet das Steuergesetz ab
- dimensioniert das erforderliche Filter
- schätzt die Qualität der Ausgangsspannung ab
- unterscheidet lückenden und nicht lückenden Betrieb

4.2.1 Grundschaltung

Ziel der Gleichstromstellerschaltungen ist es, den Mittelwert der Ausgangsgleichspannung auf dem gewünschten Sollwert zu halten, unabhängig von Änderungen der Eingangsspannung und des Strombedarfs der Last. Um dies zu erreichen, werden ein oder mehrere leistungselektronische Bauelemente als elektronische Schalter eingesetzt. Bei gegebener Eingangsspannung verstellt man den Mittelwert der Ausgangsspannung durch Steuerung der Ein- und Ausschaltdauer des Schalters (t_{ein} und t_{aus}). Die Frequenz, mit der der Schalter periodisch ein- und ausgeschaltet wird, bezeichnet man als Schaltfrequenz f_s. **Bild 4.2** zeigt den Grundaufbau eines Gleichstromstellers am Beispiel des Tiefsetzstellers (Abwärtswandler, Buck Converter, Step-Down Converter). Als Schalter ist ein N-Kanal-MOSFET eingezeichnet. Dieser wird durch eine positive Gate-Source-Spannung $U_{GS} > 0$ eingeschaltet (vgl. Abschnitt 2.4.1). Die

4.2 Tiefsetzsteller

Spannung $U_{GS} > 0$ wird innerhalb des Blocks „Steuerkreis" durch eine Ansteuerschaltung aus dem Schaltsignal des Komparators K erzeugt. Ansteuerschaltungen für MOSFETs werden in Abschnitt 4.6 besprochen.

Der Schalter wird periodisch für eine bestimmte Einschaltzeit t_{ein} geschlossen. Am Ausgang des Wandlers erscheint in dieser Zeit die Eingangsspannung U_d. Anschließend wird der Schalter für die Ausschaltzeit t_{aus} geöffnet; währenddessen ist die Ausgangsspannung null. Wie der Name schon ausdrückt, erzeugt dieser Wandler eine Ausgangsspannung, deren Mittelwert U_0 niedriger als die Eingangsspannung U_d ist.

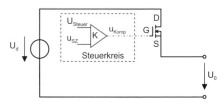

Bild 4.2 Grundschaltung des Tiefsetzstellers

Bild 4.3 zeigt die grundlegenden Zeitverläufe. Der Komparator K in **Bild 4.2** vergleicht die Sägezahnspannung u_{SZ} mit der Steuergleichspannung U_{Steuer}. Solange die Sägezahnspannung kleiner als die Steuerspannung ist, bleibt der Ausgang u_{Komp} des Komparators gesetzt. Wird die Sägezahnspannung schließlich größer als die Steuerspannung, schaltet der Komparator u_{Komp} auf null. Der Schaltpunkt und damit die Dauer der Einschaltzeit t_{ein} ergibt sich aus dem Schnittpunkt zwischen Sägezahnspannung und Steuerspannung.

$$\text{Schaltbedingung:} \qquad u_{SZ}(t) = \frac{\hat{U}_{SZ}}{T_S} \cdot t \overset{!}{=} U_{Steuer}$$

$$\frac{\hat{U}_{SZ}}{T_S} \cdot t_{ein} = U_{Steuer} \qquad \Rightarrow \qquad t_{ein} = \frac{U_{Steuer}}{\hat{U}_{SZ}} \cdot T_S \tag{4.1}$$

Das Verhältnis zwischen der Einschaltdauer t_{ein} und der Periodendauer T_S der Schaltfrequenz f_S wird Einschaltverhältnis oder Tastgrad D genannt.

Die Ausgangsspannung des Komparators schaltet mit Hilfe der hier nicht dargestellten Steuereinrichtung den MOSFET ein und aus. Für die Ausgangsspannung $u_0(t)$ ergibt sich demnach:

$u_{Komp} > 0: \quad \Rightarrow \quad$ MOSFET eingeschaltet $\quad \Rightarrow \quad u_0(t) = U_d$

$u_{Komp} = 0: \quad \Rightarrow \quad$ MOSFET ausgeschaltet $\quad \Rightarrow \quad u_0(t) = 0$

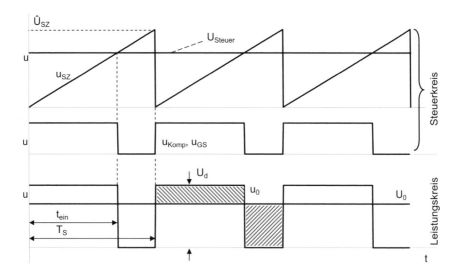

Bild 4.3 Grundlegende Zeitverläufe beim Tiefsetzsteller; oben: Sägezahnspannung, Steuerspannung, Mitte: Komparatorsignal u_{Komp}, Gate-Source-Spannung U_{GS}, unten: Ausgangsspannung $u_0(t)$ und darin enthaltener Mittelwert U_0

Dies führt zum rechteckförmigen Zeitverlauf von $u_0(t)$ in **Bild 4.3**, unten. In diesem Zeitverlauf ist der Mittelwert U_0 enthalten. Dieser Mittelwert der Ausgangsspannung hängt von U_d und der Einschaltzeit t_{ein} ab:

$$U_0 = \frac{t_{ein}}{T_S} \cdot U_d = D \cdot U_d$$

Setzt man hier für t_{ein} den Ausdruck aus Gl. (4.1) ein, dann erhält man die fundamentale Beziehung

$$U_0 = \frac{U_{Steuer}}{\hat{U}_{SZ} \cdot T_S} \cdot T_S \cdot U_d = \frac{U_{Steuer}}{\hat{U}_{SZ}} \cdot U_d = D \cdot U_d \tag{4.2}$$

Gl. (4.2) beschreibt den Zusammenhang zwischen der Steuerspannung und dem Mittelwert der Ausgangsspannung des Tiefsetzstellers.

Bei einer Sägezahnspannung mit festem Scheitelwert $\hat{U}_{SZ}$ kann der Mittelwert U_0 der Ausgangsspannung eines Tiefsetzstellers linear durch Beeinflussung von U_{Steuer} angepasst werden. Die geänderte Steuerspannung wird in eine Änderung der

4.2 Tiefsetzsteller

Pulsweite von $u_0(t)$ umgesetzt. Dieses Steuerverfahren wird als *Pulsweitenmodulation* (PWM, pulse-width modulation) bezeichnet.

Die Frequenz der Sägezahnspannung $f_s = 1/T_s$ bestimmt die Schaltfrequenz, mit der der MOSFET betrieben wird.

Übung 4.3

Ermitteln Sie die Einschaltdauer t_{ein} bei einer Schaltfrequenz von 10 kHz, wenn die Steuerspannung 6.75 V beträgt und die Sägezahnspannung einen Scheitelwert von 10 V aufweist.

Übung 4.4

Welcher Mittelwert der Ausgangsspannung ergibt sich bei einem Tastverhältnis von $D = 0.34$, wenn die Eingangsspannung 600 V beträgt?

4.2.2 Realer Tiefsetzsteller

Eine wichtige Erkenntnis des vorangegangenen Abschnittes ist, dass die Spannung U_0 wie bei einem Linearverstärker proportional zur Steuerspannung U_{Steuer} verändert werden kann. Die Schaltung aus **Bild 4.2** besitzt allerdings zwei Nachteile:

1. Selbst wenn die Last nur ein ohmscher Widerstand ist, gibt es immer Streuinduktivitäten im Schaltkreis. Dies bedeutet, dass der Schalter beim Abschalten die in dieser Induktivität gespeicherte Energie aufnehmen muss und dadurch unter Umständen zerstört wird.
2. Die Ausgangsspannung $u_0(t)$ springt zwischen null und U_d hin und her, was in den meisten Anwendungen nicht akzeptiert werden kann. Die unerwünschten Sprünge in der Ausgangsspannung können durch ein vor den Ausgang geschaltetes Tiefpassfilter, bestehend aus einer Induktivität und einem Kondensator, stark gedämpft werden.

Deshalb wird die Grundschaltung aus **Bild 4.2** um eine Freilaufdiode und ein LC-Filter erweitert. Es entsteht die Schaltung nach **Bild 4.4**. Ausgangsspannung und -strom können – bezogen auf die angegebenen Zählpfeile – ausschließlich positive

Werte annehmen. Daher handelt es sich bei dieser Schaltung um einen Einquadrantgleichstromsteller, der im ersten Quadranten arbeitet.

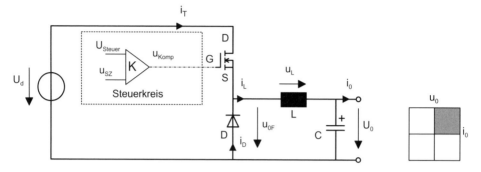

Bild 4.4 Tiefsetzsteller mit Freilaufdiode und LC-Filter

Für den praxisgerechten Betrieb eines Tiefsetzstellers sind eine Freilaufdiode und ein Tiefpassfilter am Ausgang erforderlich.

4.2.3 Dimensionierung des LC-Filters

Die Kurvenform der Spannung $u_{0F}(t)$, die am Filtereingang anliegt, entspricht dem Verlauf von $u_0(t)$ in **Bild 4.3** unten. Sie setzt sich aus dem Mittelwert U_0 und zusätzlichen Oberschwingungsanteilen zusammen. Die Frequenzen der unerwünschten Oberschwingungen sind ganzzahlige Vielfache der Schaltfrequenz. Die Filterdaten werden so festgelegt, dass die Oberschwingungen am Ausgang des Tiefpassfilters deutlich unterdrückt werden.

Hierzu wählt man die Parameter L und C des Filters so, dass für das Verhältnis der Resonanzfrequenz f_C des Filters zur Schaltfrequenz f_S des Stellers gilt:

$$f_C = \frac{1}{2\pi \cdot \sqrt{L \cdot C}} \quad \text{mit} \quad \frac{f_C}{f_S} = 0.01$$

$$\frac{1}{2\pi \cdot \sqrt{L \cdot C}} = 0.01 \cdot f_S \quad \Rightarrow \quad L = \frac{1}{C \cdot (2\pi \cdot 0.01 \cdot f_S)^2}$$

Damit in der Ausgangsspannung die Schaltfrequenz und ihre Vielfachen ausreichend gedämpft werden, wird die Eck- oder Resonanzfrequenz f_c des Tiefpassfilters auf 1 % der Schaltfrequenz gelegt.

4.2 Tiefsetzsteller

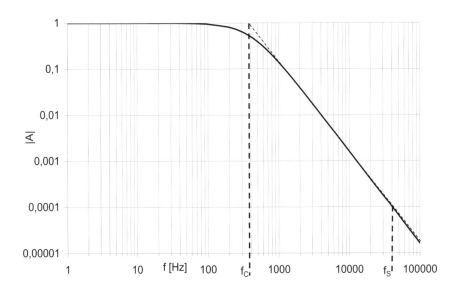

Bild 4.5 Amplitudengang des LC-Tiefpassfilters

Kondensatoren sind nur in abgestuften Größen erhältlich. Daher wird die Induktivität passend zur benötigten Resonanzfrequenz gefertigt. Insgesamt weist das Filter einen Amplitudengang nach **Bild 4.5** auf.

Übung 4.5

Der kommerziell verwendete Schaltregler vom Typ LM 2575 arbeitet mit einer Schaltfrequenz von 51 kHz. Dimensionieren Sie das Ausgangsfilter bestehend aus L und C unter Verwendung von Kondensatoren der E6-Reihe.

4.2.4 Stromwelligkeit

Bild 4.6 zeigt die Zeitverläufe im stationären Betrieb beim Tiefsetzsteller, wenn sich der Filterkondensator auf den Spannungsmittelwert U_0 aufgeladen hat.

Transistor eingeschaltet

Während der Schalter eingeschaltet ist, wird die Diode in Sperrrichtung belastet und führt daher keinen Strom ($i_D = 0$). Am Filtereingang liegt die Eingangsspannung U_d.

Die Spannung u_L der Induktivität ist die Differenz aus Eingangsspannung U_d und Kondensatorspannung U_0 ($u_L = U_d - U_0$) und damit positiv. Der Strom i_L durch die Filterinduktivität entspricht dem Transistorstrom i_T und nimmt zu. Die Quelle gibt in dieser Phase Energie an die Induktivität und die Last ab.

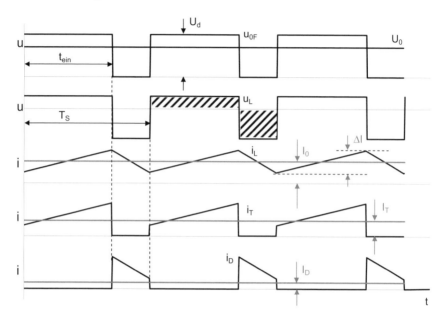

Bild 4.6 Strom- und Spannungsverläufe beim Tiefsetzsteller

Transistor ausgeschaltet

Wird der Transistor abgeschaltet, so treibt die Filterinduktivität den Strom durch die Freilaufdiode. Am Filtereingang liegt nun nicht mehr die Eingangsspannung U_d, sondern lediglich die Durchlassspannung der Diode. Der Strom durch die Filterinduktivität muss jetzt also gegen die Kondensatorspannung arbeiten und nimmt daher ab. In dieser Phase wird die in der Induktivität gespeicherte Energie an die Last abgegeben.

Beim Tiefsetzsteller wird Energie von der Eingangsspannung an den Lastkreis dann übertragen, wenn der MOSFET eingeschaltet ist und ein Transistorstrom fließt. Aus diesem Grund nennt man die Schaltung auch Flusswandler.

4.2 Tiefsetzsteller

Die schraffierten Flächen in **Bild 4.6** stellen die Spannungszeitflächen an der Induktivität dar. Die Welligkeit ΔI des Stromes kann mit dem Induktionsgesetz berechnet werden.

$$\frac{di_L}{dt} = \frac{u_L}{L} \quad \Rightarrow \quad di_L = \frac{u_L}{L} \cdot dt \quad \Rightarrow \quad \int di_L = \int \frac{u_L}{L} \cdot dt$$

$$\int di_L = \Delta I_L = \frac{u_L}{L} \cdot t_{ein} = \frac{U_d - U_0}{L} \cdot t_{ein}$$

Die maximale Stromschwankung tritt dann ein, wenn die Einschaltzeit t_{ein} die Hälfte der Schaltperiode T_S umfasst. Damit die Stromwelligkeit einen vorgegebenen Wert ΔI_{soll} nicht übersteigt, kann die dafür erforderliche Induktivität folgendermaßen abgeschätzt werden:

$$\Delta I_L = \frac{u_L}{L} \cdot t_{ein} = \frac{U_d - U_0}{L} \cdot t_{ein}$$

$$\text{für } t_{ein} = \frac{T_S}{2} \text{ ist } U_0 = \frac{T_S}{2 \cdot T_S} \cdot U_d$$

$$L_{min} = \frac{U_d - U_0}{\Delta I_{L,soll}} \cdot \frac{T_S}{2} = \frac{U_d - \frac{U_d}{2}}{\Delta I_{L,soll}} \cdot \frac{T_S}{2} = \frac{U_d}{\Delta I_{L,soll}} \cdot \frac{T_S}{4} = \frac{U_d}{4 \cdot f_S \cdot \Delta I_{L,soll}}$$

Beispiel 4.1 Berechnung der Induktivität

Ein Gleichstromsteller speist aus einer Batterie einen Gleichstrommotor. Die Batteriespannung beträgt 150 V. Der Schalttransistor wird mit 1000 Hz betrieben. Die Ankerspannung des Motors beträgt im betrachteten Lastfall 75 V, der mittlere Ankerstrom I_A liegt bei 200 A. Welchen Wert muss die Induktivität aufweisen, damit die Welligkeit des Ankerstroms unter 10 % bleibt?

Lösung:

Aus den Angaben können die absolute Stromänderung ΔI_L sowie der Tastgrad D und die Schaltperiodendauer T_S ermittelt werden.

$$T_S = \frac{1}{f_S} = \frac{1}{1000\,\text{Hz}} = 0.001\,\text{s} \qquad D = \frac{U_A}{U_d} = \frac{75\,\text{V}}{150\,\text{V}} = 0.5$$

$$\frac{\Delta I_L}{I_L} = 0.1 \quad \Rightarrow \quad \Delta I_L = 0.1 \cdot I_L = 0.1 \cdot 200\,\text{A} = 20\,\text{A}$$

Diese Angaben werden verwendet, um die minimal erforderliche Induktivität zu berechnen:

$$L_{\min} = \frac{U_d - U_A}{\Delta I_{L,\text{soll}}} \cdot \frac{T_S}{2} = \frac{U_d - \frac{U_d}{2}}{\Delta I_{L,\text{soll}}} \cdot \frac{T_S}{2} = \frac{U_d}{\Delta I_{L,\text{soll}}} \cdot \frac{T_S}{4} = \frac{150\,\text{V} \cdot 0.001\,\text{s}}{20\,\text{A} \cdot 4} = 0.001875\,\text{H}$$

Aus **Beispiel 4.1** geht hervor, dass die Induktivität, die für das Einhalten einer geforderten Stromwelligkeit benötigt wird, stark von der Schaltfrequenz abhängt, mit der der Steller arbeitet. Daraus ergibt sich folgender Merksatz:

> Je größer die Schaltfrequenz des Transistors ist, desto kleiner kann die Filterinduktivität werden, um eine geforderte Stromwelligkeit einzuhalten.

Beispiel 4.2 Berechnung der Welligkeit der Ausgangsspannung

Ein Tiefsetzsteller nach **Bild 4.4** liefert eine Ausgangsspannung von $U_0 = 5$ V bei einer Eingangsspannung von $U_d = 12.6$ V. Der Steller arbeitet mit einer Schaltfrequenz von $f_s = 20$ kHz. Welche Welligkeit ΔU_0 der Ausgangsspannung ergibt sich bei einem Filter mit den Komponenten $L = 1$ mH sowie $C = 470$ μF?

Lösung:

Aus den gegebenen Betriebsdaten der Schaltung ermittelt man

$$D = \frac{U_0}{U_d} = \frac{5\,\text{V}}{12.6\,\text{V}} = 0.397 \quad \Rightarrow \quad t_{\text{ein}} = \frac{D}{f_S} = \frac{0.396}{20\,\text{kHz}} = 19.8\,\mu\text{s}$$

$$\Delta i_L = \frac{U_d - U_0}{L} \cdot t_{\text{ein}} = \frac{12.6\,\text{V} - 5\,\text{V}}{1\,\text{mH}} \cdot 19.8\,\mu\text{s} = 0.150\,\text{A}$$

Der Drosselstrom verläuft ähnlich dem, der in **Bild 4.6** dargestellt ist. Während der Einschaltzeit steigt der Drosselstrom zeitlinear um Δi_L an und fällt um denselben Wert während t_{aus} wieder ab. Auch hier ist dem Mittelwert I_0 ein Wechselanteil $i_{L\sim}(t)$ überlagert.

Zur Berechnung der Spannungswelligkeit betrachtet man den ungünstigsten Fall. Dieser liegt vor, wenn der gesamte Wechselanteil des Drosselstroms über den Kondensator fließt und die Last lediglich den Mittelwert I_0 führt. Der über den Kondensator fließende Wechselstrom transportiert eine Ladung ΔQ auf den Kondensator, wenn $i_{L\sim}(t) > 0$ ist. Für $i_{L\sim}(t) < 0$ wird diese Ladung wieder entfernt. Im Mittel bleibt die Ladung auf dem Kondensator zwar unverändert, für $i_{L\sim}(t) > 0$ erhöht sich die Kondensatorspannung allerdings um ΔU, da die Ladung ΔQ zusätzlich aufgebracht wird:

$$C = \frac{Q}{U} \quad \Rightarrow \quad U = \frac{Q}{C} \quad \Rightarrow \quad U + \Delta U = \frac{Q + \Delta Q}{C}$$

4.2 Tiefsetzsteller

Ausgehend von diesen Überlegungen ergeben sich die prinzipiellen Zeitverläufe aus **Bild 4.7**.

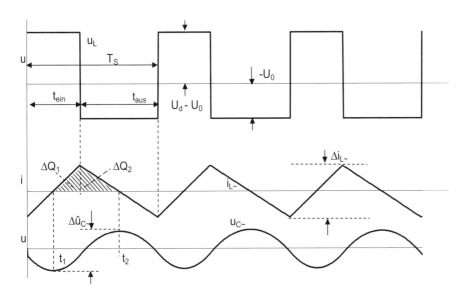

Bild 4.7 Zur Ermittlung der Spannungswelligkeit der Ausgangsspannung

Während der Zeit $t_1 < t < t_{ein}$ ist $i_{L\sim}(t)$ größer als null mit positiver Steigung und lädt den Kondensator um ΔQ_1. Während $t_{ein} < t < t_2$ nimmt $i_{L\sim}(t)$ mit negativer Steigung ab, ist aber immer noch größer als null und lädt daher nach wie vor den Kondensator um ΔQ_2. Die gesamte auf den Kondensator gebrachte Ladung beläuft sich auf $\Delta Q = \Delta Q_1 + \Delta Q_2$. Im Einzelnen betragen die Ladungen

$$\Delta Q_1 = \frac{1}{2} \cdot \frac{t_{ein}}{2} \cdot \frac{\Delta i_{L\sim}}{2} \quad \text{und} \quad \Delta Q_2 = \frac{1}{2} \cdot \frac{t_{aus}}{2} \cdot \frac{\Delta i_{L\sim}}{2}$$

$$\Delta Q = \frac{1}{8} \cdot \Delta i_{L\sim} \cdot (t_{ein} + t_{aus}) = \frac{1}{8} \cdot 150\,\text{mA} \cdot 50\,\mu\text{s} = 937.5\,\text{nAs}$$

Die Kapazität beträgt 470 µF; somit erhält man für die Spannungsänderung

$$\Delta U = \frac{\Delta Q}{C} = \frac{937.5\,\text{nAs}}{470\,\mu\text{F}} = 2\,\text{mV}$$

Hier wurde der ungünstigste Fall betrachtet; daher beträgt die Spannungswelligkeit w_U maximal 2 mV / 5 V = 0.04 %.

4.2.5 Betrieb mit lückendem Strom

Bei kleinen Strömen arbeitet der Wandler im Lückbetrieb. Hierbei geht der lineare Zusammenhang, der nach Gl. (4.2) zwischen Steuerspannung und Ausgangsspannung besteht, verloren.

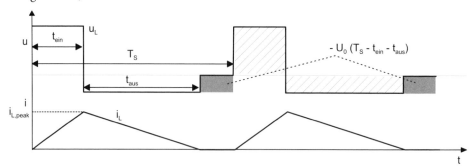

Bild 4.8 Strom- und Spannungsverlauf an der Induktivität beim Tiefsetzsteller im Lückbetrieb

Die Nichtlinearität im Lückbetrieb entsteht dadurch, dass der Drosselstrom bei kleinen Strommittelwerten zeitweise den Wert null annimmt. Dann löscht die Diode und die Spannung $u_L(t)$ über der Induktivität wird null. Die in **Bild 4.8** dargestellte negative graue Spannungszeitfläche tritt beim Lückbetrieb im Gegensatz zum nicht lückenden Betrieb nicht mehr auf und fehlt sozusagen bei der Mittelwertbildung. Als Folge steigt der Mittelwert U_0 der Ausgangsspannung an.

Erreicht der Drosselstrom $i_L(t)$ in **Bild 4.6** am Ende der Schaltperiode gerade den Wert null, so arbeitet die Schaltung genau an der Grenze zwischen lückendem und nicht lückendem Betrieb. An dieser Grenze, Lückgrenze genannt, hat der Drosselstrom den Mittelwert $I_{L,g}$, der folgendermaßen berechnet wird:

$$I_{L,g} = \frac{1}{2} \cdot i_{L,peak} = \frac{t_{ein}}{2L} \cdot (U_d - U_0) = \frac{D \cdot T_S}{2L} \cdot (U_d - U_0) = I_{0,g} \quad (4.3)$$

Wenn bei gegebenen Werten von T_S, U_d, U_0, L und D ein Betriebspunkt mit einem mittleren Drosselstrom kleiner als $I_{L,g}$ eingestellt wird, dann geht der Steller in den Lückbetrieb über. Der Zusammenhang zwischen dem Tastgrad D und $I_{L,g}$ ist durch Gl. (4.3) festgelegt.

Die Ausgangsspannung des Tiefsetzstellers hängt im nicht lückenden Betrieb nur vom Tastgrad D und der Eingangsspannung U_d, aber nicht vom Gleichstrom I_d ab. Im Lückbetrieb geht dieser lineare Zusammenhang verloren. Auch bei konstan-

4.2 Tiefsetzsteller

> tem Tastgrad und konstanter Eingangsspannung steigt die Ausgangsspannung an, wenn der Gleichstrom verringert wird.

Bei Anwendungen des Tiefsetzstellers in der Antriebstechnik muss der Mittelwert der Ausgangsspannung U_0 entsprechend der gewünschten Motordrehzahl eingestellt werden. Die Eingangsspannung U_d ist weitgehend konstant. Arbeitet die Schaltung dagegen im Rahmen eines Schaltnetzteils, dann muss die Ausgangsspannung U_0 auch bei variabler Eingangsspannung konstant bleiben. Die Konsequenzen dieser beiden Anforderungen im Lückbetrieb werden nachfolgend untersucht.

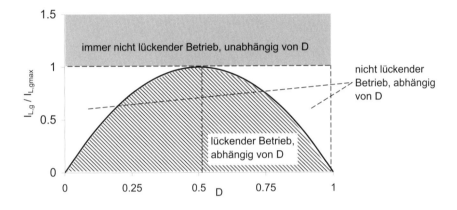

Bild 4.9 Grenze zwischen lückendem und nicht lückendem Betrieb in Abhängigkeit vom Tastgrad

Lückbetrieb mit konstanter Eingangsspannung U_d

In Anwendungen als Stellglied für Gleichstrommotoren wird U_0 über den Tastgrad D gesteuert. Der Mittelwert des Drosselstroms an der Lückgrenze ergibt sich aus Gl. (4.3) zu

$$U_0 = D \cdot U_d$$

$$I_{L,g} = \frac{1}{2} \cdot i_{L,peak} = \frac{t_{ein}}{2L} \cdot (U_d - U_0) = \frac{D \cdot T_S}{2L} \cdot U_d \cdot (1-D) = \frac{T_S \cdot U_d}{2L} \cdot D \cdot (1-D)$$

$$I_{L,g} = 4 \cdot I_{L,gmax} \cdot D \cdot (1-D) \text{ mit } I_{L,gmax} = \frac{T_S \cdot U_d}{2L} \cdot \frac{1}{2} \cdot (1-\frac{1}{2}) = \frac{T_S \cdot U_d}{8L} \text{ für } D = 0.5$$

Dieser Zusammenhang ist in **Bild 4.9** dargestellt. Für den Tastgrad $D = 0.5$ erreicht der Stromwert, bei dem der Lückbetrieb eintritt, seinen Maximalwert $I_{L,gmax}$. Ist der tatsächliche Tastgrad größer oder kleiner als dieser Wert, so arbeitet die Schaltung auch bei geringeren Strömen noch im nicht lückenden Bereich. Ist der Laststrom größer als $I_{L,gmax}$, dann liegt immer nicht lückender Betrieb vor.

Während des Intervalls, in dem der Drosselstrom im Lückbetrieb null ist, wird die Ausgangsleistung allein vom Filterkondensator an die Last geliefert. Die Spannung an der Drossel ist in dieser Zeit null. Betrachtet man das Gleichgewicht der Spannungs-zeitflächen über der Induktivität, kann der Zusammenhang zwischen der Ausgangsspannung U_0 und der Eingangsspannung U_d im Lückbereich abgeleitet werden. Ohne den Rechnungsgang wird hier nur das Ergebnis angegeben [Mohan03].

$$\frac{U_0}{U_d} = \frac{D^2}{D^2 + \frac{1}{4} \cdot \frac{I_0}{I_{L,gmax}}} \tag{4.4}$$

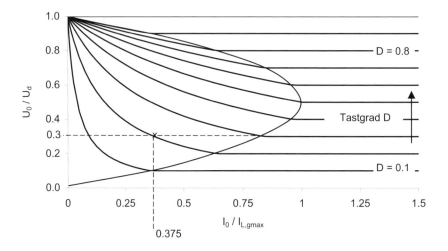

Bild 4.10 Kennlinien des Tiefsetzstellers bei konstanter Eingangsspannung U_d

Bild 4.10 zeigt die Kennlinien des Tiefsetzstellers nach Gl. (4.4) in den Betriebsarten lückend/nicht lückend für eine konstante Eingangsspannung U_d. Der Aussteuergrad U_0/U_d ist dabei als Funktion von $I_0/I_{L,gmax}$ für verschiedene Tastgrade D aufgetragen. Die Lückgrenze ist durch die parabelförmige Kurve gekennzeichnet.

Bei Arbeitspunkten mit hohem Laststrom I_0 rechts der parabelförmigen Grenzkurve arbeitet der Steller im nicht lückenden Bereich. Der Zusammenhang zwischen Ausgangsspannung U_0 und Eingangsspannung U_d ist über den Tastgrad bestimmt. Wenn der Motor bei gleicher Drehzahl weniger Drehmoment aufbringen muss, nimmt der Laststrom I_0 ab. Unterschreitet der Laststrom den Wert $I_{0,g}$ aus Gl. (4.3), so geht der Steller in den Lückbetrieb und die Ausgangsspannung erhöht sich bei unverändertem Tastgrad. Als Folge wird der Motor mit einer höheren Ankerspannung versorgt; seine Drehzahl steigt demzufolge an.

Man erkennt, dass die Ausgangsspannung U_0 im Lückbereich bei sehr kleinen Strömen tatsächlich bis auf die Größe der Eingangsspannung U_d ansteigen kann. Dieser prinzipbedingte Anstieg der Ausgangsspannung muss von einer geeigneten Regelung des Tiefsetzstellers aufgefangen werden. Die Regelung muss in diesem Bereich den Tastgrad so reduzieren, dass die Ausgangsspannung – und damit die Motordrehzahl – unabhängig von der Belastung auf dem geforderten Wert bleibt.

Beispiel 4.3 Tastgradreduktion beim Gleichstrommotorantrieb

Ein Tiefsetzsteller speist einen Gleichstrommotor. Im nicht lückenden Betrieb beträgt die Ausgangsspannung U_0 des Stellers 180 V bei einer Eingangsspannung U_d von 600 V. Bestimmen Sie den erforderlichen Tastgrad unter der Bedingung, dass der Laststrom auf 0.375 I_{Lgmax} zurückgeht und die Motordrehzahl unverändert bleiben soll.

Lösung:

Zunächst arbeitet der Motor mit einem Tastgrad D = 180 V/600 V = 0.3. Um die Ausgangsspannung auch im Lückbetrieb bei I_0/I_{Lgmax} = 0.375 zu halten, muss der Tastgrad auf D = 0.2 zurückgenommen werden (vgl. **Bild 4.10**).

Lückbetrieb mit konstanter Ausgangsspannung U_0

Netzteilanwendungen erfordern eine Ausgangsspannung, die auch dann konstant bleiben muss, wenn die Eingangsspannung aus dem netzseitigen Gleichrichter aufgrund der zulässigen Toleranz der Netzspannung variiert oder aber der Laststrom soweit absinkt, dass die Schaltung im lückenden Betrieb arbeitet. Dies gelingt wiederum über eine Anpassung des Tastgrades. Im Lückbetrieb muss der Tastgrad aufgrund der stark ansteigenden Ausgangsspannung nach **Bild 4.10** überproportional zurückgenommen werden. Die Rechnung wird ausgehend von Gl. (4.3) durchgeführt [Mohan03]. Auch hier ist lediglich das Ergebnis angegeben:

$$D = \frac{U_0}{U_d} \cdot \sqrt{\frac{I_0/I_{L,gmax}}{1 - U_0/U_d}}$$

Diese Gleichung ist in **Bild 4.11** als Funktion von $I_0/I_{L,gmax}$ mit U_0/U_d als Parameter dargestellt.

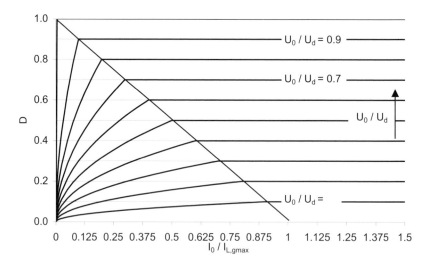

Bild 4.11 Kennlinien des Tiefsetzstellers bei konstanter geregelter Ausgangsspannung U_0

Die Grenze zwischen lückendem und nicht lückendem Betrieb ist hier eine Gerade. Die oben angesprochene Regelung verändert im Lückbereich den Tastgrad so, dass stets U_0 = const eingehalten wird. Für Netzteilanwendungen werden solche Reglerbausteine als hoch integrierte Bauteile [LM2575] von verschiedenen Herstellern angeboten.

Übung 4.6

Gegeben ist ein Tiefsetzsteller mit idealen Komponenten der als Schaltnetzteil verwendet wird. Die Ausgangsspannung U_0 wird durch Steuerung des Tastgrades D konstant auf 5 V gehalten. Berechnen Sie den Mindestwert der Induktivität L so, dass der Steller unter nachfolgenden Bedingungen immer im nicht lückenden Betrieb arbeitet:

10 V < U_d < 40 V; P_0 > 5 W; f_s = 50 kHz

4.3 Hochsetzsteller

Lernziele

Der Lernende ...

- erläutert Unterschiede zwischen Hoch- und Tiefsetzsteller
- ermittelt das Steuergesetz
- unterscheidet zwischen lückendem und nicht lückendem Betrieb

4.3.1 Grundlegende Arbeitsweise

Ist die ungeregelte Gleichspannung U_d geringer als die erforderliche Ausgangsspannung U_0, so wird ein Hochsetzsteller verwendet. Dieser entsteht aus dem Tiefsetzsteller nach **Bild 4.4** durch Vertauschen von Schalter und Freilaufdiode. Haupteinsatzgebiete dieses Stromrichters sind geregelte Gleichspannungsnetzteile sowie Anwendungen in der Antriebstechnik. Das Schaltbild ist in **Bild 4.12** unter Vernachlässigung des Steuerkreises dargestellt.

Wie der Name schon andeutet, ist der Mittelwert U_0 der Ausgangsspannung höher als die Eingangsspannung U_d. Ebenso wie beim Tiefsetzsteller wird zur Erläuterung der prinzipiellen Funktionsweise auch hier der stationäre Zustand unter der Annahme eines sehr großen Filterkondensators C betrachtet, der die Ausgangsspannung konstant auf ihrem Mittelwert hält ($u_0(t) = U_0$). Bezogen auf die in **Bild 4.12** angegebenen Zählpfeile sind auch beim Hochsetzsteller Ausgangsspannung und -strom immer positiv. Daher handelt es sich auch hierbei um einen Einquadrantgleichstromsteller.

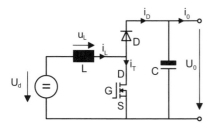

Bild 4.12 Schaltbild des Hochsetzstellers

Ist der Transistor eingeschaltet, so sperrt die Diode, weil ihr Kathodenpotenzial der Spannung U_0 entspricht und diese größer ist als die Eingangsspannung U_d. Der Ausgangskreis ist damit gemäß **Bild 4.13** vom Eingangskreis abgetrennt; die Last wird in diesem Schaltzustand allein vom Kondensator mit Energie versorgt.

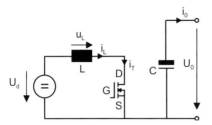

Bild 4.13 Stromführende Schaltungsteile des Hochsetzstellers bei eingeschaltetem Transistor

In diesem Schaltzustand wird die Energie, die die Quelle U_d liefert, in der Induktivität gespeichert. Unterstellt man einen idealen MOSFET und einen widerstandsfreien Eingangskreis, so liegt die Eingangsspannung U_d als Spannung an der Induktivität.

$$U_d = U_L = L \cdot \frac{di_L}{dt} \quad \Rightarrow \quad i_L = \frac{1}{L} \cdot \int U_d \cdot dt = \frac{U_d}{L} \cdot \int dt = \frac{U_d}{L} \cdot t$$

Dies führt dazu, dass der Strom durch den Transistor und die Induktivität linear mit der Zeit ansteigt. Der Anstieg ist umso steiler, je kleiner die Induktivität und je größer die Eingangsspannung U_d ist.

Wird der Schalter geöffnet, so kommt zwar der Transistorstrom i_T schlagartig zum Erliegen. Eine solch abrupte Änderung ist aber aufgrund des Induktionsgesetzes für den Drosselstrom i_L nicht möglich. In der Drossel wird daher eine Spannung induziert, die *zusammen* mit der Eingangsspannung U_d größer wird als die Kondensatorspannung U_0. Als Folge davon schaltet die Diode ein.

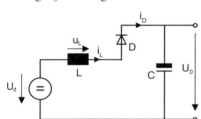

Bild 4.14 Stromführende Schaltungsteile des Hochsetzstellers bei abgeschaltetem Transistor

Es entsteht der Schaltzustand nach **Bild 4.14**. Die Eingangsspannung U_d und der Kondensator sind jetzt über die Diode leitend miteinander verbunden. Die in der Drossel während der Einschaltzeit gespeicherte Energie wird an den Kondensator abgegeben. Diese Energieübertragung geschieht während der Sperrphase des Transistors; daher heißt der Hochsetzsteller auch Sperrwandler. Für die Drosselspannung gilt jetzt:

4.3 Hochsetzsteller

$$U_L = U_d - U_0 = L \cdot \frac{di_L}{dt} \quad \Rightarrow \quad i_L = \frac{1}{L} \cdot \int (U_d - U_0) \cdot dt = \frac{(U_d - U_0)}{L} \cdot \int dt$$

$$i_L = \frac{(U_d - U_0)}{L} \cdot t$$

Da die Kondensatorspannung U_0 größer ist als die Eingangsspannung U_d, wird der Drosselstrom linear mit der Zeit abnehmen. Erreicht er den Wert null, so löscht die Diode. Die sich ergebenden Zeitverläufe zeigt **Bild 4.15**.

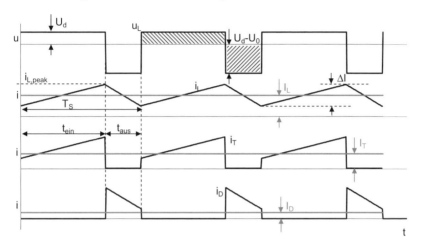

Bild 4.15 Zeitverläufe beim Hochsetzsteller im stationären Betrieb

Im stationären Zustand sind die in **Bild 4.15** schraffierten Spannungszeitflächen an der Drossel gleich groß. Daraus ergibt sich der Zusammenhang zwischen Eingangsspannung U_d und Ausgangsspannung U_0 beim Hochsetzsteller:

$$U_d \cdot t_{ein} + (U_d - U_0) \cdot t_{aus} = U_d \cdot t_{ein} + (U_d - U_0) \cdot (T_S - t_{ein}) = 0$$
$$U_d \cdot T_S - U_0 \cdot (T_S - t_{ein}) = 0 \quad \Rightarrow \quad U_d \cdot T_S = U_0 \cdot (T_S - t_{ein})$$
$$\frac{U_0}{U_d} = \frac{T_S}{T_S + t_{ein}} = \frac{1}{1-D}$$

Dieser Zusammenhang ist in **Bild 4.16** dargestellt. Hier wird deutlich, dass im Gegensatz zum Tiefsetzsteller kein linearer Zusammenhang zwischen Ein- und Ausgangsspannung besteht. Stattdessen steigt die Ausgangsspannung des Hochsetzstellers bei Tastgraden nahe eins sehr stark an und erreicht für $D=0.9$ bereits den zehnfachen Wert der Eingangsspannung. Im steilen Bereich der Kennlinie aus **Bild 4.16** führen bereits geringe Veränderungen des Tastgrades zu großen Änderungen der Ausgangsspannung U_0. Dies macht den stabilen Betrieb der Schaltung in diesem Bereich sehr schwierig.

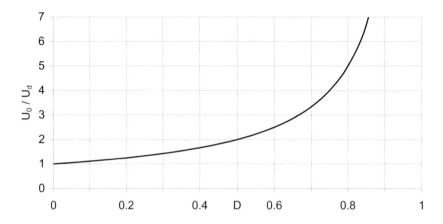

Bild 4.16 Ausgangsspannung des Hochsetzstellers als Funktion des Tastgrades D

Der Kondensator wird nur während der Sperrphase des Transistors mit dem Diodenstrom i_D nachgeladen. Der Mittelwert des Diodenstroms und damit des Kondensatorladestroms ergibt sich formal nach

$$I_D = \frac{1}{T_S} \cdot \int_0^{T_S} i_D(t) \cdot dt = \frac{1}{T_S} \cdot \int_{T_S - t_{aus}}^{T_S} i_D(t) \cdot dt$$

Bei einem verlustfreien Wandler muss die Leistung P_d, die die Quelle abgibt, der Leistung P_0 entsprechen, die die Last aufnimmt. Mit Hilfe dieser Überlegung und den Gleichungen

$$U_0 = \frac{1}{1-D} \cdot U_d, \quad P_d = U_d \cdot I_L \quad \text{sowie} \quad P_0 = U_0 \cdot I_D$$

erhält man für den Mittelwert des Diodenstroms über eine Schaltperiode T_S den Zusammenhang

$$\begin{aligned} P_d = P_0 &\Rightarrow U_d \cdot I_L = U_0 \cdot I_D \\ I_D &= \frac{U_d \cdot I_L}{U_0} = I_L \cdot (1-D) = I_0 \end{aligned} \tag{4.5}$$

Der Mittelwert des Diodenstroms I_D entspricht gleichzeitig dem Mittelwert des Laststroms I_0.

4.3 Hochsetzsteller

> Der *Hochsetzsteller* ermöglicht den Energietransport von einer Quelle mit niedriger Spannung zu einer Last hoher Spannung. Die Energieübertragung geschieht während der Sperrphase des Transistors; daher wird der Hochsetzsteller auch als Sperrwandler (Boost Converter) bezeichnet.

4.3.2 Betrieb mit lückendem Strom

Ebenso wie beim Tiefsetzsteller müssen für den Hochsetzsteller die Betriebszustände lückend und nicht lückend unterschieden werden. Hier wie dort wird die Lückgrenze dann erreicht, wenn der Drosselstrom i_L am Ende der Periodendauer T_S gerade den Wert null annimmt. Der Mittelwert $I_{L,g}$ des Drosselstromes an der Lückgrenze beträgt

$$I_{L,g} = \frac{1}{2} \cdot i_{L,peak} = \frac{t_{ein}}{2L} \cdot U_d = \frac{t_{ein}}{2L \cdot T_S} \cdot T_S \cdot U_d = \frac{D}{2L} \cdot T_S \cdot U_d = \frac{T_S}{2L} \cdot D \cdot U_0 \cdot (1-D) \quad (4.6)$$

Unter Anwendung von Gl. (4.5) fließt an der Lückgrenze der mittlere Laststrom I_0:

$$I_{0,g} = I_{D,g} = I_{L,g} \cdot (1-D) = \frac{T_S}{2L} \cdot D \cdot U_0 \cdot (1-D)^2 \quad (4.7)$$

Beispiel 4.4 Lückbetrieb beim Hochsetzsteller

Zu ermitteln ist der Tastgrad D, bei dem der Drosselstrom $I_{L,g}$ an der Lückgrenze sein Maximum erreicht.

Lösung:

Zur Berechnung muss der Strom an der Lückgrenze gemäß Gl. (4.6) nach D differenziert werden:

$$\frac{d(I_{L,g})}{dD} = \frac{d\left(\frac{T_S}{2L} \cdot D \cdot U_0 \cdot (1-D)\right)}{dD} = \frac{T_S}{2L} \cdot U_0 \cdot \frac{d(D \cdot (1-D))}{dD} = \frac{T_S}{2L} \cdot U_0 \cdot \frac{d(D-D^2))}{dD}$$

$$\frac{d(I_{L,g})}{dD} = \frac{T_S}{2L} \cdot U_0 \cdot (1-2D)$$

$$\frac{d(I_{L,g})}{dD} = 0 \quad \Rightarrow \quad (1-2D) = 0 \quad \Rightarrow D = \frac{1}{2}$$

Dieser Ausdruck nimmt den Wert null an, wenn $(1-2D)$ null wird. Der Strom an der Lückgrenze erreicht daher sein Maximum für $D = 0.5$.

Übung 4.7

Ermitteln Sie den Tastgrad, bei dem der Laststrom an der Lückgrenze seinen Maximalwert erreicht.

Die meisten Anwendungen des Hochsetzstellers verlangen auch bei variabler Eingangsspannung und unterschiedlicher Belastung eine konstante Ausgangsspannung U_0. Verringert sich beim Hochsetzsteller die Belastung, ohne dass der Tastgrad nachgeführt wird, so steigt die Ausgangsspannung sehr stark an. Bei sehr kleinen Lasten kann dies dazu führen, dass die Spannung so hohe Werte erreicht, dass der Filterkondensator zerstört wird. Aus diesem Grund muss auch beim Hochsetzsteller der Tastgrad im Lückbetrieb reduziert werden, um die Ausgangsspannung konstant zu halten. Meist werden hierzu integrierte Schaltkreise eingesetzt.

Die Kennlinien, nach denen die Verringerung des Tastgrades durchgeführt werden muss, sind in **Bild 4.17** dargestellt. Ebenso ist die Lückgrenze gezeichnet. Deutlich ist zu erkennen, dass der Laststrom an der Lückgrenze sein Maximum $I_{0,g} / I_{0,g,max} = 1$ bei einem Tastgrad von $D = 1/3$ erreicht.

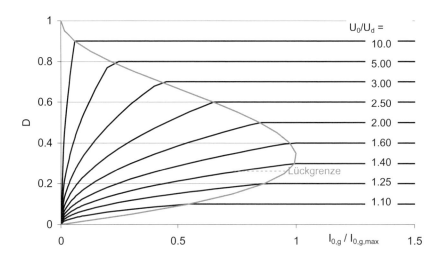

Bild 4.17 Anpassung des Tastgrades beim Hochsetzsteller im Lückbetrieb

Im Lückbetrieb muss auch beim Hochsetzsteller der Tastgrad zurückgenommen werden, um die Ausgangsspannung konstant zu halten.

4.4 Mehrquadrantensteller

Lernziele

Der Lernende ...

- kombiniert die Einquadrantensteller zu Mehrquadrantenstellern und erläutert die daraus resultierenden weiteren Nutzungsmöglichkeiten
- erläutert unterschiedliche Steuerverfahren
- berechnet die jeweiligen Steuergesetze
- zeichnet die charakteristischen Zeitverläufe in Liniendiagrammen

Die bislang besprochenen Grundschaltungen sind unter den Bezeichnungen Tief- und Hochsetzsteller bekannt. Aus Kombinationen dieser Schaltungen lassen sich solche aufbauen, die in mehr als einem Quadranten arbeiten. Dadurch wird es möglich, die Energieflussrichtung bei Antrieben umzukehren und – wie bei den netzgeführten Stromrichtern im Wechselrichterbetrieb – eine Nutzbremsung vorzunehmen oder den Betrieb in beiden Drehrichtungen zu ermöglichen.

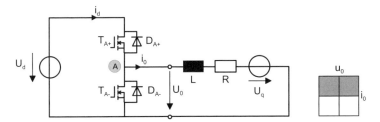

Bild 4.18 Zweiquadrantensteller mit Stromumkehr

4.4.1 Zweiquadrantensteller mit Stromumkehr

Aus der Kombination eines Tief- und eines Hochsetzstellers entsprechend **Bild 4.18** entsteht ein Gleichstromsteller für zwei Stromrichtungen. Die im Lastkreis wirksame Spannung U_q ist z. B. die induzierte Ankerspannung einer Gleichstrommaschine. Sie wirkt im motorischen Betrieb (Strom im 1. Quadranten) als Gegenspannung. Bei Nutzbremsung, also generatorischem Betrieb des Motors mit unveränderter Drehrichtung (Strom im 2. Quadranten), tritt sie dagegen als Quellenspannung in Erscheinung.

Zur besseren Orientierung wird der Anschlusspunkt der Last zwischen den beiden Transistoren mit A bezeichnet. Die beiden oberen Leistungshalbleiter T_{A+} und D_{A+} in **Bild 4.18** sind mit dem positiven Pol der Spannungsquelle U_d verbunden; sie erhalten daher den Index +. Die Bauelemente, die am negativen Pol von U_d angeschlossen sind, werden demzufolge mit dem Index – gekennzeichnet. Die Anordnung zweier Transistoren mit antiparallelen Dioden und Mittelabgriff der Last wird Halbbrücke genannt.

Beispiel 4.5 Zweiquadrantensteller im motorischen Betrieb

Welche Bauelemente kommen beim motorischen Betrieb im ersten Quadranten zum Einsatz? Welche Funktion erfüllt die Schaltung?

Lösung:

Bei Motorbetrieb arbeiten der Schalter T_{A+} und die Freilaufdiode D_{A-} als Tiefsetzsteller; die Eingangsspannung U_d dient als Quellenspannung für den Motorbetrieb. Die Bauelemente T_{A-} und D_{A+} führen bei Betrieb im ersten Quadranten keinen Strom.

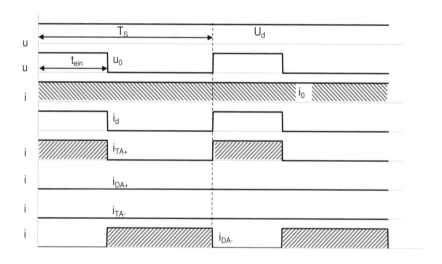

Bild 4.19 Zeitverläufe zu **Beispiel 4.6**, Zweiquadrantensteller mit Stromumkehr

Beispiel 4.6 Bestimmung von Zeitverläufen

Ermitteln Sie die Zeitverläufe für $u_0(t)$, $i_d(t)$, $i_{TA+}(t)$, $i_{DA-}(t)$, $i_{TA-}(t)$ sowie $i_{DA+}(t)$ für motorischen Betrieb und einen Tastgrad $D = 0.4$, wenn der durch den Schaltbetrieb hervorgeru-

4.4 Mehrquadrantensteller

fene Wechselanteil des Stromes $i_0(t)$ vernachlässigt werden kann. Die Ströme in Durchlassrichtung der Ventile sollen positiv gezählt werden.

Lösung:

Im motorischen Betrieb arbeiten ausschließlich die Ventile T_{A+} und D_{A-}. Daher sind die Stromverläufe $i_{TA-}(t)$ sowie $i_{DA+}(t)$ immer null. Die Vernachlässigung des Wechselanteiles von $i_0(t)$ bedeutet, dass der Laststrom $i_0(t) = I_0 = $ const ist. Dies wiederum heißt, dass während der Einschaltzeit von T_{A+} $i_{TA+}(t) = I_0$ gilt. Ist T_{A+} ausgeschaltet, so wird $i_{DA-}(t) = I_0$. Damit erhält man die Zeitverläufe nach **Bild 4.19**. Hierbei sind die Ventilströme und der Laststrom $i_0(t)$ zur Verdeutlichung schraffiert unterlegt.

Übung 4.8

Beschreiben Sie die Wirkungsweise beim elektrischen Bremsen des Motors. Welche der Leistungsbauelemente führen Strom? Welchem Schaltungstyp entspricht dies?

Übung 4.9

Ermitteln Sie die Zeitverläufe für $u_0(t)$, $i_d(t)$, $i_{TA+}(t)$, $i_{DA-}(t)$, $i_{TA-}(t)$, sowie $i_{DA+}(t)$ für generatorischen Betrieb, also $i_0(t) < 0$, und einen Tastgrad von $D = 0.4$, wenn der durch den Schaltbetrieb hervorgerufene Wechselanteil des Stromes $i_0(t)$ vernachlässigt werden kann. Die Ströme in Durchlassrichtung der Ventile sollen positiv gezählt werden.

> Der Zweiquadrantensteller mit Stromumkehr ist aus einer Halbbrücke aufgebaut. Es handelt sich um einen Zweiquadrantenstromrichter, der im ersten und zweiten Quadranten arbeitet.

4.4.2 Zweiquadrantensteller mit Spannungsumkehr

Ein Zweiquadrantensteller für zwei Spannungsrichtungen entsteht nach **Bild 4.20**. Gegenüber dem Zweiquadrantensteller mit Stromumkehr werden D_{A+} und T_{A-} durch die Leistungshalbleiter D_{B+} und T_{B-} ersetzt. Der Lastanschlusspunkt zwischen den beiden neu hinzugekommenen Bauelementen erhält die Bezeichnung B.

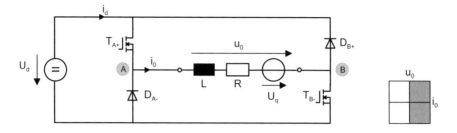

Bild 4.20 Zweiquadrantensteller mit Spannungsumkehr

Für diese Schaltungsvariante gibt es verschiedene Möglichkeiten der Ansteuerung. Die einzelnen Verfahren unterscheiden sich darin, in welchem zeitlichen Zusammenhang die Schalter T_{A+} und T_{B-} eingeschaltet werden. Die nachfolgenden Betrachtungen geschehen unter der Randbedingung, dass der Laststrom $i_0(t)$ konstant ist und daher nicht lückt. In diesem Fall leitet beim Öffnen eines Schalters jeweils die zugehörige Freilaufdiode. Auch hier werden die durch den Schaltbetrieb des Stromrichters hervorgerufenen Wechselanteile von $i_0(t)$ vernachlässigt.

Synchrone Taktung von T_{A+} und T_{B-}

Beispiel 4.7 Synchrone Ansteuerung

Für den Fall der synchronen Ansteuerung von T_{A+} und T_{B-} sollen das Ansteuergesetz und die wesentlichen Zeitverläufe ermittelt werden.

Lösung:

Werden beide Schalter T_{A+} und T_{B-} synchron geschlossen und geöffnet, dann gilt:

T_{A+}, T_{B-} geschlossen und D_{A-}, D_{B+} gesperrt : $\quad u_0(t) = U_d$

T_{A+}, T_{B-} geöffnet und D_{A-}, D_{B+} leitend : $\quad u_0(t) = -U_d$

Die im Lastkreis enthaltene Induktivität bewirkt, dass der Laststrom $i_0(t)$ kontinuierlich fließt. Werden T_{A+} und T_{B-} gleichzeitig geöffnet, dann müssen die Dioden den Strom übernehmen. Daher nimmt die Ausgangsspannung $u_0(t)$ nur einen der Werte $+U_d$ oder $-U_d$ an.

4.4 Mehrquadrantensteller

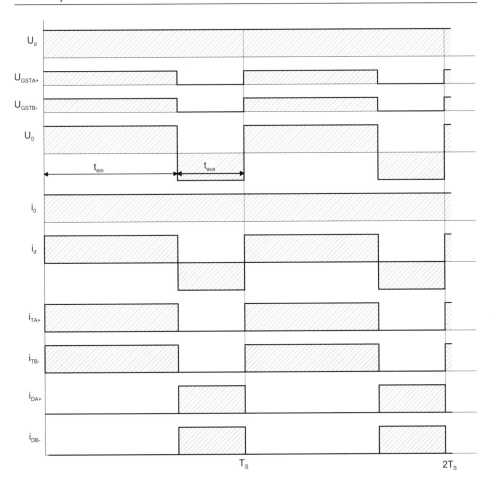

Bild 4.21 Zeitverläufe beim Zweiquadrantensteller mit Spannungsumkehr und synchroner Ansteuerung

Das Steuergesetz wird aus dem Zeitverlauf $u_0(t)$ in **Bild 4.21** abgeleitet. Während beide Transistoren leiten, ist die Ausgangsspannung positiv, ansonsten negativ. Daher gilt für den Mittelwert U_0 der Ausgangsspannung:

$$U_0 = \frac{1}{T_S} \cdot \int_0^{T_S} u_0(t) \cdot dt = \frac{1}{T_S} \cdot \left(u_0(t) \cdot t \,|_0^{t_{ein}} + u_0(t) \cdot t \,|_{t_{ein}}^{T_S} \right)$$

$$U_0 = \frac{1}{T_S} \cdot \left(U_d \cdot t \,|_0^{t_{ein}} + (-U_d) \cdot t \,|_{t_{ein}}^{T_S} \right) = \frac{1}{T_S} \cdot \left[U_d \cdot t_{ein} + (-U_d) \cdot t_{aus} \right]$$

Ersetzt man t_{aus} durch T_S-t_{ein}, so erhält man

$$U_0 = \frac{1}{T_S} \cdot \left[U_d \cdot t_{ein} + (-U_d \cdot (T_S - t_{ein}))\right] = \left[U_d \cdot \frac{t_{ein}}{T_S} + (-U_d \cdot (\frac{T_S}{T_S} - \frac{t_{ein}}{T_S}))\right]$$

$$U_0 = U_d \cdot \left[\frac{t_{ein}}{T_S} - (\frac{T_S}{T_S} - \frac{t_{ein}}{T_S})\right] = U_d \cdot \left[2 \cdot \frac{t_{ein}}{T_S} - \frac{T_S}{T_S}\right] = U_d \cdot [2 \cdot D_{TA+} - 1]$$

Das Tastverhältnis D ist für beide Schalter gleich. Mit $D_{TA+} = D_{TB-} = t_{ein} / T_S$ ergibt sich das gesuchte Steuergesetz für den nicht lückenden Betrieb zu

$$\frac{U_0}{U_d} = 2 \cdot D_{TA+} - 1$$

Zeitlich versetzte Taktung von T_{A+} und T_{B--}

Statt beide Schalter synchron zu betreiben, kann man sie auch versetzt zueinander takten. In diesem Fall weisen die Schalter zwar ebenfalls dasselbe Tastverhältnis D_{TA+} = D_{TB-} auf; allerdings erfolgt das Einschalten des einen Schalters jeweils um eine Schaltperiode T_S versetzt zum anderen. Dieses Steuerverfahren führt dazu, dass die Ausgangsspannung $u_0(t)$ neben den Werten $+U_d$ und $-U_d$ auch den Wert null annehmen kann. Dies ist immer dann der Fall, wenn nur einer der beiden Transistoren eingeschaltet ist. **Bild 4.22** zeigt die charakteristischen Zeitverläufe für diese Art der Ansteuerung.

Beispiel 4.8 versetzte Taktung

Für den Fall der versetzten Taktung ist das Steuergesetz zu ermitteln. Die zu den Abschnitten A bis D in **Bild 4.22** gehörenden leitenden Ventile der Schaltung sollen gezeichnet werden.

Lösung:

Die leitenden Ventile in den genannten Abschnitten sind in **Bild 4.23** dargestellt. Im Abschnitt B leiten nur die unteren Ventile D_{A-} und T_{B-}. Die Spannung $u_0(t)$ ist dann null. Der Laststrom fließt in dieser Phase nicht über die Quelle U_d, sondern im Freilauf unten daran vorbei.

Im Abschnitt D ist die Spannung $u_0(t)$ ebenfalls null. Es leiten T_{A+} und D_{B+}. Der Laststrom $i_0(t)$ fließt in dieser Phase wiederum nicht über die Quelle U_d, sondern diesmal im Freilauf oben daran vorbei.

4.4 Mehrquadrantensteller

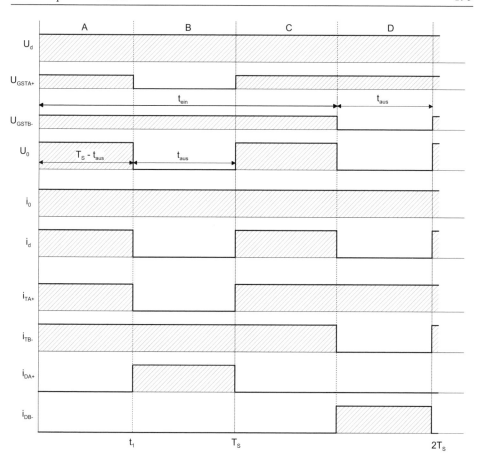

Bild 4.22 Zeitverläufe beim Zweiquadrantensteller mit Spannungsumkehr und versetzter Taktung

Zur Ermittlung des Steuergesetzes wird der Mittelwert U_0 berechnet. Der Ansatz lautet mit Hilfe von **Bild 4.22**:

$$U_0 = \frac{1}{T_S} \cdot \int_0^{T_S} u_0(t) \cdot dt = \frac{1}{T_S} \cdot \left(u_0(t) \cdot t \big|_0^{t_1} + u_0(t) \cdot t \big|_{t_1}^{T_S} \right)$$

$$U_0 = \frac{1}{T_S} \cdot \left(U_d \cdot t \big|_0^{t_1} + 0 \big|_{t_1}^{T_S} \right) = U_d \cdot \frac{t_1}{T_S}$$
(4.8)

Aus **Bild 4.22** erhält man $t_1 = T_S - t_{aus}$; Gl. (4.8) wird damit weiterentwickelt zu

$$U_0 = U_d \cdot \frac{t_1}{T_S} = U_d \cdot \frac{T_S - t_{aus}}{T_S} = U_d \cdot \frac{T_S - (2T_S - t_{ein})}{T_S}$$

$$U_0 = U_d \cdot \frac{-T_S + t_{ein}}{T_S} = U_d \cdot \frac{t_{ein} - T_S}{T_S} = U_d \cdot (D-1)$$

$$\frac{U_0}{U_d} = (D-1) \quad \text{mit} \quad D = \frac{t_{ein}}{T_S} \quad \text{sowie} \quad 0 \leq D \leq 2 \tag{4.9}$$

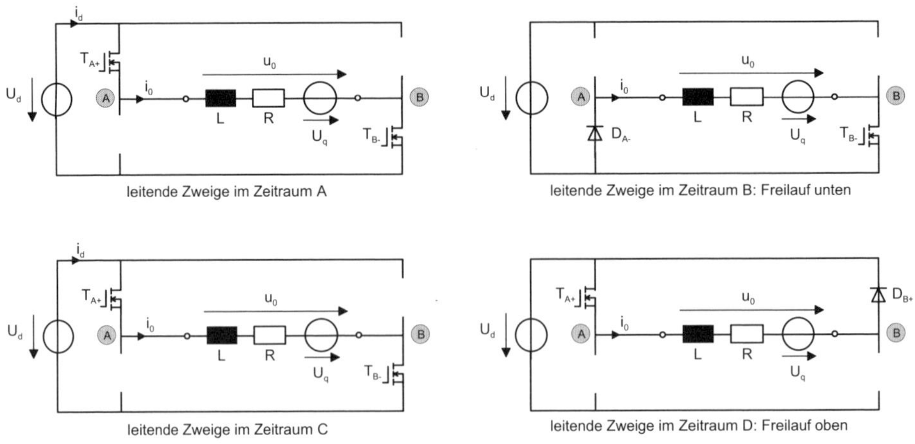

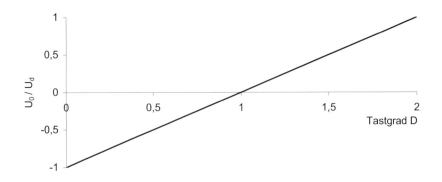

Bild 4.23 Leitende Ventile beim Zweiquadrantensteller mit versetzter Taktung der Schalter T_{A+} und T_{B-}

Bild 4.24 Steuergesetz beim Zweiquadrantensteller mit Spannungsumkehr und versetzter Taktung

Gl. (4.9) ist das gesuchte Steuergesetz, das auch in **Bild 4.24** dargestellt ist. Bei diesem Steuerverfahren kann der Tastgrad D zwischen 0 und 2 liegen. Tastgrade kleiner als eins führen zu einem negativen Mittelwert U_0 der Ausgangsspannung.

Taktung eines Transistors

Bei den bisher betrachteten Steuerverfahren werden *beide* Schalter getaktet, um den Mittelwert U_0 der Ausgangsspannung einzustellen. Dies ist aber nicht zwingend notwendig. Der Mittelwert U_0 kann auch mit nur einem gepulsten Transistor verändert werden. Je nach gewünschter Ausgangsspannung – positiv oder negativ – bleibt der jeweils andere Transistor dauernd aus- oder dauernd eingeschaltet. Soll beispielsweise ein positiver Mittelwert durch Pulsen von T_{A+} eingestellt werden, bleibt T_{B-} dauernd eingeschaltet. Ein negativer Mittelwert wird bei diesem Verfahren erreicht, wenn T_{A+} dauernd ausgeschaltet bleibt und T_{B-} gepulst wird.

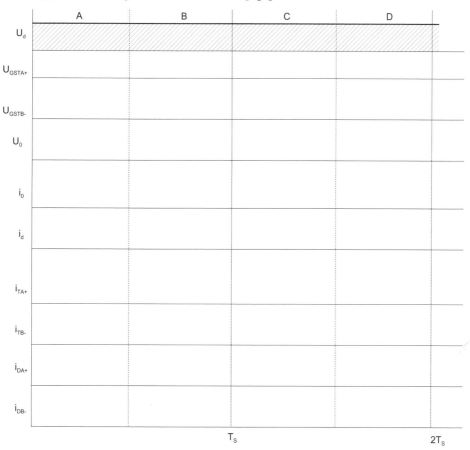

Bild 4.25 Liniendiagramm zur Übung 4.10

Übung 4.10

Zeichnen Sie in **Bild 4.25** die charakteristischen Zeitverläufe von $u_0(t)$, $i_0(t)$, $i_d(t)$ sowie allen Ventilströmen und den Ansteuersignalen der Transistoren für $U_0 > 0$, wenn ausschließlich T_{A+} gepulst wird. Geben Sie die jeweils leitenden Schaltungsteile an.

Übung 4.11

Was ändert sich an den Ergebnissen von Übung 4.10, wenn $U_0 > 0$ ausschließlich durch das Pulsen von T_{B-} eingestellt wird und T_{A+} immer eingeschaltet bleibt? Zeichnen Sie auch hierfür die jeweils leitenden Schaltungsteile.

4.5 Vollbrücke

Lernziele

Der Lernende ...

- nennt Einsatzgebiete der Vollbrücke
- unterscheidet zwischen *Schalter eingeschaltet* und *Schalter stromführend*
- unterscheidet unipolare und bipolare Pulsweitenmodulation

4.5.1 Allgemeine Einführung

Große Bedeutung hat eine Schaltung erlangt, die im Gegensatz zu den Ein- und Zweiquadrantenstellern in allen 4 Quadranten arbeiten kann. Sie wird Vierquadrantensteller (4QS) oder auch Vollbrücke genannt und entsteht aus dem Zweiquadrantensteller mit Stromumkehr. Dessen Grundschaltung nach **Bild 4.18** wird um eine zusätzliche Halbbrücke ergänzt; sie ermöglicht negative Ausgangsspannungen $u_0(t) = -U_d$ für beide Stromrichtungen $i_0(t)$. Das Schaltbild des 4QS ist in **Bild 4.26** dargestellt.

4.5 Vollbrücke

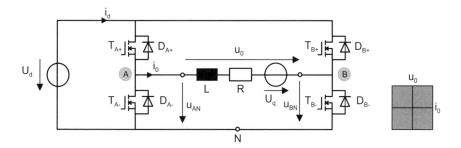

Bild 4.26 Vierquadrantensteller mit Gleichstrommotor als Last

Die Vollbrücke wird in folgenden Anwendungen eingesetzt:

a) Gleichstromantriebe
b) einphasige Wechselrichter zur Speisung von Wechselstromverbrauchern aus Gleichspannungsquellen (z. B. unterbrechungsfreie Stromversorgungen, Photovoltaikwechselrichter am einphasigen Wechselstromnetz)
c) Gegentaktwandler mit hoher Schaltfrequenz zur galvanischen Trennung über Transformatoren bei Schaltnetzteilen

Die Schaltungstopologie nach **Bild 4.26** bleibt dabei für alle Einsatzgebiete gleich. Lediglich die Art der Transistoransteuerung ändert sich mit der Anwendung.

Hier soll zunächst die Nutzung zur Speisung einer Gleichstromlast betrachtet werden. Dazu wird in der Brückendiagonalen A–B als Last die Nachbildung eines Gleichstrommotors bestehend aus Ankerwiderstand R, Ankerinduktivität L und Gegenspannung U_q angenommen. In einem späteren Abschnitt wird sich zeigen, dass dieser Steller nicht nur zur Umformung zwischen zwei Gleichstromsystemen, sondern auch zwischen einem Gleich- und einem Wechselstromsystem eingesetzt werden kann.

Wie bei den vorab behandelten Gleichstromstellern auch wird am Eingang des 4QS eine konstante Gleichspannung U_d bereitgestellt. Die Ausgangsspannung ist ebenfalls eine Gleichspannung U_0, deren Höhe und Polarität durch die gezielte Steuerung der Transistoren eingestellt werden kann. Des Weiteren lassen sich die Höhe und die Richtung des Ausgangsstromes i_0 beeinflussen. Der Vierquadrantensteller kann also, wie der Name schon sagt, in allen vier Quadranten der Strom-Spannungs-Ebene arbeiten. Damit ist die Richtung des Energieflusses beliebig wählbar.

Der 4QS entsteht aus zwei Halbbrücken (A und B), die wiederum aus je zwei Schaltern und ihren antiparallelen Dioden bestehen. Beide Schalter jeder Halbbrücke werden so gesteuert, dass immer einer eingeschaltet und der andere ausgeschaltet ist.

Übung 4.12

Warum werden die Schalter einer Halbbrücke nicht gleichzeitig eingeschaltet? Was versteht man unter der Verriegelungszeit?

Im Folgenden wird die Verriegelungszeit vernachlässigt, da ideale Schalter angenommen werden, die augenblicklich vom Leit- in den Sperrzustand umschalten.

Schalter eingeschaltet und Schalter stromführend

Wird der 4QS in der Art und Weise gesteuert, dass beide Schalter eines Zweiges nie gleichzeitig abgeschaltet sind, fließt der Ausgangsstrom $i_0(t)$ kontinuierlich. Damit ist die Ausgangsspannung $u_0(t)$ allein durch den Zustand der Schalter bestimmt.

In einer Schaltung wie dem 4QS, bei dem Dioden antiparallel zu den Schaltern angeordnet sind, muss unterschieden werden, ob ein Schalter lediglich eingeschaltet ist (Schalter eingeschaltet) oder ob er eingeschaltet ist *und* auch tatsächlich Strom führt (Schalter stromführend). Aufgrund der antiparallelen Diode kann der Schalter im eingeschalteten Zustand Strom führen oder auch nicht, entsprechend der Flussrichtung des Stromes $i_0(t)$. Erst wenn er Strom führt, ist er im Leitzustand.

Betrachtet man in **Bild 4.26** die linke Halbbrücke, so wird deren Ausgangsspannung u_{AN} vom Schaltzustand des Transistors T_{A+} beeinflusst. Es gilt:

$$\begin{aligned} T_{A+} \text{ eingeschaltet:} & \quad u_{AN} = U_d \\ T_{A-} \text{ eingeschaltet:} & \quad u_{AN} = 0 \end{aligned} \qquad (4.10)$$

Ist T_{A+} eingeschaltet, so fließt ein positiver Ausgangsstrom $i_0(t) > 0$ über den Transistor T_{A+}. Ein negativer Ausgangsstrom $i_0(t) < 0$ nimmt bei gleichem Schaltzustand von T_{A+} dagegen den Weg über dessen antiparallele Diode D_{A+}. In beiden Fällen beträgt die Spannung u_{AN} jedoch U_d. Demnach ist es für die Ausgangsspannung einer Halbbrücke unerheblich, ob der Ausgangsstrom $i_0(t)$ positiv oder negativ ist. Sie wird eindeutig durch den Schaltzustand der Halbbrückentransistoren festgelegt.

Gleichermaßen gilt für die Ausgangsspannung u_{BN} der rechten Halbbrücke:

$$\begin{aligned} T_{B+} \text{ eingeschaltet:} & \quad u_{BN} = U_d \\ T_{B-} \text{ eingeschaltet:} & \quad u_{BN} = 0 \end{aligned} \qquad (4.11)$$

Die Ausgangsspannung $u_0(t)$ in der Brückendiagonalen A–B kann für jeden Schaltzustand aus der Differenz von $u_{AN}(t)$ und $u_{BN}(t)$ gebildet werden.

4.5 Vollbrücke

$$u_0(t) = u_{AN} - u_{BN}$$

Je nach Schaltzustand der einzelnen Transistoren nimmt $u_0(t)$ also einen der drei Werte $+U_d$, $-U_d$ oder 0 an.

Übung 4.13

Vervollständigen Sie die Schaltzustandstabelle und tragen Sie die Werte ein, die U_{AN}, U_{BN} und $u_0(t)$ jeweils annehmen.

Tabelle 4.1 Schaltzustände der Vollbrücke

T_{A+}	T_{A-}	T_{B+}	T_{B-}	U_{AN}	U_{BN}	$u_0(t)$
ein	aus	ein	aus			
ein	aus	aus	ein			
aus	ein	ein	aus			
aus	ein	aus	ein			

Übung 4.14

Vervollständigen Sie **Bild 4.27**. Markieren Sie dazu in den Schaltbildern die jeweils leitenden Zweige des Vierquadrantenstellers, die für die unter den Schaltbildern angegebenen Ausgangsspannungen und Stromrichtungen erforderlich sind.

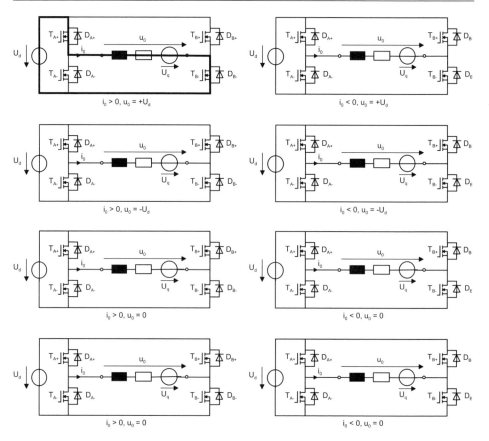

Bild 4.27 Mögliche Leitzustände beim Vierquadrantensteller (Übung 4.14)

4.5.2 Pulsweitenmodulation

Die Gleichungen (4.10) und (4.11) zeigen, dass sowohl u_{AN} als auch u_{BN} nur vom Schaltzustand der Schalter abhängen und nicht von der Stromrichtung. Deshalb ist der Mittelwert der Ausgangsspannung des Zweiges A über eine Periodendauer T_s nur von der Eingangsspannung U_d und dem Tastgrad D_{TA+} des Schalters T_{A+} abhängig. Sinngemäß gelten die Aussagen für den Zweig B. Somit kann die Ausgangsspannung des Stellers $u_0(t) = (u_{AN} - u_{BN})$ unabhängig von Höhe und Polarität des Ausgangsstromes i_0 ausschließlich über die Tastgrade der beiden Zweige gesteuert werden.

Für den Mittelwert U_0 des Spannungsverlaufs $u_0(t)$ erhält man unter Verwendung der Mittelwerte U_{AN} sowie U_{BN}

4.5 Vollbrücke

$$U_{AN} = \frac{U_d \cdot t_{ein} + 0 \cdot t_{aus}}{T_S} = \frac{U_d \cdot t_{ein}}{T_S} + \frac{0 \cdot t_{aus}}{T_S} = U_d \cdot \frac{t_{ein}}{T_S} = U_d \cdot D_{TA+}$$

$$U_{BN} = \frac{U_d \cdot t_{ein} + 0 \cdot t_{aus}}{T_S} = \frac{U_d \cdot t_{ein}}{T_S} + \frac{0 \cdot t_{aus}}{T_S} = U_d \cdot \frac{t_{ein}}{T_S} = U_d \cdot D_{TB+} \quad (4.12)$$

$$U_0 = U_{AN} - U_{BN} = U_d \cdot D_{TA+} - U_d \cdot D_{TB+}$$

Bei den Einquadrantgleichstromstellern ist die Polarität der Ausgangsspannung unidirektional. Dort wird daher die Pulsweitenmodulation durch den Vergleich zwischen einer Sägezahnspannung und einer Steuerspannung realisiert. Beim Zweiquadrantensteller mit Spannungsumkehr und beim Vierquadrantensteller kann sich die Polarität der Ausgangsspannung jedoch umkehren. Daher arbeitet die Pulsweitenmodulation bei der Vollbrücke mit einem Dreieckssignal als Referenzspannung.

4.5.2.1 Pulsweitenmodulation mit zwei Spannungsniveaus (PWM2)

Bei dieser Form der Pulsweitenmodulation werden die Schalter (T_{A+}, T_{B-}) und (T_{A-}, T_{B+}) als zwei Schalterpaare behandelt. Beide Schalter eines Paares werden *gleichzeitig* ein- und ausgeschaltet. Eines der beiden Paare ist dabei immer eingeschaltet. Wie beim Tiefsetzsteller werden auch hier die Schaltsignale für die Transistoren durch Vergleich der Referenzspannung u_Δ mit einer Steuerspannung u_{Steuer} erzeugt. In Anlehnung an **Bild 4.3** gilt

- T_{A+} und T_{B-} werden eingeschaltet, wenn $u_{Steuer} > u_\Delta$
- T_{B+} und T_{A-} werden eingeschaltet, wenn $u_{Steuer} \leq u_\Delta$

Bild 4.28 zeigt unter dieser Voraussetzung die Zeitverläufe der Pulsweitenmodulation. Für den aufsteigenden Ast der Dreieckspannung gilt ausgehend von $t = 0$ ms die Gleichung

$$u_\Delta = \hat{U}_\Delta \cdot \frac{t}{T_S/4} \quad \text{für} \quad -\frac{T_S}{4} < t < \frac{T_S}{4}$$

Die Dreieckspannung u_Δ schneidet die Steuerspannung u_{steuer} zum Zeitpunkt t_1. Mathematisch ist dieser Zeitpunkt festgelegt durch

$$t_1 = \frac{u_{Steuer}}{\hat{U}_\Delta} \cdot \frac{T_S}{4} \quad (4.13)$$

Solange die Steuerspannung größer ist als die Dreieckspannung, bleibt das Schalterpaar (T_{A+}, T_{B-}) eingeschaltet. Dies gilt demnach für $t < t_1$ und auch für $t > (T_S/2 - t_1)$.

Lediglich während der Zeitspanne $T_S/2 - 2t_1$ ist das Schalterpaar (T_{A+}, T_{B-}) aus- und stattdessen (T_{A-}, T_{B+}) eingeschaltet.

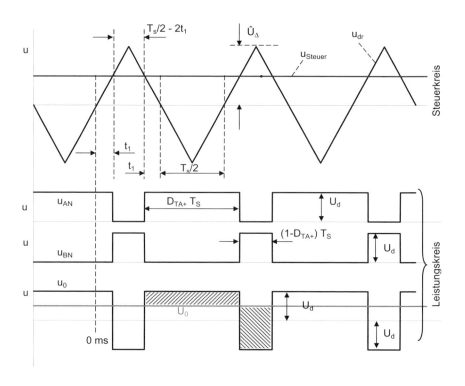

Bild 4.28 Zeitverläufe bei der Pulsweitenmodulation mit zwei Spannungsniveaus; oben: Steuer- und Dreieckspannung, Mitte: Teilspannungen u_{AN}, u_{BN}, unten: Ausgangsspannung $u_0(t)$ und darin enthaltener Mittelwert U_0

Die Einschaltzeit t_{ein} des Schalterpaares (T_{A+}, T_{B-}) ergibt sich folglich aus

$$t_{ein} = 2 \cdot t_1 + \frac{T_S}{2}$$

Somit erhält man für den Tastgrad D_{TA+}:

$$D_{TA+} = \frac{t_{ein}}{T_S} = \frac{2 \cdot t_1 + \frac{T_S}{2}}{T_S} = 2 \cdot \frac{t_1}{T_S} + \frac{1}{2} \tag{4.14}$$

Unter Verwendung von Gl. (4.13) kann t_1 ersetzt werden. Damit ergibt sich der Tastgrad D_{TA+} in Abhängigkeit der Steuerspannung:

$$D_{TA+} = 2 \cdot \frac{t_1}{T_S} + \frac{1}{2} = 2 \cdot \frac{\frac{u_{Steuer}}{\hat{U}_\Delta} \cdot \frac{T_S}{4}}{T_S} + \frac{1}{2} = \frac{u_{Steuer}}{\hat{U}_\Delta} \cdot \frac{1}{2} + \frac{1}{2} = \frac{1}{2} \cdot \left(1 + \frac{u_{Steuer}}{\hat{U}_\Delta}\right)$$

Die Schalterpaare (T_{A+}, T_{B-}) sowie (T_{A-}, T_{B+}) werden alternierend ein- und ausgeschaltet. Daher kann der Tastgrad D_{TB+} von (T_{A-}, T_{B+}) aus D_{TA+} berechnet werden:

$$D_{TB+} = 1 - D_{TA+}$$

Der Mittelwert U_0 der Gesamtausgangsspannung wird nun unter Verwendung von Gl. (4.12) berechnet. Man erhält

$$U_0 = U_{AN} - U_{BN} = U_d \cdot D_{TA+} - U_d \cdot D_{TB+}$$
$$U_0 = U_d \cdot \frac{1}{2} \cdot \left(1 + \frac{u_{Steuer}}{\hat{U}_\Delta}\right) - U_d \cdot \left(1 - \frac{1}{2} \cdot \left(1 + \frac{u_{Steuer}}{\hat{U}_\Delta}\right)\right)$$
$$U_0 = U_d \cdot \left(\frac{1}{2} \cdot \left(1 + \frac{u_{Steuer}}{\hat{U}_\Delta}\right) - 1 + \frac{1}{2} \cdot \left(1 + \frac{u_{Steuer}}{\hat{U}_\Delta}\right)\right) \qquad (4.15)$$
$$U_0 = U_d \cdot \left(2 \cdot \frac{1}{2} \cdot \left(1 + \frac{u_{Steuer}}{\hat{U}_\Delta}\right) - 1\right) = U_d \cdot \left(\left(1 + \frac{u_{Steuer}}{\hat{U}_\Delta}\right) - 1\right) = U_d \cdot \frac{u_{Steuer}}{\hat{U}_\Delta}$$

> Bei konstanter Eingangsspannung U_d und konstanter Amplitude $\hat{U}_\Delta$ der Dreieckspannung ist der Mittelwert U_0 der Ausgangsspannung bei der Pulsweitenmodulation mit zwei Spannungsniveaus proportional zur Amplitude der Steuerspannung u_{Steuer}. Der Momentanwert der Ausgangsspannung $u_0(t)$ beträgt entweder $+U_d$ oder $-U_d$.

An die Last werden abwechselnd beide Polaritäten der Eingangsspannung U_d angelegt. Daraus leitet sich die Bezeichnung Pulsweitenmodulation mit zwei Spannungsniveaus (PWM2) ab. Bisweilen wird dieses Steuerverfahren auch bipolare Pulsweitenmodulation genannt, weil der Momentanwert der Ausgangsspannung entweder $+U_d$ oder $-U_d$, aber niemals den Wert 0 annimmt.

Übung 4.15

Ein Vierquadrantensteller ist an eine Batterie mit 24 V angeschlossen. Die Amplitude der Dreieckspannung beträgt $\hat{U}_\Delta = 10$ V. Zeichnen Sie den Verlauf der Ausgangsspannung in das Diagramm ein.

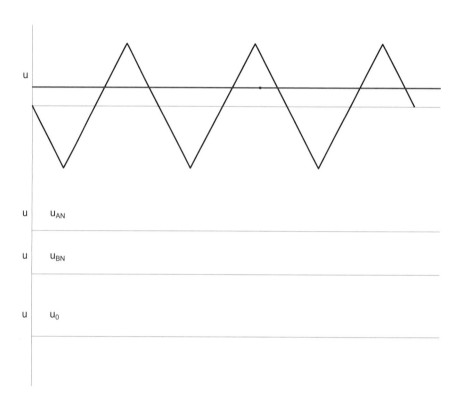

Bild 4.29 Zeitverlauf zur Übung 4.15

 Wie groß wird der Mittelwert der Ausgangsspannung, wenn die Steuerspannung 3 V beträgt? Verwenden Sie zur Lösung das Applet VQS-GM.

4.5.2.2 PWM mit drei Spannungsniveaus (PWM3)

Bei der zuvor besprochenen Pulsweitenmodulation mit zwei Spannungsniveaus werden (T_{A+}, T_{B-}) sowie (T_{A-}, T_{B+}) als Paare behandelt und gleichzeitig geschaltet.

4.5 Vollbrücke

Allerdings nutzt man so nicht alle Möglichkeiten des Stellers aus, da die beiden Schalter eines Schalterpaares ja grundsätzlich *unabhängig* voneinander geschaltet werden können. Dies wird bei der Pulsweitenmodulation mit drei Spannungsniveaus berücksichtigt. Dazu vergleicht man die Dreieckspannung wie oben mit der Steuerspannung u_{Steuer}. Zusätzlich erfolgt der Vergleich aber auch mit der negativen Steuerspannung $-u_{Steuer}$.

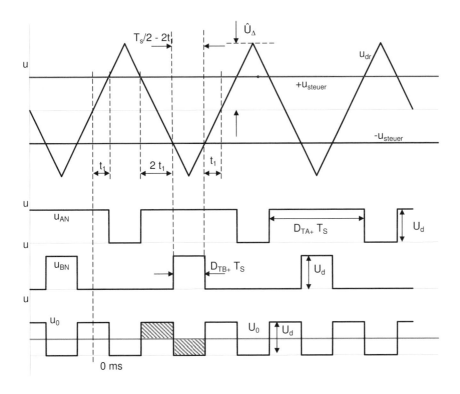

Bild 4.30 Zeitverläufe bei der Pulsweitenmodulation mit drei Spannungsniveaus; oben: Steuer- und Dreieckspannung, Mitte: Teilspannungen u_{AN}, u_{BN}, unten: Ausgangsspannung $u_0(t)$ und darin enthaltener Mittelwert U_0

In **Bild 4.30** ist u. a. der Zeitverlauf von $u_0(t)$ dargestellt. Man erkennt, dass bei diesem Steuerverfahren die Ausgangsspannung $u_0(t)$ bei positivem Mittelwert U_0 zwischen $+U_d$ und 0 hin- und hergeschaltet wird. Ein negativer Mittelwert – in **Bild 4.30** nicht dargestellt – entsteht durch ein Schalten der Ausgangsspannung zwischen $-U_d$ und 0. Weil die Spannungspulse immer nur positiv *oder* negativ sind, wird diese Modulationstechnik auch unipolare Pulsweitenmodulation genannt.

Die Einschaltbedingungen für die einzelnen Schalter lauten nun:

- T_{A+} wird eingeschaltet, wenn $u_{Steuer} \geq u_\Delta$
- T_{A-} wird eingeschaltet, wenn $u_{Steuer} < u_\Delta$
- T_{B+} wird eingeschaltet, wenn $-u_{Steuer} \geq u_\Delta$
- T_{B-} wird eingeschaltet, wenn $-u_{Steuer} < u_\Delta$

Damit entstehen die Zeitverläufe von **Bild 4.30**. Die Spannung $u_{AN}(t)$ ist identisch mit der aus **Bild 4.28**. Der Verlauf $u_{BN}(t)$ wird jetzt allerdings von den Schnittpunkten von $-u_{Steuer}$ mit der Dreieckspannung bestimmt. Immer dann, wenn $-u_{Steuer} > u_\Delta$ ist, wird T_{B+} eingeschaltet. Dies ist unter den in **Bild 4.30** dargestellten Randbedingungen immer während des Zeitraums $T_S/2 - 2t_1$ der Fall.

Für den Tastgrad D_{TA+} gilt in Analogie zu Gl. (4.14):

$$D_{TA+} = \frac{t_{ein}}{T_S} = \frac{2 \cdot t_1 + \frac{T_S}{2}}{T_S} = 2 \cdot \frac{t_1}{T_S} + \frac{1}{2}$$

Der Tastgrad D_{TB+} ergibt sich aus

$$D_{TB+} = \frac{\frac{T_S}{2} - 2 \cdot t_1}{T_S} = \frac{1}{2} - \frac{2 \cdot t_1}{T_S}$$

Der Mittelwert U_0 der Gesamtausgangsspannung wird wiederum unter Verwendung von Gl. (4.12) und Gl. (4.13) berechnet. Man erhält danach

$$U_0 = U_{AN} - U_{BN} = U_d \cdot D_{TA+} - U_d \cdot D_{TB+}$$

$$U_0 = U_d \cdot \left(2 \cdot \frac{t_1}{T_S} + \frac{1}{2}\right) - U_d \cdot \left(\frac{1}{2} - \frac{2 \cdot t_1}{T_S}\right)$$

$$U_0 = U_d \cdot \left(2 \cdot \frac{t_1}{T_S} + \frac{1}{2} - \left(\frac{1}{2} - \frac{2 \cdot t_1}{T_S}\right)\right) = U_d \cdot \left(2 \cdot \frac{t_1}{T_S} + \frac{1}{2} - \frac{1}{2} + \frac{2 \cdot t_1}{T_S}\right)$$

$$U_0 = U_d \cdot \left(2 \cdot \frac{t_1}{T_S} + \frac{2 \cdot t_1}{T_S}\right) = U_d \cdot \left(\frac{4 \cdot t_1}{T_S}\right) = U_d \cdot \left(\frac{4 \cdot \frac{u_{Steuer}}{\hat{U}_\Delta} \cdot \frac{T_S}{4}}{T_S}\right)$$

$$U_0 = U_d \cdot \frac{u_{Steuer}}{\hat{U}_\Delta} \tag{4.16}$$

> Bei konstanter Amplitude $\hat{U}_\Delta$ der Dreieckspannung und konstanter Eingangsspannung U_d ist der Mittelwert U_0 der Ausgangsspannung bei der Pulsweitenmodulation mit drei Spannungsniveaus ebenfalls proportional zur Amplitude der Steuerspannung u_{Steuer}. Hinsichtlich der Mittelwerte gibt es keine Abweichungen zwischen uni- und bipolarer PWM.

Der Unterschied beider Verfahren liegt in den Momentanwerten von $u_0(t)$. Hier erzeugt das versetzte Schalten von T_{A+} und T_{B+} verglichen mit dem Steuerverfahren PWM2 die doppelte Frequenz der Ausgangsgröße $u_0(t)$. Für $+u_{Steuer} > 0$ beträgt der Momentanwert der Ausgangsspannung $u_0(t)$ entweder $+U_d$ oder 0. Negative Steuerspannungen $+u_{Steuer} < 0$ führen dazu, dass entweder $-U_d$ oder 0 an die Last angelegt werden. Weil die Momentanwerte der Lastspannung $u_0(t)$ $+U_d$, $-U_d$ oder 0 betragen können, wird die unipolare Pulsweitenmodulation auch als Pulsweitenmodulation mit drei Spannungsniveaus (PWM3) bezeichnet.

Beispiel 4.9 Stromverlauf bei unipolarer Pulsweitenmodulation

Ein Gleichstrommotor wird von einer Vollbrücke versorgt und soll durch seine Ankerinduktivität L und eine Gegenspannung U_q nachgebildet werden. Geben Sie das Schaltbild der Anordnung an. Für den gegebenen Verlauf der Steuerspannungen sind die Zeitverläufe der Lastspannung $u_0(t)$ sowie des Laststromes $i_0(t)$ zu ermitteln. Berechnen Sie den Mittelwert U_0. Wie groß wird die Schwankung Δi_0 des Ausgangsstromes?

 Verwenden Sie zur Lösung das Applet VQS-GM.

Daten der Anlage: $|U_{Steuer}| = 7.5$ V $\quad \hat{U}_\Delta = 10$ V $\quad U_d = 100$ V

$L = 10$ mH $\quad U_q = 75$ V $\quad T_s = 20$ µs

Lösung:

Wird der Ankerwiderstand des Gleichstrommotors vernachlässigt, so verwendet man das Schaltbild aus **Bild 4.31**.

Die Zeitverläufe der Lastspannung $u_0(t)$ ergeben sich nach den Erläuterungen zur unipolaren Pulsweitenmodulation. Der Mittelwert U_0, der sich bei dieser Steuerspannung einstellt, ist positiv. Daher beträgt $u_0(t)$ entweder $+U_d$ oder 0 V.

Die Spannung an der Induktivität bestimmt wesentlich den Zeitverlauf des Laststromes. Für diese gilt allgemein:

$u_L = u_0 - U_q$

Die Lastspannung $u_0(t)$ kann in Abhängigkeit vom Schaltzustand lediglich die Werte $+U_d$ und 0 V annehmen. Die Spannung U_q des Motors ist bei unveränderter Drehzahl ebenfalls konstant. Damit ergeben sich für die Spannung $u_L(t)$ die beiden Werte:

$u_L = -U_q$ \qquad für $u_0 = 0$, also T_{A+} und T_{B+} leitend

$u_L = U_d - U_q$ \qquad für $u_0 = U_d$, also T_{A+} und T_{B-} leitend

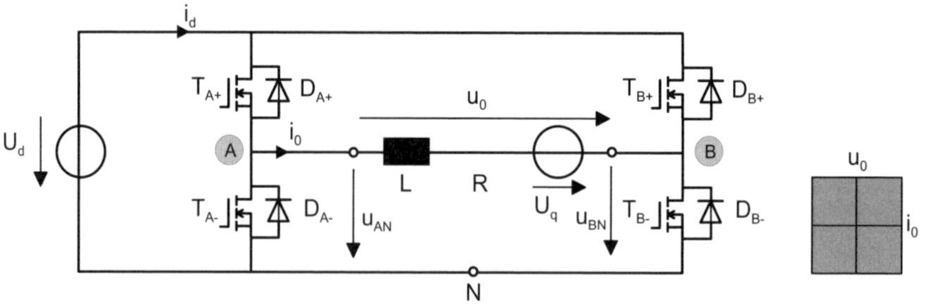

Bild 4.31 Vollbrücke mit vereinfachter Nachbildung des Gleichstrommotors

Über das Induktionsgesetz hängt die Spannung an der Induktivität mit dem fließenden Strom zusammen, da hier der Laststrom und der Strom durch die Induktivität identisch sind.

$$u_L = L \cdot \frac{di_L}{dt} = L \cdot \frac{di_0}{dt} = u_0 - U_q \qquad (4.17)$$

Dieser Zusammenhang wird so umgestellt, dass $i_0(t)$ berechnet werden kann.

$$di_0 = \frac{u_0 - U_q}{L} \cdot dt \qquad \text{und damit} \qquad \int di_0 = \int \frac{u_0 - U_q}{L} \cdot dt$$

Als Zeitverlauf für den Laststrom ergeben sich demnach Geradenteilstücke. Immer dann, wenn $u_0(t)$ umgeschaltet wird, ändert sich ebenso die Steigung dieser Geraden.

Der Laststrom kann aufgrund der Induktivität L nicht beliebig schnell verstellt werden. Man sagt, der Laststrom ist „nicht sprungfähig". Mathematisch wird dies bei der Integration durch den jeweiligen Anfangswert $I_{0,A}$ und $I_{0,B}$ ausgedrückt. Für die beiden möglichen Werte der Lastspannung $u_0(t)$ erhält man so die nachfolgenden Gleichungen zur Beschreibung des Laststromverlaufes.

$u_0 = +U_d:$ \qquad $i_0(t) = \int \frac{u_0 - U_q}{L} \cdot dt = \int \frac{U_d - U_q}{L} \cdot dt = \frac{U_d - U_q}{L} \cdot t + I_{0,A}$

$u_0 = 0\,V:$ \qquad $i_0(t) = \int \frac{u_0 - U_q}{L} \cdot dt = \int \frac{0 - U_q}{L} \cdot dt = -\frac{U_q}{L} \cdot t + I_{0,B}$

4.5 Vollbrücke

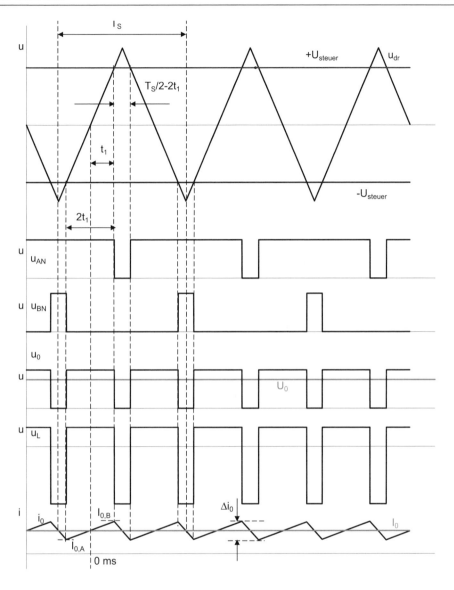

Bild 4.32 Strom- und Spannungszeitverläufe bei der unipolaren Ansteuerung eines Gleichstrommotors oben: Steuer- und Dreieckspannung, Mitte: Teilspannungen u_{AN}, u_{BN}, Ausgangsspannung $u_0(t)$ und darin enthaltener Mittelwert U_0, unten: Drosselspannung u_L, Laststrom i_0

Demnach schwankt der Laststrom $i_0(t)$, wie in **Bild 4.32** gezeigt, zeitlinear um seinen Mittelwert $I_0 = I_{0,A} + I_{0,B}$. Dessen absoluter Wert I_0 ist nicht gegeben und wird auch nicht berechnet. Er hängt u. a. davon ab, mit welchem Drehmoment der Motor belastet wird. Die Schwankungsbreite Δi_0, also der Wechselanteil, den der Laststrom aufweist, wird durch die Größe der Induktivität L, die Höhe der Spannung U_d sowie die Zeitdauer t_1 bestimmt.

Unter Anwendung von Gl. (4.13) und den vorliegenden Zahlenwerten erhält man:

$$t_1 = \frac{u_{\text{Steuer}}}{\hat{U}_\Delta} \cdot \frac{T_S}{4} = \frac{7.5\,\text{V}}{10\,\text{V}} \cdot \frac{20\,\mu\text{s}}{4} = 3.75\,\mu\text{s}$$

Die Lastspannung nimmt gemäß **Bild 4.32** den Wert $+U_d$ für die Dauer von $2\,t_1$ an. Mit dieser Information kann die Schwankungsbreite berechnet werden:

$$\Delta i_0 = \frac{U_d - U_q}{L} \cdot 2 \cdot t_1 = \frac{100\,\text{V} - 75\,\text{V}}{0.01\,\text{H}} \cdot 7.5\,\mu\text{s} \qquad \text{somit} \qquad \Delta i_0 = 18.75\,\text{mA}$$

Der Mittelwert U_0 der Lastspannung ergibt sich nach Gl. (4.16) und ist gleich der Gegenspannung U_q des Motors.

$$U_0 = U_d \cdot \frac{u_{\text{Steuer}}}{\hat{U}_\Delta} = 100\,\text{V} \cdot \frac{7.5\,\text{V}}{10\,\text{V}} = 0.75 \cdot 100\,\text{V} = 75\,\text{V}$$

Übung 4.16

Ermitteln Sie aus **Bild 4.32** die Frequenz des Wechselanteils von $i_0(t)$. Vergleichen Sie diesen mit der Frequenz der Dreieckspannung. Welchen Unterschied stellen Sie fest? Ziehen Sie daraus eine grundlegende Schlussfolgerung bezüglich der Schaltfrequenzen bei PWM2 und PWM3.

Übung 4.17

Ein Gleichstrommotor wird von einer Vollbrücke versorgt und soll durch seine Ankerinduktivität L und eine Gegenspannung U_q nachgebildet werden. Die Ansteuerung erfolgt nach dem Verfahren der bipolaren Pulsweitenmodulation. Zeichnen Sie das Schaltbild der Anordnung und berechnen Sie den Mittelwert U_0. Welche Ankerinduktivität muss der Motor aufweisen, damit die Schwankungsbreite Δi_0 des Ankerstroms kleiner als 100 mA bleibt?

Daten der Anlage: $|U_{\text{Steuer}}| = 8\,\text{V}$, $\hat{U}_\Delta = 10\,\text{V}$, $U_d = 100\,\text{V}$, $U_q = 80\,\text{V}$, $T_S = 100\,\mu\text{s}$

4.5 Vollbrücke

Ermitteln Sie für den gegebenen Verlauf der Steuerspannung die Zeitverläufe der Lastspannung $u_0(t)$ sowie des Laststromes $i_0(t)$. Verwenden Sie zur Lösung das Applet VQS-GM.

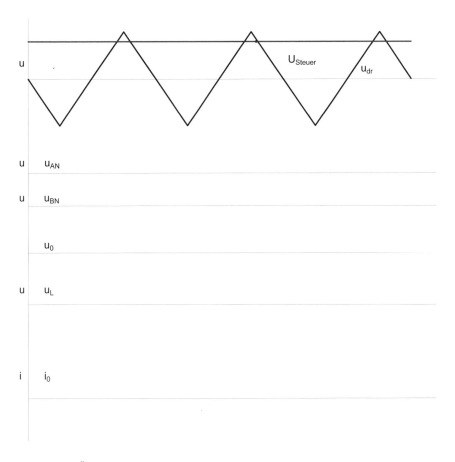

Bild 4.33 Zur Übung 4.17

Beispiel 4.10 Abbremsen eines Gleichstrommotors

Mit der Vollbrücke nach **Bild 4.31** kann ein Motor auch abgebremst werden. Ein beispielhafter Verlauf der elektrischen Größen ist in **Bild 4.34** dargestellt. Um ein Bremsmoment zu erzeugen, muss zunächst der Ankerstrom des Motors umgekehrt werden. Dies gelingt dadurch, dass die Lastspannung U_0 negativ wird. Um dies zu erreichen, erniedrigt man die Steuerspannung.

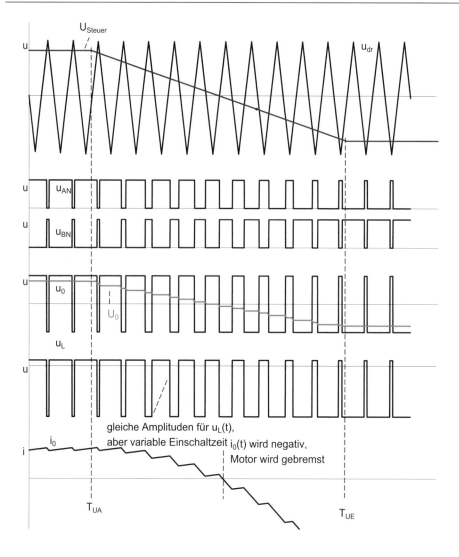

Bild 4.34 Zeitverläufe während der Spannungsumkehr bei einer Vollbrücke mit PWM2; oben: Steuer- und Dreieckspannung, Mitte: Teilspannungen u_{AN}, u_{BN}, Ausgangsspannung u_0 und darin enthaltener Mittelwert U_0, unten: Drosselspannung u_L, Laststrom i_0

In **Bild 4.34** wird diese Veränderung im Zeitraum T_{UA} bis T_{UE} zeitlinear durchgeführt. Anmerkung: Üblicherweise ist die Steuerspannung die Ausgangsgröße eines Reglers. Im Allgemeinen wird eine solche Spannungsumkehr nichtlinear verlaufen.

Als Folge der variierenden Steuerspannung ändern sich ebenso deren Schnittpunkte mit der Dreieckspannung. Dies führt dazu, dass sich die Pulsbreite von u_{AN} verringert und die von u_{BN} erhöht. Somit verkleinert sich der Mittelwert U_0 der Ausgangsspannung in gleichem Maße wie die Steuerspannung.

Selbstverständlich hängt die Stromwelligkeit, die sich für $t < T_{UA}$, also bei zunächst unveränderter Steuerspannung, während einer Schaltperiode einstellt, von der Induktivität ab. In **Bild 4.34** ist die Größe der Induktivität L so angenommen, dass sich die eingezeichneten, gut darstellbaren Stromänderungsgeschwindigkeiten di_0/dt ergeben. In diesem Zeitraum ist der Mittelwert U_L gleich null.

Die abweichende Pulsweite von $u_0(t)$ führt für $t > T_{UA}$ zwangsläufig zu einem anderen Zeitverlauf der Spannung $u_L(t)$ an der Induktivität. Allerdings ändern sich nicht die Amplitudenwerte der Spannung U_L, sondern lediglich deren Einschaltverhältnis. Daher bleibt auch bei veränderlicher Steuerspannung die Steigung di_0/dt gleich. Die variablen Einschaltverhältnisse bewirken aber, dass der Mittelwert U_L für $t > T_{UA}$ nicht mehr null ist, sondern negativ wird. Nach Gl. (4.17) ist eine Änderung des Laststroms $i_0(t)$ die Folge. Daher wird auch der Mittelwert I_0 dieses Stroms kleiner und ab einem bestimmten Zeitpunkt sogar negativ. Dieser negative Strom führt dann zu einem beginnenden Bremsmoment am Motor.

Bei dieser Darstellung wird unterstellt, dass im betrachteten Zeitraum trotz des bremsenden Drehmomentes die Drehzahl des Gleichstrommotors und damit auch dessen induzierte Spannung U_q unverändert bleibt.

Übung 4.18

Ermitteln Sie analog zu **Beispiel 4.10** anhand von **Bild 4.35** die prinzipiellen Zeitverläufe bei der Stromumkehr für den Fall, dass die unipolare Pulsweitenmodulation PWM3 zum Einsatz kommt. Gehen Sie davon aus, dass sich die Drehzahl des Motors und damit dessen induzierte Spannung im betrachteten Zeitraum noch nicht verändern. Wählen Sie zum Zeichnen des Stromverlaufs eine Stromänderung, die sich im Bild gut darstellen lässt. Kennzeichnen Sie, ab welchem Zeitpunkt ein bremsendes Drehmoment am Motor vorliegt.

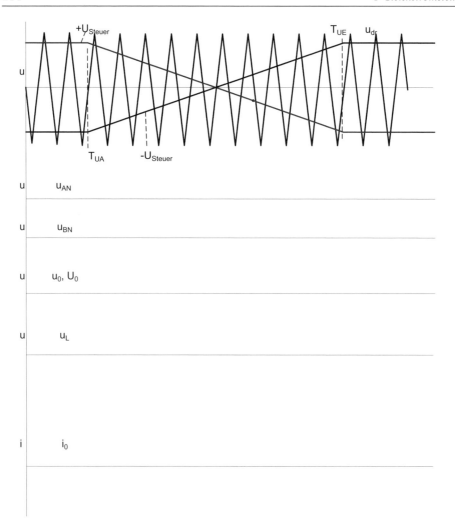

Bild 4.35 Zur Übung 4.18

4.6 Ansteuerschaltungen für MOS-Transistoren

Lernziele

Der Lernende ...

- erläutert die Notwendigkeit eines hohen Einschalt- und Abschaltstromes
- beschreibt unterschiedliche Ansteuerkreise
- erläutert, in welchen Fällen potenzialfreie Ansteuerkreise erforderlich sind

4.6.1 Grundlagen

In den vorangegangenen Abschnitten wurde das Klemmenverhalten von verschiedenen Gleichstromstellerschaltungen im lückenden und nicht lückenden Betrieb besprochen. Ohne nähere Erläuterung galt die Voraussetzung, dass an den Schnittpunkten zwischen Steuerspannung und Sägezahn- bzw. Dreieckspannung ein bestimmter Transistor ein- bzw. ausschaltet. Im Folgenden werden einige Schaltungen vorgestellt, mit denen N-Kanal-MOS-Transistoren gezielt ein- und ausgeschaltet werden können. Diese Schaltungen werden in [Schlienz03] vorgestellt und dort ausführlich diskutiert. Sie können prinzipiell auch auf andere spannungsgesteuerte Bauelemente wie beispielsweise den IGBT übertragen werden.

MOSFETs benötigen im Gegensatz zum Bipolartransistor keinen Steuerstrom, sondern eine Steuerspannung. Die Spannung am Gate-Anschluss steuert den Innenwiderstand zwischen dem Drain- und dem Source-Anschluss. Ist die Gate-Source-Spannung null, dann beträgt der Innenwiderstand einige MΩ. Der MOSFET sperrt. Bei Spannungen um 12 V erreicht der Innenwiderstand eines N-Kanal-MOSFET seinen Minimalwert, der deutlich unter 1 Ω liegt. Der MOSFET leitet. Spezielle LL-Typen (Logic Level) können schon mit Pegeln, wie sie bei TTL-Schaltungen auftreten, eingeschaltet werden.

Ein MOSFET besitzt keine Schleusenspannung wie Diode oder Thyristor, sondern nur einen Innenwiderstand. Spitzentypen erreichen im voll angesteuerten Zustand einen Innenwiderstand von weniger als 10m Ω. Ein Strom von 10 A bewirkt hier einen Spannungsabfall von 0.1 V und folglich eine Durchlassverlustleistung von 1W. Schaltet man zwei solcher MOSFETs parallel, halbiert sich der Innenwiderstand, wodurch sich die Verlustleistung auf insgesamt 0.5 W reduziert. Auf jeden MOSFET entfallen also nur 0.25 W.

Allerdings sind die Schaltverluste oft höher als die Verluste im leitenden Zustand. Um sie so klein wie möglich zu halten, muss das Schalten des Bauelements so schnell wie möglich erfolgen.

Im eingeschalteten Zustand wird das Gate des Transistors mit positiver Spannung versorgt. Aufgrund der Isolierschicht ist es wie ein Kondensator geladen. Zum Abschalten müssen diese Ladungsträger in kürzester Zeit aus dem Gate entfernt und nach Masse abgeleitet werden. Die dafür erforderliche Zeit (die Ausschaltzeit) wird zum einen von der Gate-Kapazität und zum anderen vom Innwiderstand der Ansteuerstufe bestimmt. Je kleiner die Gate-Kapazität und der Innenwiderstand sind, desto höher wird der Entladestrom und desto schneller erfolgt der Schaltvorgang

Um einen großen MOSFET schnell abzuschalten, sind demnach beachtliche Gateströme nötig, wenn auch nur für einen kurzen Augenblick. Die Ansteuerstufen sind daher i. Allg. recht kräftig ausgelegt und sorgen für eine niederohmige Ansteuerung des Gates.

> Im Einschaltkreis der Ansteuerstufe lässt sich der MOSFET durch eine Kapazität zwischen Gate und Source nachbilden. Zum Ein-Ausschalten muss die Kapazität geladen/entladen werden. Dies erfordert teilweise hohe Ladeströme, die aber nur während des Schaltvorganges notwendig sind.

Beispiel 4.11 MOSFET-Gate-Treiber

Ein MOSFET weist im eingeschalteten Zustand eine Gate-Ladung von 50 nC auf. Wie groß wird der Gatestrom, wenn der Schaltvorgang 20 ns dauern soll?

Lösung:

Die Ladung von 50 nC verteilt sich auf die Kapazitäten zwischen Gate und Drain C_{GD} sowie zwischen Gate und Source C_{GS}. Die Schaltzeit muss so kurz sein, dass der Transistor während des Schaltvorganges nur kurze Zeit im aktiven Bereich arbeitet. Andererseits darf eine Mindestdauer nicht unterschritten werden, damit die aus den steilen Schaltflanken resultierenden EMV-Probleme beherrschbar bleiben. Passende Schaltzeiten können den Datenblättern der Schalttransistoren entnommen werden; Zeiten zwischen 10 ns und 40 ns sind üblich. Der mittlere Strom beim Schalten berechnet sich aus dem Quotienten von Gate-Ladung und Schaltzeit zu

$$I_G = \frac{Q_{Gate}}{t_{Schalt}} = \frac{50\,nC}{20\,ns} = 2.5\,A$$

Die Ansteuerstufen, oder auch Treiberschaltungen genannt, sind die Schnittstellen zwischen dem pulsweitenmodulierten Signal und dem eigentlichen Leistungsschalter. Zur Erläuterung der Funktionsweise werden nachfolgend verschiedene Möglichkeiten der Ansteuerung am Beispiel eines Hochsetzstellers aufgezeigt. Alle dargestellten Treiberstufen sind für einen selbstsperrenden N-Kanal-MOSFET konzipiert.

Am Eingang der Treiberschaltung aus **Bild 4.36** liegt ein Logiksignal, das aus einer meist hochohmigen Quelle (in **Bild 4.36** ein Komparator) stammt. Der hier verwendete Komparator vom Typ LM339 besitzt einen Ausgang mit offenem Kollektor. Für eine korrekte Funktionsweise wird dieser Ausgang mit dem Pull-Up-Widerstand R_1 auf 12 V gelegt. Der Komparator vergleicht die Steuerspannung mit einem Sägezahnverlauf. Immer dann, wenn die Steuerspannung größer als die Sägezahnspannung ist, schaltet der Komparatorausgang auf High. Ist die Steuerspannung kleiner als die Sägezahnspannung, so ist der Ausgang des Komparators Low. Dieses Schaltverhalten erzeugt am Komparatorausgang ein unipolares pulsweitenmoduliertes Rechtecksignal. Dessen Tastgrad ist nach Gl. (4.1) vom Verhältnis Steuerspannung/Sägezahnspannungsscheitelwert abhängig.

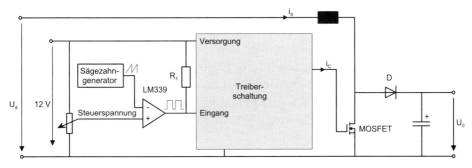

Bild 4.36 Ansteuerung eines MOSFET mit Pulsweitenmodulation und Treiberschaltung

Zum Schalten des Leistungstransistors muss dessen Eingangskapazität umgeladen werden. Der Ausgangsstrom i_C der Treiberstufe ist daher mit guter Näherung als Ladestrom eines Kondensators aufzufassen. Die Treiberschaltung selbst stellt die für den Ladevorgang notwendige Energie zur Verfügung. Je nach Anwendung sind diese Treiberstufen unterschiedlich aufgebaut [Schlienz03].

4.6.2 CMOS-Gatter

Langsam schaltende Transistoren können direkt von CMOS-Gattern aus angesteuert werden. Parallel geschaltete Gatter wie in **Bild 4.37** erhöhen den Ausgangsstrom, den die Treiberschaltung liefern kann. Welche Gatterfamilie verwendet werden muss, hängt von der notwendigen Höhe der Gate-Source-Spannung des MOSFET ab. Beträgt diese 8 V, so können Gatter der 4000er-Familie Verwendung finden.

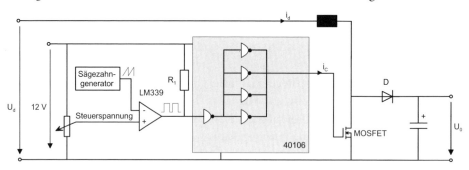

Bild 4.37 Ansteuerung eines MOSFET mit Pulsweitenmodulation und CMOS-Gattern als Treiberstufe

Neben Standard-MOSFETs gibt es auch sog. Logic-Level-Transistoren (IRL1004, IRL3705N u. a.). Für deren Ansteuerung genügen 5-V-Pegel, wie sie von konventionellen TTL-Bausteinen geliefert werden. Transistoren dieser Art sind auch über HC-MOS-Bausteine ansteuerbar. Bei geringen Anforderungen an ihre Schaltgeschwindigkeit reicht bisweilen sogar die Ausgangsleistung aus, die der Port eines Mikrocontrollers zur Verfügung stellt.

4.6.3 Gegentaktstufe

Ein höherer Bedarf an Treiberleistung wird durch eine Gegentaktstufe nach **Bild 4.38** bestehend aus dem NPN-Transistor T_1 und dem PNP-Transistor T_2 gedeckt. Den Widerstand R_3 fügt man – falls erforderlich – zur Dämpfung von Schwingungen ein. Weist der Ausgang des Komparators LM339 High-Pegel auf, wird der MOSFET über T_1 eingeschaltet. Ein Low-Pegel am Ausgang des LM339 führt über T_2 zum Abschalten des MOSFET.

4.6 Ansteuerschaltungen für MOS-Transistoren

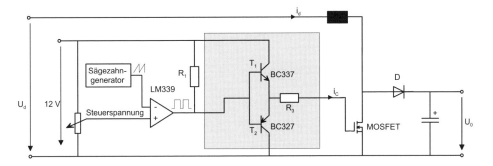

Bild 4.38 Ansteuerung eines MOSFET mit Pulsweitenmodulation und Gegentaktstufe

4.6.4 Beschleunigtes Abschalten

Hin und wieder ist es erforderlich, den Transistor schnell abzuschalten, obwohl ein langsames Einschalten ausreichend ist. In diesem Fall sind die Ein- und Ausschaltzeiten deutlich verschieden, und es kann die Schaltung aus **Bild 4.39** verwendet werden.

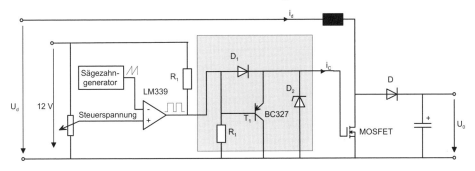

Bild 4.39 Ansteuerung eines MOSFET mit Pulsweitenmodulation und aktiver Abschaltung

Im vorliegenden Fall wird zum Einschalten des MOSFETs das PWM-Signal direkt über die Diode D_1 an das Gate gelegt. Aufgrund des in der Regel hochohmigen Komparatorausgangs schaltet der MOSFET vergleichsweise langsam ein, da die Gate-Source-Kapazität nur über den Pull-Up-Widerstand des Komparators geladen werden kann. Nimmt der Komparatorausgang Low-Pegel an, sperrt die Diode D_1. Stattdessen schaltet T_1 ein und führt die Gate-Ladung des MOSFET gegen Masse ab. Damit schaltet der MOSFET schnell aus. Das Gate eines MOSFET reagiert empfindlich auf Überspannungen. Einen zuverlässigen Schutz gegen zu hohe Spannungen bietet eine Spannungsbegrenzung durch die Zenerdiode D_2.

4.6.5 Treiber-ICs

Zum Einschalten eines N-Kanal-MOSFET ist eine positive Gate-Source-Spannung erforderlich. Selbstverständlich muss diese Spannung während der gesamten Leitdauer in voller Höhe anliegen, damit der Transistor eingeschaltet bleibt. Die bisher behandelten Treiberschaltungen sind in der Lage, eine solche Spannung für den Transistor eines Hochsetzstellers zu erzeugen, dessen Source-Elektrode auf *konstantem* Potenzial liegt (**Bild 4.36** bis **Bild 4.39**).

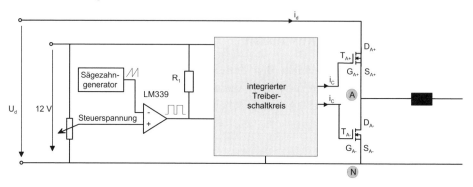

Bild 4.40 Ansteuern einer Halbbrücke

Die Verhältnisse werden komplizierter, wenn sich nach dem Einschalten das Potenzial der Source-Elektrode des Transistors gravierend verändert. Dies ist beispielsweise beim Tiefsetzsteller und auch beim oberen Transistor T_{A+} einer Halbbrücke der Fall. Einzelheiten zeigt **Bild 4.40**.

Das Einschalten des unteren Transistors T_{A-} ist immer unproblematisch. Dies liegt daran, dass dessen Source-Potenzial unabhängig von seinem Schaltzustand immer gleich dem Bezugspotenzial N ist. Für den oberen Transistor ergeben sich jedoch andere Verhältnisse. Leitet T_{A-}, so hat die Source-Elektrode S_{A+} während dieser Zeit ebenfalls das Potenzial N. Allerdings ändert sich dieses Potenzial schlagartig, wenn T_{A+} selbst eingeschaltet wird. In diesem Fall nimmt es den Wert von U_d an. Damit die Gate-Source-Spannung U_{GA+SA+} von T_{A+} positiv und der Transistor T_{A+} eingeschaltet bleibt, muss das Gate-Potenzial G_{A+} um denselben Betrag wie das Potenzial von S_{A+} ansteigen.

Für solche Anwendungen sind integrierte Treiberbausteine von verschiedenen Herstellern erhältlich. Solche Schaltkreise zur Ansteuerung der oberen Transistoren werden auch *High-Side-Treiber* genannt. **Bild 4.41** stellt den schematischen Anschluss eines solchen Treiber-ICs dar.

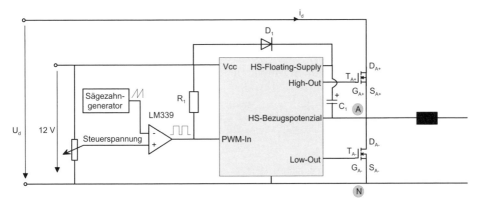

Bild 4.41 schematischer Anschluss eines High-Side-Treibers am Beispiel des IR2151

Die Spannungsversorgung des High-Side-Treibers (HS-Floating-Supply) ist mit einer Ladungspumpe realisiert. Das Bezugspotenzial dieser Versorgung (HS-Bezugspotenzial) hängt vom Potenzial der Source-Elektrode S_{A+} des oberen Transistors ab und ist daher „floatend". HS-Floating-Supply und ihr zugehöriges Bezugspotenzial sind kapazitiv über C_1 gekoppelt.

Die Diode D_1 entkoppelt die Spannungsversorgung von High-Side- und Low-Side-Treiber. Als Sperrspannung tritt an ihr die Eingangsspannung U_d auf. Daher muss D_1 ein Sperrvermögen in der Größe der Eingangsspannung aufweisen.

Treiberintern wird das angelegte PWM-Signal invertiert. Mit dem Originalsignal wird T_{A+}, mit dem invertierten Signal T_{A-} angesteuert. Invertiertes und nicht invertiertes Signal werden durch eine Totzeit entkoppelt, damit nicht beide Transistoren einer Halbbrücke gleichzeitig eingeschaltet sind.

Neben High-Side-Treibern gibt es auch integrierte MOSFET-Ansteuerschaltkreise (z. B. MIC442x) für normale Low-Side-Anwendungen, die 1.5 A Ausgangsstrom bereitstellen und damit einen MOSFET innerhalb von 35 ns schalten können.

4.6.6 Potenzialfreie Ansteuerung mit Impulsübertrager

Anstelle von integrierten High-Side-Treibern können MOSFETs auch durch potenzialfreie Ansteuerungen mit Impulsübertragern geschaltet werden. Der Transformator sorgt dabei für die Entkopplung zwischen Elektronikmasse und dem Potenzial der MOSFET-Source-Elektrode. In [Schlienz03] wird eine ganze Reihe unterschiedlicher Schaltungsvorschläge diskutiert. Hier folgt die Darstellung einer Lösung, die für die meisten Wandler verwendet werden kann und ein Tastverhältnis zwischen 0 und 100 % zulässt. **Bild 4.42** zeigt den Aufbau der Schaltung zur Ansteuerung des oberen Transistors.

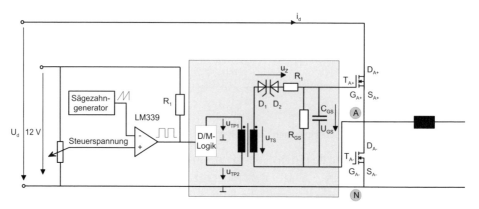

Bild 4.42 Potenzialfreie Ansteuerung des oberen Transistors mit Impulsübertrager

Eingangssignal des Treibers ist wiederum ein pulsweitenmoduliertes Rechtecksignal. Daraus bildet eine elektronische Schaltung, die in **Bild 4.42** als Differenzier- und Multiplex Logik (D/M-Logik) ([Schlienz03] S. 129) bezeichnet wird, an den Flanken des Rechtecksignals kurze Rechteckimpulse. Die steigenden Flanken ergeben Impulse für U_{TP2}; aus den fallenden Flanken entstehen Impulse für U_{TP1}. Diese kurzen Impulse steuern den Übertrager; aufgrund der geringen Impulsdauern von einigen µs kann der Übertrager sehr klein ausgeführt werden. Der Kondensator C_{GS} dient hierbei dazu, eine evtl. zu kleine Gate-Source-Kapazität des Transistors extern zu vergrößern. Der Widerstand R_{GS} sorgt dafür, dass bei abgeschalteter Betriebsspannung die Gate-Source-Spannung sicher auf null gezogen wird und der Transistor abschaltet. R_1 bedämpft Schwingungen, die aufgrund des Resonanzkreises entstehen, der aus der Übertragerstreuinduktivität und der externen Kapazität C_{GS} gebildet wird.

4.6 Ansteuerschaltungen für MOS-Transistoren

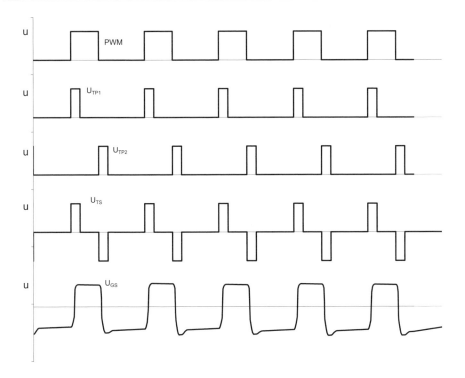

Bild 4.43 Wichtige Zeitverläufe bei der potenzialfreien Ansteuerung nach **Bild 4.42**; oben: PWM-Signal, obere Mitte: primäre Eingangssignale U_{TP1}, U_{TP2} des Übertragers, untere Mitte: sekundäre Ausgangsspannung U_{TS} des Übertragers, unten: Gate-Source-Spannung U_{GS}

Die Schaltung aus **Bild 4.42** wurde mit einem Simulationsprogramm nachgebildet und untersucht. **Bild 4.43** zeigt die sich ergebenden Zeitverläufe. Aus den Flanken des PWM-Signals generiert die D/M-Logik kurze Spannungsimpulse U_{TP1} und U_{TP2}. Diese Impulse erscheinen als U_{TS} auch auf der Sekundärseite des Übertragers.

Einschalten

Eine positive Flanke des PWM-Signals erzeugt einen positiven Spannungspuls U_{TS}. Während dieser Puls ansteht, gilt

$$U_{TS} = U_Z + U_{GS}$$

Die Diode D_1 wird in Durchlassrichtung beansprucht. D_2 arbeitet als Zenerdiode. Wird die Zenerspannung der antiseriell geschalteten Zenerdioden halb so groß wie

U_{TS} gewählt, dann beträgt die Gate-Source-Spannung U_{GS} ebenfalls $U_{TS}/2$ und der Transistor schaltet ein. Die Spannung U_{GS} bleibt weitgehend erhalten, da D_1 sperrt.

Ausschalten

Die fallende Flanke des PWM-Signals bewirkt einen negativen Spannungspuls U_{TS}. Jetzt arbeitet D_1 als Zenerdiode und D_2 wird in Durchlassrichtung betrieben. Die Spannung U_Z kehrt sich daher um. Für diesen Fall gilt

$$-U_{TS} = -U_Z + U_{GS} = -\frac{U_{TS}}{2} + U_{GS}$$

$$U_{GS} = -\frac{U_{TS}}{2}$$

Die Gate-Source-Spannung wird daher negativ und der Transistor schaltet ab. Deutlich ist zu erkennen, dass der Zeitverlauf U_{GS} der Gate-Source-Spannung am Transistor dem Verlauf des eigentlichen rechteckförmigen PWM-Signales entspricht.

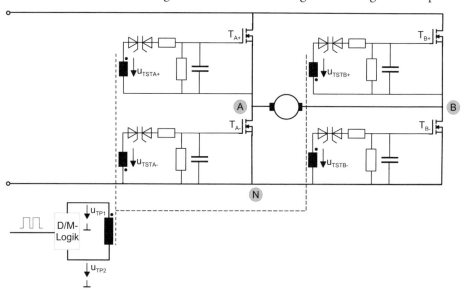

Bild 4.44 Potenzialfreie Ansteuerung einer Vollbrücke

Bei einer Vollbrücke hat u. U. jeder der vier Transistoren ein völlig unterschiedliches Source-Potenzial. Die Schaltung aus **Bild 4.42** kann wie in **Bild 4.44** dargestellt aufgrund ihrer Potenzialfreiheit auch für deren Ansteuerung eingesetzt werden. Es ist lediglich dafür zu sorgen, dass (T_{A+}, T_{B-}) phasenversetzt zu (T_{B+}, T_{A-}) eingeschaltet werden.

In den Abschnitten 4.6.2 bis 4.6.6 wurde eine Reihe von Schaltungen beschrieben, mit denen sich MOS-Transistoren ansteuern lassen. Diese Schaltungen können teilweise kombiniert werden, um komplexere Funktionen zu realisieren.

Beispiel 4.12 komplexe Ansteuerschaltung eines MOSFET

Bild 4.45 zeigt die Ansteuerschaltung für den Schalttransistor eines Tiefsetzstellers. Aus welchen Bauelementen besteht der Leistungskreis? Erläutern Sie Aufgabe und Funktionsweise aller Bauelemente in der Schaltung.

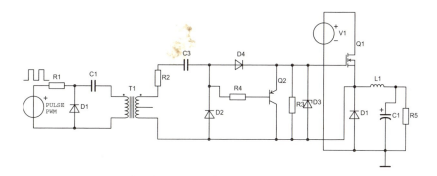

Bild 4.45 Ansteuerung eines MOSFET für einen Tiefsetzsteller

Lösung:

Der Leistungskreis wird aus der Spannungsquelle V_1 versorgt und besteht aus den Bauelementen Q_1, D_1, L_1, C_1 sowie dem Lastwiderstand.

- Q_1: Schalttransistor; D_1: Freilaufdiode; L_1 und C_1: Tiefpassfilter; R_5: Lastwiderstand

Die restlichen Bauelemente bilden den Steuerkreis; als Quelle für das PWM-Signal ist das Element PULSE-PWM dargestellt. Das Übersetzungsverhältnis des Übertragers muss so bestimmt werden, dass die resultierende Gate-Source-Spannung für den verwendeten MOSFET ausreichend groß bemessen ist.

- T_1: Der Übertrager sorgt für die Potenzialtrennung zwischen Steuer- und Leistungskreis. Diese ist erforderlich, da es sich beim Transistor um einen N-Kanal-MOSFET handelt, dessen Source-Elektrode beim Tiefsetzsteller kein festes Potenzial hat.

- R_3: sorgt für ein sicheres Aus des MOSFET wenn die Betriebsspannung fehlt.
- D_3: begrenzt als Zenerdiode die maximal am Gate auftretende Spannung.
- Q_2, R_4, D_4: wirken als aktives Abschaltnetzwerk (vgl. **Bild 4.39**).
- D_1, D_2: gewährleisten die Entmagnetisierung der jeweiligen Übertragerwicklung.
- Primärseitiges C_1, C_3: ermöglichen zu Beginn eines Pulses einen schnellen Stromanstieg.
- R_1, R_2: stellen eine Strombegrenzung dar.

4.7 Lösungen

Übung 4.1

Soll eine Gleichspannung mit einem elektronischen Schalter abgeschaltet werden, so können Thyristoren hierfür nicht ohne weiteres zum Einsatz kommen. Dies liegt daran, dass sie nur elektronisch eingeschaltet werden können. Die Abschaltung erfolgt normalerweise dann, wenn der Anodenstrom durch das Bauelement aufgrund äußerer Umstände (z. B. Wechselspannungen bei netzgeführten Gleichrichtern) den Wert null erreicht. Statt Thyristoren kommen bei Gleichstromstellern daher Bauelemente in Frage, die elektronisch ein- *und* ausgeschaltet werden können. Dies sind beispielsweise der Bipolar-Transistor, ein MOSFET oder IGBT.

Übung 4.2

Üblicherweise liefern Netzteile Ausgangsspannungen im Bereich von 5 V bis 48 V. Schließt man Gleichrichter ohne Transformator an die Netzspannung an, so ergeben sich Gleichspannungsmittelwerte von ca. 207 V. Für normale Netzteilanwendungen sind sie zu hoch, so dass ein Transformator verwendet wird um Spannungen mit geringerer Amplitude zu erzeugen.

Ein weiterer Aspekt ist, dass aus Sicherheitsgründen meistens eine galvanische Trennung zwischen Netzwechselspannung und Ausgangsgleichspannung vorgeschrieben wird.

Übung 4.3

$$T_S = \frac{1}{f_S} = \frac{1}{10\,\text{kHz}} = 100\,\mu s \qquad t_\text{ein} = \frac{U_\text{Steuer}}{\hat{U}_\text{SZ}} \cdot T_S = \frac{6.75\,\text{V}}{10\,\text{V}} \cdot 100\,\mu s = 67.5\,\mu s$$

Übung 4.4

$$U_0 = D \cdot U_d = 0.34 \cdot 600\,\text{V} = 204\,\text{V}$$

Übung 4.5

Die Schaltfrequenz beträgt 51 kHz, also sollte die Resonanzfrequenz des Filters ca. 510 Hz betragen. Die internationale E6-Reihe enthält Kondensatoren in den Abstufungen 1.0, 1.5, 2.2, 3.3, 4.7 und 6.8. Wählt man für den Kondensator den Wert 330 µF, so erhält man für die Induktivität einen Wert von etwa 295 µH.

$$L = \frac{1}{C \cdot (2\pi \cdot 0.01 \cdot f_S)^2} = \frac{1}{330\,\mu\text{F} \cdot (2\pi \cdot 0.01 \cdot 51\,\text{kHz})^2} = \frac{1}{3388}\,\text{H} = 295\,\mu\text{H}$$

Übung 4.6

Wegen $P_0 > 5\,\text{W}$ ist der Laststrom immer $I_0 > (5\,\text{W}/5\,\text{V}) = 1\,\text{A}$. Die Schaltfrequenz beträgt 50 kHz, also ist $T_S = 20\,\mu\text{s}$. Für den Strom an der Lückgrenze gilt

$$I_{L,g} = \frac{1}{2} \cdot i_{L,\text{peak}} = \frac{t_\text{ein}}{2L} \cdot (U_d - U_0) = \frac{D \cdot T_S}{2L} \cdot (U_d - U_0) = I_{0,g}$$

Diese Gleichung wird umgestellt, so dass L berechnet werden kann

$$L = \frac{D \cdot T_S}{2 \cdot I_{L,g}} \cdot (U_d - U_0)$$

Für beide Grenzwerte der Eingangsspannung U_d wird die Induktivität berechnet, mit der der Lückbetrieb bei $I_0 = 1\,\text{A}$ gerade vermieden werden kann:

a) $U_d = 10\,\text{V}$

$$D = \frac{U_0}{U_d} = \frac{5\,\text{V}}{10\,\text{V}} = 0.5 \Rightarrow L(U_d = 10\,\text{V}) = \frac{0.5 \cdot 20\,\mu\text{s}}{2 \cdot 1\,\text{A}} \cdot (10\,\text{V} - 5\,\text{V}) = 25\,\mu\text{H}$$

b) $U_d = 40\,\text{V}$

$$D = \frac{U_0}{U_d} = \frac{5\,\text{V}}{40\,\text{V}} = 0.125 \Rightarrow L(U_d = 40\,\text{V}) = \frac{0.125 \cdot 20\,\mu\text{s}}{2 \cdot 1\,\text{A}} \cdot (40\,\text{V} - 5\,\text{V}) = 43.75\,\mu\text{H}$$

Die Induktivitäten sind jetzt so festgelegt, dass mit der jeweiligen Eingangsspannung die Schaltung immer im nicht lückenden Betrieb arbeitet. Nun wird überprüft, was passiert, wenn man die Induktivität mit 25 µH bei $U_d = 40$ V und umgekehrt verwendet. Dazu wird die Lückgrenze für beide Fälle ermittelt.

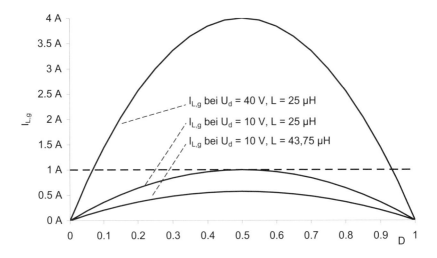

Bild 4.46 Lösungsvorschlag zur Übung 4.6

Man sieht, dass bei 25 µH und 40 V Eingangsspannung die Schaltung auch bei Strömen deutlich über 1 A im Lückbereich arbeitet. Daher ist die Induktivität mit 43,75 µH die richtige Wahl.

Übung 4.7

Aus Gl. (4.7) erhält man folgenden Rechnungsgang:

$$\frac{d(I_{0,g})}{dD} = \frac{d\left(\frac{T_S}{2L} \cdot D \cdot U_0 \cdot (1-D)^2\right)}{dD} = \frac{T_S}{2L} \cdot U_0 \cdot \frac{d(D \cdot (1-D)^2)}{dD}$$

$$\frac{d(I_{0,g})}{dD} = \frac{T_S}{2L} \cdot U_0 \cdot \frac{d(D \cdot (1-2D+D^2))}{dD} = \frac{T_S}{2L} \cdot U_0 \cdot \frac{d(D - 2D^2 + D^3)}{dD}$$

$$\frac{d(I_{0,g})}{dD} = \frac{T_S}{2L} \cdot U_0 \cdot (1 - 4D + 3D^2)$$

$$\frac{d(I_{0,g})}{dD} = 0 \quad \Rightarrow \quad (1 - 4D + 3D^2) = 0 \quad \Rightarrow \quad D = \frac{4 \pm \sqrt{16 - 12}}{6}$$

Als Lösung ergeben sich die beiden Tastgrade $D = 1/3$ und $D = 1$. Das Maximum des Laststroms an der Lückgrenze stellt sich für $D = 1/3$ ein.

Übung 4.8

Soll der Motor elektrisch gebremst werden, so muss sich die Stromrichtung von i_0 umkehren. Dies gelingt durch Verwendung von T_{A-} und D_{A+}. Hierdurch entsteht ein Hochsetzsteller. Bei eingeschaltetem Schalter T_{A-} wird ein negativer Strom i_0 aufgebaut und Energie in der Drossel gespeichert. Das Abschalten von T_{A-} bewirkt ein Leiten der Diode D_{A+}. Dies ermöglicht im Rahmen der Nutzbremsung ein Rückspeisen der Energie von der niedrigen Spannung U_q in die höhere Quellenspannung U_d.

Übung 4.9

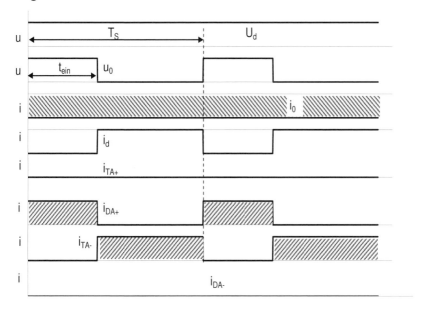

Bild 4.47 Zeitverläufe von Strömen und Spannungen im generatorischen Betrieb bei Übung 4.9

Übung 4.10

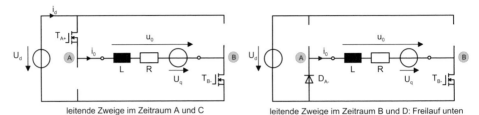

Bild 4.48 Leitzustände beim Zweiquadrantensteller mit Spannungsumkehr; T_{A+} gepulst, T_{B-} dauernd ein

Für die angegebenen Bedingungen wird T_{A+} gepulst; T_{B-} ist dauernd eingeschaltet. Damit entspricht $u_0(t)$ immer dann der Eingangsspannung U_d, wenn T_{A+} eingeschaltet ist. Es gibt in diesem Fall zwei unterschiedliche Leitzustände. Entweder leiten T_{A+} und T_{B-} gemeinsam oder aber der Laststrom fließt im Freilauf unten über T_{B-} und D_{A-}.

Der Ansatz zur Ermittlung des Steuergesetzes für den hier dargestellten Fall lautet:

$$U_0 = \frac{1}{T_S} \cdot \int_0^{T_S} u_0(t) \cdot dt = \frac{1}{T_S} \cdot \left(u_0(t) \cdot t \Big|_0^{t_{ein}} + u_0(t) \cdot t \Big|_{t_{ein}}^{T_S} \right)$$

$$U_0 = \frac{1}{T_S} \cdot \left(U_d \cdot t \Big|_0^{t_{ein}} + 0 \Big|_{t_{ein}}^{T_S} \right) = U_d \cdot \frac{t_{ein}}{T_S} = U_d \cdot D_{TA+}$$

(4.18)

Soll ein negativer Mittelwert U_0 eingestellt werden, so wird T_{A+} dauernd ausgeschaltet und T_{B-} gepulst. Die dann möglichen Leitzustände sind in **Bild 4.50** dargestellt.

4.7 Lösungen

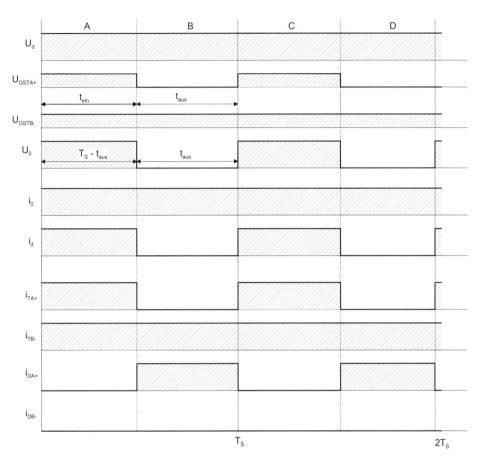

Bild 4.49 Zeitverläufe beim Zweiquadrantensteller mit Spannungsumkehr; T_{A+} gepulst, T_{B-} dauernd ein

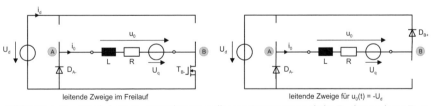

Bild 4.50 Leitzustände beim Zweiquadrantensteller mit Spannungsumkehr; T_{A+} dauernd aus, T_{B-} gepulst

Offensichtlich ist hierbei $u_0(t)$ gleich null, solange T_{B-} eingeschaltet ist. Für das Steuergesetz erhält man mit vergleichbaren Überlegungen wie in Gl. (4.18) den nachfolgenden Zusammenhang:

$$U_0 = \frac{1}{T_S} \cdot \int_0^{T_S} u_0(t) \cdot dt = \frac{1}{T_S} \cdot \left(u_0(t) \cdot t \Big|_0^{t_{ein}} + u_0(t) \cdot t \Big|_{t_{ein}}^{T_S} \right)$$

$$U_0 = \frac{1}{T_S} \cdot \left(0 \Big|_0^{t_{ein}} + (-U_d) \Big|_{t_{ein}}^{T_S} \right) = -U_d \cdot \frac{T_S - t_{ein}}{T_S} = -U_d \cdot (1 - \frac{t_{ein}}{T_S}) = U_d \cdot (D_{TB-} - 1)$$

(4.19)

Kombiniert man die Gl. (4.18) und (4.19), so erhält man das Steuergesetz für dieses Verfahren, das für positive und negative Mittelwerte angewendet werden kann.

$$\frac{U_0}{U_d} = (D_{TA+} + D_{TB-} - 1)$$

(4.20)

Übung 4.11

Ist T_{A+} dauernd eingeschaltet, so ergeben sich, je nach Leitzustand von T_{B-}, die folgenden leitenden Schaltungszweige.

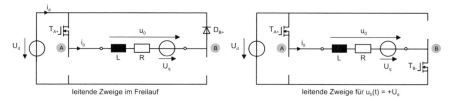

Bild 4.51 Leitzustände beim Zweiquadrantensteller mit Spannungsumkehr; T_{A+} dauernd ein, T_{B-} gepulst

Ist T_{B-} ausgeschaltet, so liegt Freilauf oben vor. Bei eingeschaltetem Transistor T_{B-} liegt die Spannung U_d an der Last. Insgesamt ergibt sich aber auch hier dasselbe Steuergesetz nach Gl. (4.20).

Übung 4.12

Die beiden Transistoren einer Halbbrücke dürfen nicht gleichzeitig eingeschaltet werden, weil man dadurch die Eingangsspannung U_d kurzschließen würde. Um dies sicher zu gewährleisten, wird die sog. Verriegelungszeit eingeführt. Hierunter versteht man, dass nach dem Abschalten eines Transistors eine kurze Zeit – die Verriegelungszeit – gewartet wird, bevor der andere Transistor eingeschaltet wird. Die Dauer der Verriegelungszeit hängt vom Schalterverhalten des verwendeten Transistors ab. Die Verriegelungszeit bezeichnet also das kurze Intervall, in dem beide Schalter einer Halbbrücke gleichzeitig abgeschaltet sind. Durch sie soll der Kurzschluss der Halbbrücke verhindert werden.

Übung 4.13

$$u_0(t) = U_{AN} - U_{BN}$$

T_{A+}	T_{A-}	T_{B+}	T_{B-}	U_{AN}	U_{BN}	$u_0(t)$
ein	aus	ein	aus	U_d	U_d	0
ein	aus	aus	ein	U_d	0	U_d
aus	ein	ein	aus	0	U_d	$-U_d$
aus	ein	aus	ein	0	0	0

Übung 4.14

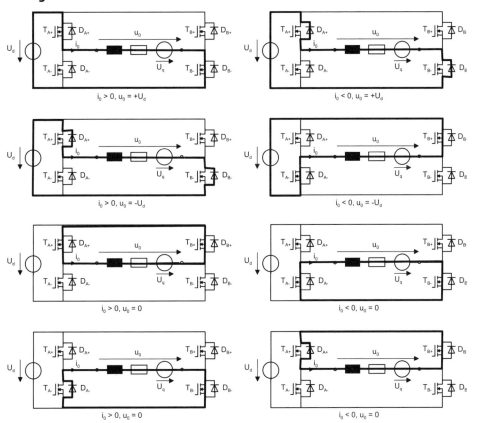

Bild 4.52 Lösungsvorschlag zu Übung 4.14

Übung 4.15

Mit den gegebenen Werten erhält man nach der Gl. (4.15)

$$U_0 = U_d \cdot \frac{u_{Steuer}}{\hat{U}_\Delta} = 24\,\text{V} \cdot \frac{3\,\text{V}}{10\,\text{V}} = 24\,\text{V} \cdot 0{,}3 = 7{,}2\,\text{V}$$

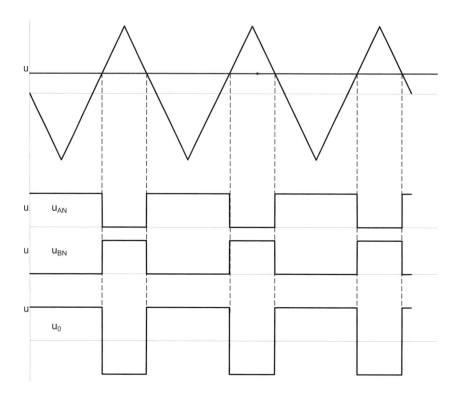

Bild 4.53 Lösungsvorschlag zur Übung 4.15

Übung 4.16

Die Periodendauer der Dreieckspannung in **Bild 4.32** beträgt 20 µs. Ihre Frequenz ergibt sich damit zu 1/20 µs = 50 kHz. Die Frequenz des Wechselanteils $i_{0,\sim}(t)$ ist doppelt so hoch wie die Dreieckfrequenz und hat den Wert 100 kHz. Bei gleicher Frequenz des Dreiecksignals ist die tatsächliche Schaltfrequenz, die in den Strom- und Spannungssignalen auftritt, bei PWM3 (unipolare PWM) doppelt so groß wie bei PWM2 (bipolare PWM).

Übung 4.17

Das Schaltbild der Anordnung ist identisch mit **Bild 4.31**. Es ändert sich lediglich das Ansteuerverfahren, das im Schaltbild aber nicht gezeigt ist. Statt PWM3 wird hier PWM2 betrachtet. Der Mittelwert U_0 der Lastspannung ergibt sich nach Gl. (4.16) und ist gleich der Gegenspannung U_q des Motors.

$$U_0 = U_d \cdot \frac{u_{\text{Steuer}}}{\hat{U}_\Delta} = 100\,\text{V} \cdot \frac{8\,\text{V}}{10\,\text{V}} = 0.8 \cdot 100\,\text{V} = 80\,\text{V}$$

Unter Anwendung von Gl. (4.13) und den vorliegenden Zahlenwerten erhält man für den Zeitraum t_1:

$$t_1 = \frac{u_{\text{Steuer}}}{\hat{U}_\Delta} \cdot \frac{T_S}{4} = \frac{8\,\text{V}}{10\,\text{V}} \cdot \frac{100\,\mu\text{s}}{4} = 20\,\mu\text{s}$$

Somit ergibt sich für die Einschaltzeit von T_{A+}, T_{B-} der Wert

$$t_{\text{ein}} = 2 \cdot t_1 + \frac{T_S}{2} = 2 \cdot 20\,\mu\text{s} + \frac{100\,\mu\text{s}}{2} = 90\,\mu\text{s}$$

Während dieser Einschaltzeit ist die Lastspannung $u_0(t)$ gleich der Eingangsspannung U_d. Die Spannung an der Lastinduktivität entspricht daher dieser Eingangsspannung vermindert um die Gegenspannung U_q des Motors. Während der Einschaltzeit steigt der Strom in der Lastinduktivität deshalb linear an. Damit berechnet sich die Schwankungsbreite Δi_0 zu

$$\Delta i_0 = \frac{U_d - U_q}{L} \cdot t_{\text{ein}} = \frac{100\,\text{V} - 80\,\text{V}}{L} \cdot 90\,\mu\text{s} \overset{!}{=} 100\,\text{mA}$$

Die Induktivität soll so bemessen werden, dass die Schwankungsbreite des Induktivitätsstromes 100 mA nicht übersteigt. Dazu wird obige Gleichung so umgestellt, dass L berechnet werden kann.

$$L = \frac{100\,\text{V} - 80\,\text{V}}{100\,\text{mA}} \cdot 90\,\mu\text{s} = \frac{20\,\text{V}}{0.1\,\text{A}} \cdot 90 \cdot 10^{-6}\,\text{s} = 18 \cdot 10^{-3}\,\Omega\text{s} = 0.18\,\text{H}$$

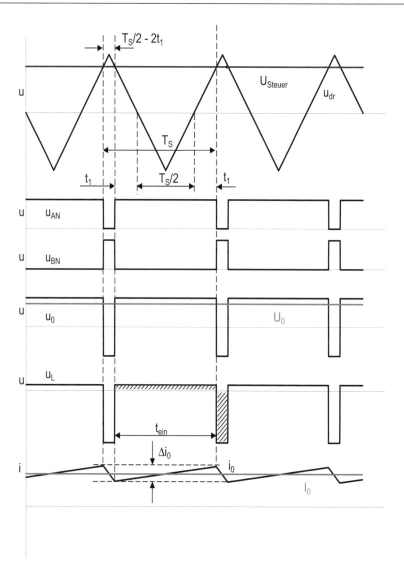

Bild 4.54 Strom- und Spannungszeitverläufe bei der bipolaren Ansteuerung eines Gleichstrommotors

Übung 4.18

Die Zeitverläufe werden in **Bild 4.55** dargestellt. Auch hier wird davon ausgegangen, dass sich die Drehzahl des Gleichstrommotors und damit dessen induzierte Spannung U_q im betrachteten Zeitraum nicht verändern.

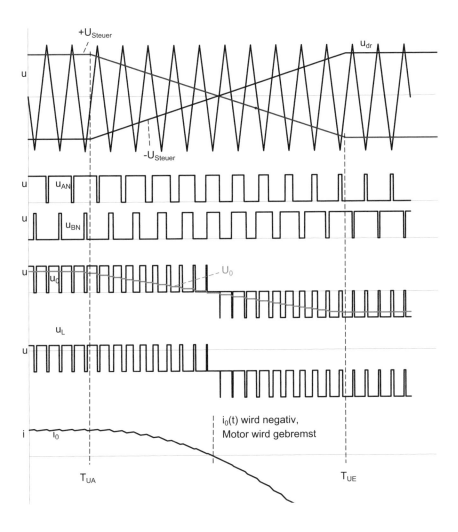

Bild 4.55 Lösungsvorschlag zur Übung 4.18

5 Umrichter mit Gleichspannungs-Zwischenkreis

5.1 Einführung

Lernziele

Der Lernende …

- erläutert den Begriff Zwischenkreisumrichter
- benennt Einsatzgebiete für Zwischenkreisumrichter

Grundlagen

Das folgende Bild zeigt nochmals das Schema der leistungselektronischen Energieumformung, das bereits aus Kapitel 1 bekannt ist. In diesem Kapitel wird die Energieumformung zwischen den Punkten A und D in **Bild 5.1** besprochen.

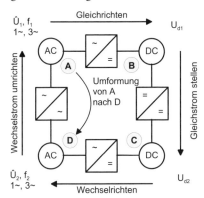

Bild 5.1 Leistungselektronische Möglichkeiten zur Energieumformung

So genannte Direktumrichter führen die Umwandlung der Energie durch Umrichten von Wechselstrom auf direktem Wege von A nach D durch. Sie unterliegen einigen Einschränkungen hinsichtlich der mit ihnen erreichbaren Ziele und werden an dieser Stelle nicht vertieft.

Umrichter mit Gleichspannungs-Zwischenkreis bewerkstelligen die Umformung dagegen in zwei Stufen. In einer solchen Anwendung entspricht der Punkt A in **Bild 5.1** dem Anschluss des speisenden Netzes. Die erste Stufe der Energieumformung von A nach B wird durch einen netzgeführten Stromrichter (vgl. Kapitel 3) vorgenommen, der als Gleichrichter arbeitet. Die zweite Stufe der Energieumformung wandelt die Gleichspannung in eine Wechsel- oder Drehspannung um und arbeitet daher als Wechselrichter. Dies entspricht dem Übergang zwischen den Punkten C und D. Die Spannung auf der Eingangsseite des Wechselrichters wird als konstant angenommen; daher kommt die Bezeichnung Wechselrichter mit eingeprägter Gleichspannung. Ein solcher Wechselrichter wird als selbstgeführter Stromrichter realisiert.

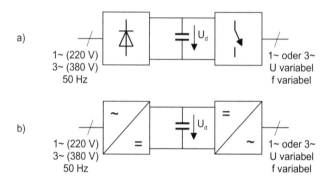

Bild 5.2 Schematischer Aufbau eines selbstgeführten Wechselrichters mit eingeprägter Gleichspannung; a) Prinzipaufbau mit Schaltsymbolen, b) Blockschaltbild

Der schematische Aufbau von Stromrichtern mit Spannungszwischenkreis ist in **Bild 5.2** dargestellt. Sie bestehen aus einem Netzgleichrichter, der je nach erforderlicher Leistung ein- oder dreiphasig ausgeführt ist. Ausgangsgröße des Gleichrichters ist die wellige Gleichspannung U_d, die in einem Kondensator, der den Spannungszwischenkreis bildet, geglättet wird.

Die Gleichspannung U_d ist die Eingangsgröße des eigentlichen Wechselrichters und wird im Folgenden als weitgehend konstant angenommen. Sie wird durch gezieltes Zerhacken vom Wechselrichter in eine Wechsel- oder Drehspannung umgewandelt. Sowohl Frequenz als auch Scheitelwert der entstehenden Wechselspannungen können unabhängig voneinander verstellt werden. Ein solcher Stromrichter heißt auch Zwischenkreisumrichter mit eingeprägter Gleichspannung oder kurz Spannungszwischenkreisumrichter (voltage source inverter).

5.1 Einführung

Beispiel 5.1 Netzanschluss eines Wechselrichters

Die Drehzahl eines Drehstromasynchronmotors (ASM) soll mittels eines Stromrichters verändert werden können. Wählen Sie eine einfache Schaltung aus, die für den Anschluss an das einphasige Wechselstromnetz geeignet ist.

Lösung:

Zum Anschluss an das einphasige Wechselstromnetz eignen sich netzgeführte Stromrichter. Im einfachsten Fall kommt eine B2-Brückenschaltung zum Einsatz, die nur mit Dioden aufgebaut ist. Das Schaltbild des Netzanschlusses zeigt **Bild 5.3**.

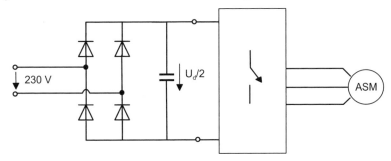

Bild 5.3 einfacher Netzanschluss mit B2-Brücke

Bei manchen Anwendungen – beispielsweise bei Elektrofahrzeugen – ist ein Netzanschluss zur Erzeugung der Gleichspannung hinderlich. In solchen Fällen wird die Gleichspannung U_d von einer Batterie bereitgestellt. Bei Solargeneratoren wird die Gleichspannung von den Solarzellen geliefert. Hier dient der Wechselrichter als Bindeglied zwischen den Photovoltaikmodulen, die die Gleichspannung liefern, und dem Wechsel- oder Drehstromnetz, das die von der Sonne erzeugte Energie aufnimmt.

Anwendungsgebiete

In Anwendungen der elektrischen Antriebstechnik speisen leistungselektronische Schaltungen Drehstrommotoren, die mit veränderlichen Drehzahlen arbeiten sollen. Zwischen den Phasenspannungen und Phasenströmen des Motors muss eine beliebige Phasenlage eingestellt werden können. Dies bedeutet, dass an den Ausgangsklemmen des Wechselrichters beide Spannungspolaritäten und Stromrichtungen möglich sein sollen. Die Hauptziele, die mit solchen Stromrichtern erreicht werden müssen sind

a) freie Einstellbarkeit der Frequenz der erzeugten Dreh- bzw. Wechselspannung

b) freie Einstellbarkeit der Amplitude der erzeugten Dreh- bzw. Wechselspannung
c) eine möglichst sinusförmige erzeugte Spannung mit wenigen Oberschwingungen

Ein weiteres Einsatzgebiet selbstgeführter Stromrichter ist die unterbrechungsfreie Stromversorgung. Hierbei sollen Verbraucher – beispielsweise medizinische Geräte, Server usw. – auch bei Netzausfall für eine begrenzte Zeit mit elektrischer Energie versorgt werden. In diesem Fall wird als Energielieferant eine Batterie eingesetzt, die die Eingangsspannung für den Wechselrichter bereitstellt. Der Stromrichter kann ein- oder dreiphasig aufgebaut sein. Derartige Anwendungen erfordern nur in geringem Umfang die Variation von Frequenz und Amplitude, da die Verbraucher ja für 220 V/50 Hz ausgelegt sind. Wichtig ist hierbei vielmehr, dass nur sehr wenige Oberschwingungen erzeugt werden.

5.2 Einphasige spannungseinprägende Wechselrichter

Lernziele

Der Lernende ...

- unterscheidet Halb- und Vollbrückenwandler
- erläutert die Steuerverfahren Grundfrequenztaktung, Puls-Amplitudenmodulation und sinusförmige Pulsweitenmodulation
- schätzt auftretende Oberschwingungsspektren ab
- unterscheidet zwischen linearem Steuerbereich, Übermodulation und Grundfrequenztaktung

5.2.1 Halbbrücke mit Grundfrequenztaktung

In diesem Abschnitt wird zunächst ein Steuerverfahren vorgestellt, mit dem die Frequenz einer Wechselspannung frei eingestellt werden kann. Weitere Vorgaben (Einstellung der Spannungsamplitude, geringer Oberschwingungsgehalt) können damit nicht erreicht werden.

Den schaltungstechnischen Grundaufbau für die Speisung einer einphasigen Last aus dem Wechselstromnetz zeigt **Bild 5.4**. Hier wird die Netzspannung mit Hilfe einer ungesteuerten B2-Brückenschaltung gleichgerichtet.

5.2 Einphasige spannungseinprägende Wechselrichter

Zur Spannungsglättung werden zwei Kondensatoren verwendet. Sind beide Kondensatoren gleich, so wird sich jeder auf den halben Mittelwert der Gleichspannung U_d aufladen.

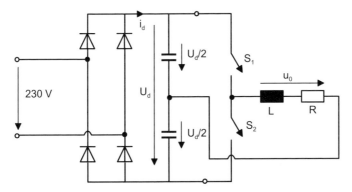

Bild 5.4 Grundaufbau eines einphasigen Wechselrichters

Der eigentliche Wechselrichter besteht aus einer Halbbrücke mit den idealisiert dargestellten Schaltern S_1 und S_2 und verwendet als Eingangsgröße die Kondensatorspannung. Die einphasige Last wird durch Induktivität und Widerstand nachgebildet.

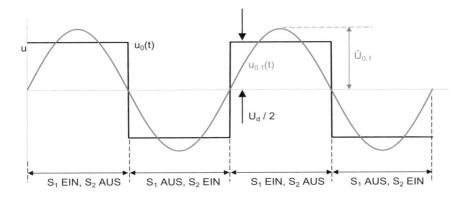

Bild 5.5 Zeitverlauf der Ausgangsspannung des einphasigen Wechselrichters

Grundlegende Funktionsweise

Wird der obere Schalter S_1 geschlossen und gleichzeitig S_2 geöffnet, so liegt die Spannung des oberen Kondensators, der auf $+U_d/2$ aufgeladen ist, als Spannung $u_0(t)$ an der Last. Wird der obere Schalter S_1 geöffnet und der untere Schalter S_2 geschlossen, dann liegt die Spannung des unteren Kondensators so an der Last, dass $u_0(t)$ in diesem Fall $-U_d/2$ beträgt. Abwechselndes Öffnen und Schließen der Schalter erzeugt aus der Gleichspannung U_d ganz offensichtlich die rechteckförmige Wechselspannung aus **Bild 5.5**. Man sagt, die Gleichspannung U_d wird in eine rechteckförmige Wechselspannung der Höhe $U_d/2$ zerhackt.

Die Frequenz der Rechteckspannung, die sich durch das Zerhacken ergibt, bezeichnet man als Grundfrequenz. Nach Fourier (vgl. Abschnitt 1.3.2) setzt sich diese Rechteckspannung aus unendlich vielen sinusförmigen Teilspannungen zusammen. Die Frequenzen dieser Teilspannungen sind immer ganzzahlige Vielfache der Grundfrequenz, also ganzzahlige Vielfache der Rechteckspannung. Daher enthält $u_0(t)$ unter anderem auch eine sinusförmige Spannung mit *derselben* Frequenz wie die Rechteckspannung Diese wird mit $u_{0,1}(t)$ bezeichnet und ist in **Bild 5.5** ebenfalls dargestellt. Sie heißt sinusförmige Grundschwingung und hat einen Scheitelwert $\hat{U}_{0,1}$, der direkt von der Amplitude der Rechteckspannung, also von $U_d/2$, abhängt:

$$\hat{U}_{0,1} = \frac{4}{\pi} \cdot \frac{U_d}{2} = \frac{2}{\pi} \cdot U_d$$

Aus **Bild 5.5** geht hervor, dass jeder der beiden Schalter S_1 und S_2 im Laufe einer Grundschwingungsperiode ein vollständiges Schaltspiel (AUS – EIN – AUS) durchläuft. In dieser Betriebsart ist die Schaltfrequenz daher gleich der Grundfrequenz. Der jeweilige Schalter bleibt während des gesamten Taktes eingeschaltet und wird nicht gepulst (vgl. Abschnitt 4.1). Aufgrund dessen wird dieses Steuerverfahren Grundfrequenztaktung genannt.

Neben der Grundschwingung $u_{0,1}(t)$ sind in der Rechteckspannung weitere sinusförmige Teilspannungen $u_{0,3}(t)$, $u_{0,5}(t)$, $u_{0,7}(t)$, usw. enthalten. Diese heißen Oberschwingungen. Der Index j der Oberschwingung $u_{0,j}(t)$ heißt Ordnungszahl und gibt die Ausgangsfrequenz dieser Oberschwingung in Abhängigkeit der Grundschwingungsfrequenz an.

Beispiel 5.2 Oberschwingungen und Ordnungszahl

Der einphasige Wechselrichter aus **Bild 5.4** wird so angesteuert, dass eine rechteckförmige Ausgangsspannung nach **Bild 5.5** mit einer Frequenz von 23 Hz entsteht. Berechnen Sie die Frequenz der Grundschwingung und die der 7. Oberschwingung.

5.2 Einphasige spannungseinprägende Wechselrichter

Lösung:

Die Grundschwingung der Ausgangsspannung hat dieselbe Frequenz wie die rechteckförmige Wechselspannung. Daher beträgt $f_{0,1}$ ebenfalls 23 Hz. Die Frequenz der 7. Oberschwingung ergibt sich aus

$$f_{0,7} = 7 \cdot f_{0,1} = 7 \cdot 23\,\text{Hz} = 161\,\text{Hz}$$

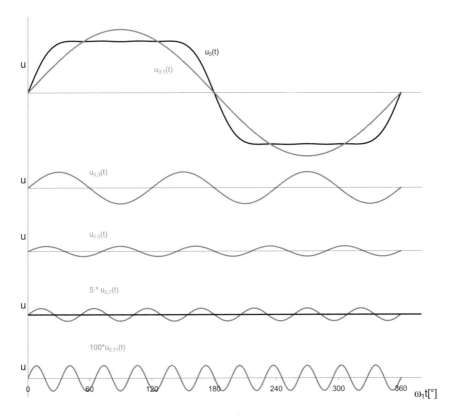

Bild 5.6 Grund- und Oberschwingungen des Zeitverlaufs $u_0(t)$

Die Oberschwingungen sind unerwünscht, weil sie nichts zum Leistungsumsatz beitragen und zudem die Kurvenform der Ausgangsspannung verzerren. Werden alle sinusförmigen Teilspannungen addiert, so ergibt sich wieder der Zeitverlauf der Rechteckspannung. Für die Grundschwingung sowie die Oberschwingungen der Ordnungszahlen 3, 5, 7 und 11 ist der Zusammenhang in **Bild 5.6** dargestellt. Zur Verdeutlichung sind die einzelnen Zeitverläufe von $u_{0,7}(t)$ um den Faktor 5 und von $u_{0,11}(t)$ um den Faktor 100 vergrößert wiedergegeben. Man erkennt, dass bereits die Addition dieser wenigen Teilspannungen einen Rechteckverlauf gut annähern kann.

Selbstverständlich sollen in der Praxis die Oberschwingungen so gut wie möglich unterdrückt werden. Dieses Ziel wird mit Steuerverfahren erreicht, die ab Abschnitt 5.2.3 besprochen werden.

Nachteilig an der Schaltung ist, dass die Amplitude der Rechteckspannung nur $U_d/2$ beträgt. Zudem müssen zwei Kondensatoren in Reihe geschaltet werden, um mit ihrem Mittelpunkt einen weiteren Anschlusspunkt für die Last verfügbar zu haben. Daher findet man obige Schaltung in industriellen Anwendungen eher selten. Stattdessen wird der Vierquadrantensteller aus **Bild 5.7** auch als einphasiger Wechselrichter eingesetzt.

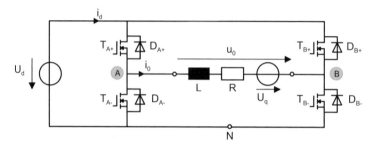

Bild 5.7 Vierquadrantensteller als einphasiger Wechselrichter

5.2.2 Vierquadrantensteller mit Grundfrequenztaktung

Ein 4QS kann mit einer veränderten Ansteuerung auch als einphasiger Wechselrichter arbeiten. Hierzu werden – wie bei der bipolaren Pulsweitenmodulation – die Schalter T_{A+} und T_{B-} sowie T_{B+} und T_{A-} wiederum als Schalterpaare betrachtet und abwechselnd geöffnet und geschlossen. Ist das Schalterpaar (T_{A+}, T_{B-}) geschlossen, so ist $u_0(t)$ gleich $+U_d$. Im anderen Fall (T_{B+}, T_{A-} geschlossen) ist $u_0(t)$ gleich $-U_d$.

Wie bei der Halbbrücke ergibt das Steuerverfahren für die Ausgangsspannung $u_0(t)$ den Zeitverlauf einer rechteckförmigen Wechselspannung. Verändert man die Leitdauern der Schalterpaare, so ändert sich auch hier die Frequenz von $u_0(t)$.

Dieses Verhalten ist in **Bild 5.8** und **Bild 5.9** wiedergegeben. Im oberen Bildteil ist bei beiden Bildern die rechteckförmige Ausgangswechselspannung $u_0(t)$ dargestellt. Ihre Amplitude beträgt jetzt U_d, da jeweils die volle Gleichspannung an die Last geschaltet wird. Erneut ist in diesem rechteckförmigen Spannungsverlauf eine sinusförmige Grundschwingung enthalten. Auch hier hängt der Scheitelwert $\hat{U}_{0,1}$

ausschließlich von der Höhe der Rechteckspannung ab. Er ist doppelt so groß wie bei der Halbbrücke.

$$\hat{U}_{0,1} = \frac{4}{\pi} \cdot U_d \tag{5.1}$$

Eine Grundschwingung mit einem Scheitelwert größer als $\hat{U}_{0,1}$ kann nicht erzeugt werden. Daher ist $\hat{U}_{0,1}$ auch der beim einphasigen Wechselrichter maximal erreichbare Scheitelwert der Grundschwingung.

Neben der erwünschten Grundschwingung enthält die Ausgangsspannung auch hier Oberschwingungen. Die Zeitverläufe der Oberschwingungen $u_{0,OS}(t)$ sind in den unteren Bildteilen dargestellt.

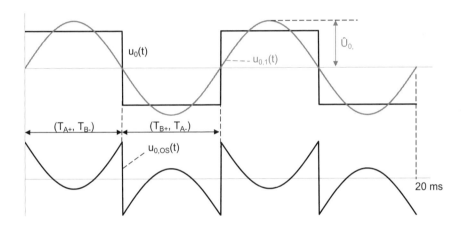

Bild 5.8 Ausgangsspannung des einphasigen Wechselrichters mit f = 100 Hz; oben: Ausgangsspannung $u_0(t)$ und darin enthaltene Grundschwingung $u_{0,1}(t)$, unten: Oberschwingungsspannung $u_{0,OS}(t)$

Auch hier durchlaufen alle Schalterpaare ein ganzes Schaltspiel pro Periode der Grundschwingung. Daher ist die Schaltfrequenz der Schalter wiederum gleich der Ausgangsfrequenz der erzeugten Wechselspannung. Der Vierquadrantensteller kann demnach ebenfalls in Grundfrequenztaktung betrieben werden. Rechnerisch ergeben sich die Oberschwingungsanteile aus der Differenz von rechteckförmiger Ausgangsspannung und Grundschwingung.

$$u_{0,OS}(t) = u_0(t) - u_{0,1}(t)$$

Bis zu einer Ordnungszahl von j = 17 sind die Scheitelwerte der Oberschwingungen in **Bild 5.10** aufgetragen.

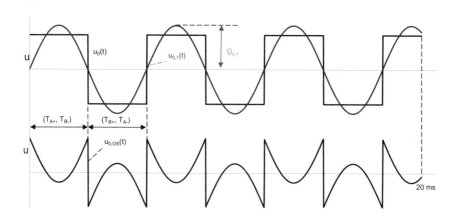

Bild 5.9 Ausgangsspannung des einphasigen Wechselrichters mit $f \approx 175$ Hz; oben: Ausgangsspannung $u_0(t)$ und darin enthaltene Grundschwingung $u_{0,1}(t)$, unten: Oberschwingungsspannung $u_{0,os}(t)$

Oberschwingungen mit gerader Ordnungszahl treten nicht auf. Bezogen auf die Grundschwingung erreichen die Oberschwingungsanteile bei der Grundfrequenztaktung eine nennenswerte Größe. So beträgt der Scheitelwert der 3. Oberschwingung bei diesem Steuerverfahren $0.4/(4/\pi) \approx 31$ % der Grundschwingungsamplitude. Daher kommt die Grundfrequenztaktung als Steuerverfahren nur dort zum Einsatz, wo der maximal mögliche Scheitelwert der Grundschwingungsspannung unbedingt erreicht werden muss.

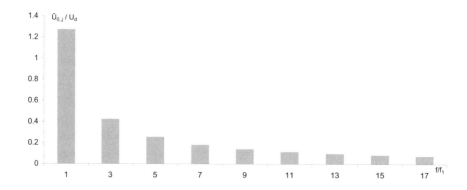

Bild 5.10 Scheitelwerte der Oberschwingungen bei der Grundfrequenztaktung der Vollbrücke

5.2 Einphasige spannungseinprägende Wechselrichter

Beispiel 5.3 einphasiger Wechselrichter mit Vierquadrantensteller

Ein einphasiger Wechselrichter wird mit einem Vierquadrantensteller realisiert und aus einer B2-Schaltung gespeist, die an das einphasige Wechselstromnetz (230 V) angeschlossen ist. Wie groß ist der maximal erreichbare Scheitelwert der Grundschwingungsspannung?

Lösung:

Beim Anschluss einer B2-Brücke an das 230-V-Wechselstromnetz ergibt sich, wenn der Gleichrichter im nicht lückenden Betrieb arbeitet, ein maximaler Gleichspannungsmittelwert von

$$U_{di,0} = 0.9 \cdot 230\,V = 207\,V$$

Diese Gleichspannung speist den Vierquadrantensteller und legt die Höhe der Rechteckwechselspannung fest. Der maximale Scheitelwert der Ausgangsspannung ist nur in Grundfrequenztaktung zu erreichen und beträgt daher

$$\hat{U}_{0,1} = \frac{4}{\pi} \cdot U_{di,0} = \frac{4}{\pi} \cdot 0.9 \cdot 230\,V = \frac{4}{\pi} \cdot 207\,V = 264\,V$$

Die Verwendung des Vierquadrantenstellers anstelle der Halbbrücke erhöht die Ausgangsspannung auf das Doppelte. Auf die Reihenschaltung der Kondensatoren kann verzichtet werden. Dennoch wird auch beim Vierquadrantensteller mit dem Steuerverfahren der Grundfrequenztaktung lediglich die Frequenz der Ausgangsspannung eingestellt. Der Scheitelwert der Grundschwingungsspannung beträgt bei diesem Steuerverfahren unabhängig von der Ausgangsfrequenz konstant $4/\pi \cdot U_d$. Der Oberschwingungsanteil ist vergleichsweise hoch.

5.2.3 Steuerverfahren zur Verstellung von Frequenz und Amplitude

5.2.3.1 Pulsamplitudenmodulation

Das Ziel, die Amplitude der Ausgangsspannung zu verstellen, kann grundsätzlich auf verschiedenen Wegen erreicht werden. Eine Möglichkeit besteht darin, die Zwischenkreisspannung U_d zu verändern. Zu diesem Zweck ist auf der Netzseite ein steuerbarer Stromrichter – beispielsweise eine B2-Brücke mit Thyristoren – erforderlich. Diese ermöglicht durch Variation des Steuerwinkels α unterschiedliche Werte der Zwischenkreisspannung. Der eigentliche Wechselrichter kann nach wie vor in

Grundfrequenztaktung betrieben werden. Da sich U_d über den netzseitigen Stromrichter verstellen lässt, und die Veränderung der Frequenz mit dem Wechselrichter vorgenommen wird, sind Amplitude und Frequenz der Lastspannung prinzipiell unabhängig voneinander veränderbar.

Die Verstellung der Zwischenkreisspannung durch Auf- und Entladen des Zwischenkreiskondensators ist ein vergleichsweise langsamer Vorgang, wenn der Kondensator nicht besonders klein und der Ladestrom nicht besonders groß gemacht werden soll. Des Weiteren bleibt die Problematik der hohen Oberschwingungsanteile bei der Grundfrequenztaktung bestehen. Somit wird dieses Verfahren nur dann eingesetzt, wenn eine langsame Verstellung der Spannungsamplitude akzeptabel ist und der hohe Oberschwingungsgehalt toleriert werden kann.

5.2.3.2 Vierquadrantensteller mit Unterschwingungsverfahren

Derzeit wird bei den meisten Anwendungen der lastseitige selbstgeführte Wechselrichter alleine zur Veränderung von Frequenz *und* Amplitude der Grundschwingung herangezogen. Dies gelingt mit Hilfe der Pulsweitenmodulation.

In Kapitel 4 wurde die Pulsweitenmodulation einer Vollbrücke in der Anwendung als Gleichstromsteller vorgestellt. Sie ermöglicht es, den Mittelwert U_0 der Brückenausgangsspannung entsprechend einer vorgegebenen Steuerspannung einzustellen. Der Zusammenhang zwischen der Steuerspannung und dem Mittelwert der Ausgangsspannung ist hierbei durch Gl. (5.2) gegeben.

$$U_0 = U_d \cdot \frac{u_{Steuer}}{\hat{U}_\Delta} \tag{5.2}$$

Grundidee des hier vorgestellten Unterschwingungsverfahrens ist es, die Steuer*gleich*spannung u_{Steuer}, die bei den Gleichstromstellern verwendet wird, durch eine sinusförmige Steuerspannung zu ersetzen.

Qualitative Beschreibung des Verfahrens

Zunächst wird mit Hilfe von **Bild 5.11** erläutert, welche Auswirkungen eine veränderliche Steuerspannung auf die Ausgangsspannung hat.

In **Bild 5.11** wird die Steuerspannung zeitgleich zum negativen Nulldurchgang der Dreieckspannung in drei Schritten verändert. Es entsteht der zeit- und amplitudendiskrete Zeitverlauf der Steuerspannung im oberen Bildteil. Er weist einen treppen-

5.2 Einphasige spannungseinprägende Wechselrichter

förmigen Charakter auf; die Treppenstufen beginnen jeweils an den negativen Nulldurchgängen der Dreieckspannung. Mit den Bezeichnungen der Vollbrücke aus **Bild 5.7** gilt für die Ansteuerung der Leistungstransistoren hier (ebenso wie bei der Vollbrücke aus Abschnitt 4.5.2.1):

- T_{A+} und T_{B-} werden eingeschaltet, wenn $u_{Steuer} > u_\Delta$
- T_{B+} und T_{A-} werden eingeschaltet, wenn $u_{Steuer} \leq u_\Delta$

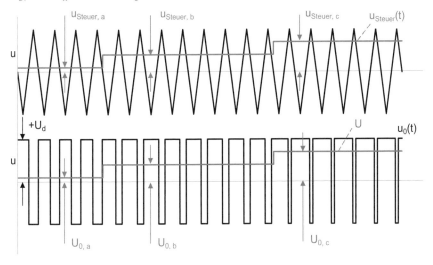

Bild 5.11 Pulsweitenmodulation mit zeitdiskret veränderter Steuerspannung; oben: Dreieckspannung und veränderliche Steuerspannung u_{Steuer}, unten: Ausgangsspannung der Vollbrücke $u_0(t)$ und darin enthaltener Mittelwert U_0

Diese Vorgehensweise führt zum Zeitverlauf der Ausgangsspannung $u_0(t)$ im unteren Bildteil. Man erkennt, dass sich die Breite der Spannungspulse immer dann verändert, wenn die Steuerspannung einen neuen Wert annimmt. Im unteren Bildteil ist ebenfalls der Mittelwert U_0 des gepulsten Verlaufs dargestellt. Bezugsgröße für die Mittelwertbildung ist eine ganze Schaltperiode T_S. Der Mittelwert verändert sich synchron zur Steuerspannung. Dies bedeutet, dass sich eine veränderliche Steuerspannung im Pulsmuster der Ausgangsspannung und dem darin enthaltenen Mittelwert abbildet. Zur Berechnung des aktuellen Mittelwertes kann für jeden Wert der Steuerspannung, der kleiner als $\hat{U}_\Delta$ ist, Gl. (5.2) angewendet werden. Somit erhält man für die einzelnen Mittelwerte:

$$U_{0,a} = U_d \cdot \frac{u_{Steuer,a}}{\hat{U}_\Delta} \qquad U_{0,b} = U_d \cdot \frac{u_{Steuer,b}}{\hat{U}_\Delta} \qquad U_{0,c} = U_d \cdot \frac{u_{Steuer,c}}{\hat{U}_\Delta} \qquad (5.3)$$

Auch hier sind die Zwischenkreisspannung U_d und der Scheitelwert der Dreiecksspannung $\hat{U}_\Delta$ konstant. Der Mittelwert U_0 ist demnach immer proportional zu dem Wert, den die Steuerspannung in dieser Schaltperiode hat.

Die oben erläuterten Zusammenhänge, insbesondere Gl. (5.3), gelten auch dann, wenn die Steuerspannung einen periodischen Verlauf aufweist. **Bild 5.12** zeigt die Verhältnisse, wenn die Steuerspannung treppenförmig verändert wird. Die nächste Treppenstufe wird immer dann vorgegeben, wenn die Dreieckspannung ihren positiven Scheitelwert aufweist. Die Steuerspannung ist somit während einer Schaltperiode wiederum konstant und der Mittelwert in dieser Schaltperiode kann erneut nach Gl. (5.3) berechnet werden.

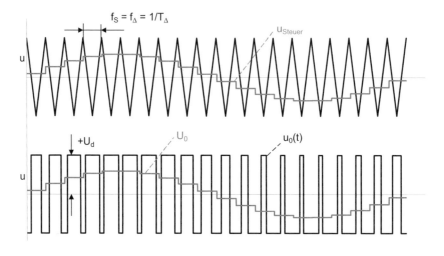

Bild 5.12 Pulsweitenmodulation mit treppenförmig veränderter Steuerspannung; oben: Dreiecksspannung und veränderliche Steuerspannung u_{Steuer}, unten: Ausgangsspannung der Vollbrücke $u_0(t)$ und darin enthaltener Mittelwert U_0

Unterschwingungsverfahren

Wird die Frequenz der Dreieckspannung in **Bild 5.12** weiter vergrößert, so wird die Dauer einer Schaltperiode $T_\Delta = 1/f_\Delta$ immer kleiner. Wird weiterhin eine Änderung der Steuerspannung immer dann durchgeführt, wenn die Dreieckspannung ihren positiven Scheitelwert annimmt, so geht eine steigende Frequenz der Dreiecksspannung mit einer verringerten Breite der Steuerspannungstreppenstufen einher. Ist die Breite der Treppenstufen hinreichend klein, also die Frequenz der Dreieckspannung – und damit die Schaltfrequenz – hinreichend groß, so kann die treppenförmige

Steuerspannung durch eine sinusförmige Steuerspannung ersetzt werden. Diese Vorgehensweise wurde in den 60er Jahren des 20. Jahrhunderts entwickelt und Unterschwingungsverfahren genannt.

Unter dem Aussteuergrad m_a versteht man beim Unterschwingungsverfahren das Verhältnis zwischen dem Scheitelwert der Steuerspannung und dem Scheitelwert der Dreieckspannung.

$$m_a = \frac{\hat{U}_{Steuer}}{\hat{U}_\Delta}$$

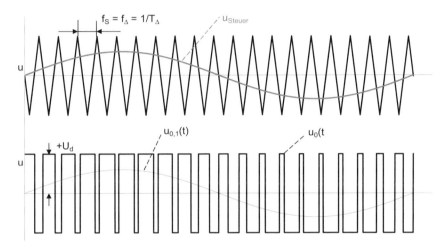

Bild 5.13 Pulsweitenmodulation nach dem Unterschwingungsverfahren; oben: Dreieckspannung und sinusförmige Steuerspannung u_{Steuer}, unten: Ausgangsspannung der Vollbrücke $u_0(t)$, in $u_0(t)$ enthaltene Grundschwingung $u_{0,1}(t)$

Das Verhältnis zwischen Schaltfrequenz und Grundschwingungsfrequenz wird mit m_f bezeichnet. Zur allgemeinen Anwendung des Unterschwingungsverfahrens muss m_f immer größer als 10 sein.

$$m_f = \frac{f_S}{f_1}$$

In **Bild 5.13** sind die Verhältnisse für einen Aussteuergrad $m_a = 0.6$ und ein Frequenzverhältnis $m_f = 20$ dargestellt. Der obere Bildteil zeigt Steuer- und Dreieckspannung. Der untere Bildteil gibt die Ausgangsspannung $u_0(t)$ und die darin enthaltene Grundschwingungskomponente $u_{0,1}(t)$ wieder.

Solange die Steuerspannung größer als die Dreieckspannung ist, werden T_{A+} und T_{B-} eingeschaltet. An den Ausgangsklemmen liegt die Spannung $+U_d$. Wird die Dreieckspannung größer als die Steuerspannung, werden T_{B+} und T_{A-} eingeschaltet. Die Ausgangsspannung beträgt nun $-U_d$.

Die Steuerspannung ist dabei folgendermaßen definiert:

$$u_{\text{Steuer}}(t) = \hat{U}_{\text{Steuer}} \cdot \sin(\omega_1 t); \quad \omega_1 = 2\pi f_1 \quad \hat{U}_{\text{Steuer}} \leq \hat{U}_\Delta \tag{5.4}$$

Zu jedem Zeitpunkt gilt Gl. (5.2). Da die Steuerspannung nun einen zeitabhängigen Verlauf hat, trifft dies auch auf die Ausgangsspannung zu. Setzt man Gl. (5.4) in Gl.(5.2) ein und verwendet die Definition des Aussteuergrades m_a, so ergibt sich:

$$u_{0,1}(t) = U_d \cdot \frac{u_{\text{Steuer}}(t)}{\hat{U}_\Delta} = U_d \cdot \frac{\hat{U}_{\text{Steuer}} \cdot \sin(\omega_1 t)}{\hat{U}_\Delta}$$

$$u_{0,1}(t) = U_d \cdot \frac{\hat{U}_{\text{Steuer}}}{\hat{U}_\Delta} \cdot \sin(\omega_1 t) = U_d \cdot m_a \cdot \sin(\omega_1 t) \tag{5.5}$$

Für $m_a \leq 1$ (linearer Steuerbereich) gilt:

$$u_{0,1}(t) = U_d \cdot m_a \cdot \sin(\omega_1 t) \stackrel{!}{=} \hat{U}_{0,1} \cdot \sin(\omega_1 t)$$

Demnach ist der auf die Zwischenkreisspannung U_d bezogene Scheitelwert der Grundschwingung gleich dem Aussteuergrad m_a. Ändert sich der Scheitelwert der Steuerspannung, so wird sich proportional hierzu auch der Scheitelwert der Ausgangsgrundschwingung verändern. Der Zusammenhang gilt, solange m_a kleiner als eins ist. Dieser Bereich wird linearer Steuerbereich genannt.

> Beim *Unterschwingungsverfahren* wird eine sinusförmige Steuerspannung verwendet. Die Frequenz der Dreieckspannung muss deutlich größer als die der Steuerspannung sein. Die gepulste Ausgangsspannung enthält dann ebenfalls eine sinusförmige Grundschwingung. Im linearen Steuerbereich ist der Scheitelwert dieser Grundschwingung proportional zum Scheitelwert der Steuerspannung.

Beispiel 5.4 Unterschwingungsverfahren

Eine Vollbrücke wird mit dem Unterschwingungsverfahren betrieben. Bei einer Schaltfrequenz von 2 kHz und einem Aussteuergrad von $m_a = 0.8$ soll eine Ausgangsfrequenz von 200 Hz entstehen. Berechnen Sie das Frequenzverhältnis m_f. Zeichnen Sie die Verläufe von Dreieck- und Steuerspannung sowie den entstehenden Verlauf der Ausgangsspannung.

5.2 Einphasige spannungseinprägende Wechselrichter

Wie groß wird der Scheitelwert der Grundschwingung, wenn die Zwischenkreisspannung U_d 200 V beträgt?

Lösung:

Für das Frequenzverhältnis ergibt sich

$$m_f = \frac{f_S}{f_1} = \frac{2\,\text{kHz}}{200\,\text{Hz}} = 10$$

Der Aussteuergrad m_a ist kleiner als eins, also wird die Anlage im linearen Steuerbereich betrieben. Damit gilt folgender Zusammenhang:

$$\hat{U}_{0,1} = U_d \cdot m_a = 0{,}8 \cdot 200\,\text{V} = 160\,\text{V}$$

Der Scheitelwert der Grundschwingung beträgt in diesem Betriebsfall 160 V. Mit den Angaben der Aufgabenstellung können die Verläufe von Dreieck- und Steuerspannung gezeichnet werden.

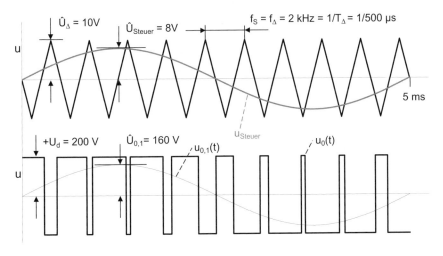

Bild 5.14 Lösungsvorschlag zu **Beispiel 5.4**; oben: Dreieckspannung und sinusförmige Steuerspannung u_{Steuer}, unten: Ausgangsspannung der Vollbrücke $u_0(t)$, in $u_0(t)$ enthaltene Grundschwingung $u_{0,1}(t)$

Oberschwingungen

Auch das Unterschwingungsverfahren erzeugt neben der gewünschten Grundschwingung unerwünschte Oberschwingungen. Frequenzen und Amplituden der einzelnen Oberschwingungen können durch Beachtung einiger Randbedingungen eingegrenzt werden. Tiefer gehende Informationen finden sich in [Mohan03].

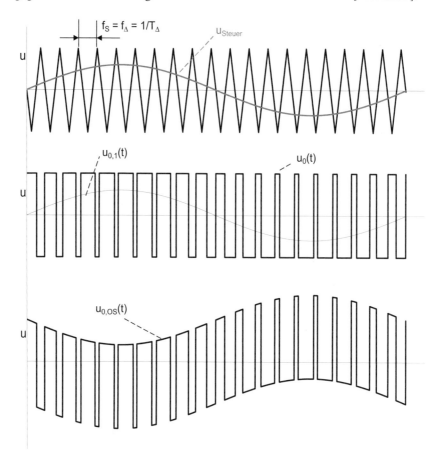

Bild 5.15 Pulsweitenmodulation nach dem Unterschwingungsverfahren; oben: Dreieckspannung und sinusförmige Steuerspannung u_{Steuer}, Mitte: Ausgangsspannung der Vollbrücke $u_0(t)$, in $u_0(t)$ enthaltene Grundschwingung $u_{0,1}(t)$, unten: Oberschwingungen $u_{0,OS}(t)$

Zur Erläuterung zeigt **Bild 5.15** nochmals die Verläufe von Steuerspannung, Ausgangsspannung und Grundschwingung. Im unteren Bildteil ist zusätzlich der zeitliche Verlauf der Oberschwingungsspannung $u_{0,OS}(t)$ dargestellt. Dieser ergibt sich, wenn die Grundschwingung $u_{0,1}(t)$ von der Ausgangsspannung $u_0(t)$ subtrahiert wird.

Wendet man auf den Verlauf der Ausgangsspannung $u_0(t)$ ein Rechenprogramm zur Fourier-Analyse an, so erhält man das Spektrum der Ausgangsspannung. **Bild 5.16** zeigt ein solches Spektrum für den Aussteuergrad 0.8 bei einem Frequenzverhältnis von 15. Dargestellt sind die Scheitelwerte $\hat{U}_{OS,n}$ der einzelnen Oberschwingungen bezogen auf die Zwischenkreisspannung U_d. Der Index n bezeichnet die Ordnung der Oberschwingung; deren Frequenz beträgt das n-fache der Grundschwingungsfrequenz.

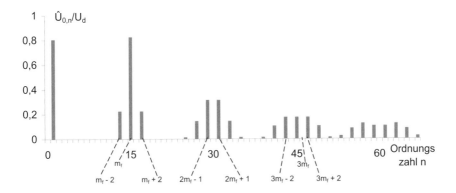

Bild 5.16 Spektrum beim Unterschwingungsverfahren mit $m_a = 0.8$; $m_f = 15$; $n = f_n / f_1$

Wird der Wechselrichter im linearen Steuerbereich betrieben, so liegen die Frequenzen der durch die Modulation erzeugten Oberschwingungen bei der Schaltfrequenz und ihren Vielfachen. Ist das gewählte Frequenzverhältnis m_f größer als 10, dann sind die Scheitelwerte dieser Oberschwingungen weitgehend unabhängig von der Höhe der Schaltfrequenz.

Allerdings weisen die Amplituden der einzelnen Oberschwingungen eine Abhängigkeit vom Aussteuergrad auf. Diese Abhängigkeit wird in **Bild 5.17** gezeigt; aus Gründen der Übersichtlichkeit ist die Darstellung der Abszisse im Unterschied zu **Bild 5.16** hier an den gekennzeichneten Stellen (//) unterbrochen. Die Amplituden der Oberschwingungen sind nur bis zur Ordnungszahl 35 aufgezeichnet. Mit zunehmender Aussteuerung m_a wächst auch die Anzahl der Oberschwingungsfrequenzen, bei denen noch relevante Scheitelwerte in den Seitenbändern der Schaltfrequenz zu erkennen sind. Beispielsweise ist beim Aussteuergrad $m_a = 0.4$ im Seitenband bei der Ordnungszahl 29 noch eine Amplitude von 0.2 nachweisbar. Beim Aussteuergrad $m_a = 0.8$ beträgt die Amplitude bei dieser Ordnungszahl immerhin noch 0.31. Zusätzlich sind in diesem Seitenband weitere Oberschwingungen mit den Ordnungszahlen 27 und 25 vorhanden.

Sowohl bei der Grundfrequenztaktung als auch bei der Pulsweitenmodulation entstehen neben der gewünschten Grundschwingung unerwünschte Oberschwingungen. Die Frequenzen der Oberschwingungen sind abhängig vom Frequenzverhältnis m_f; die Oberschwingungsamplituden werden vom Aussteuergrad m_a beeinflusst.

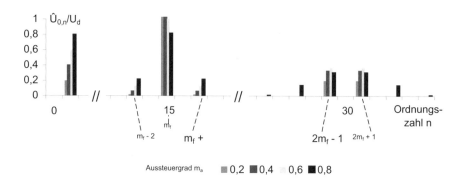

Bild 5.17 Spektren beim Unterschwingungsverfahren bei $m_f = 15$ sowie unterschiedlichen Aussteuergraden m_a; $n = f_n / f_1$

Synchronisierte Taktung

Solange die Schaltfrequenz hinreichend groß in Bezug zur Ausgangsfrequenz ist, hat die Phasenlage zwischen Dreieck- und Steuerspannung praktisch keine Bedeutung. Dies ändert sich entscheidend, wenn m_f kleiner als 10 wird. Ab diesem Frequenzverhältnis muss die Steuerspannung auf die Dreieckspannung synchronisiert werden. **Bild 5.18** und **Bild 5.19** verdeutlichen exemplarisch die Wirkung von synchronisiertem und unsynchronisiertem Betrieb.

Bild 5.18 zeigt den synchronisierten Betrieb bei einem Frequenzverhältnis von $m_f = 3$. Die Anlage arbeitet im linearen Betrieb, da $m_a = 0.8$ und damit kleiner als 1 ist. Hier ist die Schaltfrequenz als ungeradzahliges ganzes Vielfaches der Grundfrequenz (hier $f_s = 3\,f_1$) gewählt. Gleichzeitig wird die Dreieckspannung so eingestellt, dass ihr positiver Nulldurchgang mit dem negativen Nulldurchgang der Steuerspannung zusammenfällt. Unter diesen Bedingungen werden die Umschaltungen der Ausgangsspannung, die zum Erreichen des Aussteuergrades 0.8 erforderlich sind, symmetrisch zum positiven Scheitelwert der Dreieckspannung gelegt. Dadurch werden bei kleinen Frequenzverhältnissen $m_f < 10$ Schwebungen in der Ausgangsspannung verhindert.

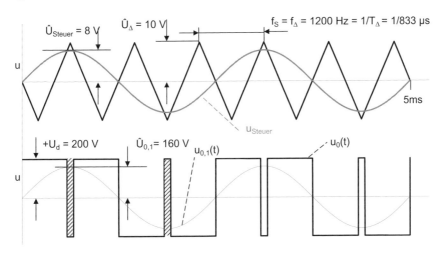

Bild 5.18 Synchronisierte Pulsweitenmodulation für $m_f = 3$ und $m_a = 0.8$; oben: Dreieckspannung 1200 Hz, Steuerspannung 400 Hz, unten: Ausgangsspannung $u_0(t)$, Grundschwingung $u_{0,1}(t)$

Bild 5.19 zeigt im Vergleich zu **Bild 5.18** den unsynchronisierten Betriebsfall bei kleinen Frequenzverhältnissen. Zwar liegt der Aussteuergrad nach wie vor bei 0.8. Die Schaltfrequenz wurde allerdings so verändert, dass m_f nur noch 2.25 beträgt. Die Konsequenzen sind unmittelbar einsichtig. Nulldurchgänge von Dreieck- und Steuerspannung fallen jetzt nicht mehr automatisch zusammen. Damit geht die angesprochene Symmetrie der Umschaltpunkte verloren. So unterscheiden sich im unteren Bildteil von **Bild 5.19** beispielsweise die beiden schraffierten Spannungspulse in der ersten dargestellten Periode der Ausgangsspannung $u_0(t)$ erheblich in der Breite. Eine Symmetrie ist nicht zu erkennen.

In der nächsten Periode der Grundschwingung sind die Verhältnisse anders, aber nicht besser. Hier scheint in der positiven Halbperiode zwar eine gewisse Symmetrie vorzuliegen. Die negative Halbperiode hingegen besteht aus einem breiten negativen und einem deutlich schmaleren positiven Spannungspuls. Letztendlich führt die Asynchronität zwischen Steuer- und Dreieckspannungen zu einer Schwebung. Dies ist eine Ausgangsspannung mit einer Frequenz, die nur einen Bruchteil der eigentlich gewünschten Grundfrequenz aufweist. Eine Spannung mit einer so niedrigen Frequenz führt in der angeschlossenen Last aufgrund deren frequenzabhängiger induktiver Reaktanz ωL zu sehr großen und störenden Strömen [Mohan03]. Motorische Lasten reagieren darauf mit außerordentlich unruhigem Laufverhalten.

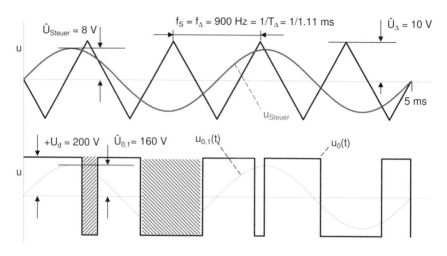

Bild 5.19 Unsynchronisierte Pulsweitenmodulation für $m_f = 2.7$ und $m_a = 0.8$

Die Synchronisation zwischen Dreieck- und Steuerspannung muss laufend erfolgen und bei Änderungen der Steuerspannungsfrequenz nachgeführt werden. Diese Maßnahmen sind insbesondere dann erforderlich, wenn die eingesetzten Halbleiterschalter nur geringe Schaltfrequenzen zulassen.

Beispiel 5.5 GTO-Stromrichter

Ein Wechselrichter für einen ICE-Bahnantrieb ist mit GTOs aufgebaut. Die maximal zulässige Schaltfrequenz beträgt 250 Hz. Es sollen Ausgangsfrequenzen bis zu 70 Hz möglich sein. Ab welcher Ausgangsfrequenz muss die Schaltfrequenz auf die Steuerspannung synchronisiert werden? Welche Schaltfrequenzen sind für eine Ausgangsfrequenz von 34 Hz möglich?

Lösung:

Eine Synchronisation zwischen Steuerspannung und Schaltfrequenz muss spätestens bei einer Ausgangsfrequenz von 25 Hz erfolgen. Dann beträgt das Frequenzverhältnis $m_f = f_s / f_1$ genau 10.

Die Schaltfrequenz sollte ein ungeradzahliges ganzes Vielfaches der Ausgangsfrequenz sein (also $m_f = 3$, $m_f = 5$, $m_f = 7$ usw.). Bei einer Ausgangsfrequenz von 34 Hz wären demnach Schaltfrequenzen von 102 Hz, 170 Hz und 238 Hz möglich.

Die beschriebenen Effekte können vom Leser auch mit Hilfe des Applets Vierquadrantensteller als Wechselrichter nachvollzogen werden.

Wird dort PWM2 ausgewählt und die Schaltfrequenz gemäß **Bild 5.18** vorgegeben, so erkennt man einen Stromverlauf, der zwar stark oberschwingungsbehaftet, aber immer noch symmetrisch ist. Wird ausgehend von diesem Zustand die Dreieckspannung so verringert, dass die Symmetrie verloren geht, sind die negativen Effekte auf den dargestellten Stromverlauf deutlich sichtbar. Er wird erheblich unsymmetrischer und seine Amplitude steigt stark an. Ein solcher Stromverlauf ist für elektrische Antriebe völlig unbrauchbar.

Bei kleinen Frequenzverhältnissen, d. h. wenn die Frequenz der Dreieckspannung nur wenig größer als die der Steuerspannung ist ($m_f < 10$), muss beim Unterschwingungsverfahren die Dreieckfrequenz auf die Steuerspannung synchronisiert werden. Diese Synchronisation ist bei Änderungen der Steuerspannungsfrequenz kontinuierlich nachzuführen. Dies bewirkt veränderliche Schaltfrequenzen.

Übermodulation

Erreicht die Amplitude der Steuerspannung den Scheitelwert der Dreieckspannung, so wird m_a gleich eins und das Ende des linearen Aussteuerbereiches ist erreicht. Der Scheitelwert der Grundschwingung ist in diesem Betriebspunkt gleich der Zwischenkreisspannung U_d.

$$\hat{U}_{0,1}\Big|_{m_a=1} = U_d$$

Die Ausgangsspannung, die mit der Vollbrücke maximal möglich ist, liegt nach Gl. (5.1) um ca. 27 % höher und wird bei der Grundfrequenztaktung erreicht. Der Abschnitt zwischen dem linearen Steuerbereich und der Grundfrequenztaktung wird auch der Bereich der Übermodulation genannt. Dort ist der lineare Zusammenhang zwischen dem Scheitelwert der Steuerspannung $\hat{U}_{Steuer}$ und dem Scheitelwert der Grundschwingung $\hat{U}_{0,1}$ allerdings nicht mehr vorhanden.

Einzelheiten verdeutlicht **Bild 5.20**. Dargestellt sind im oberen Bildteil jeweils Dreieck- und Steuerspannung; im unteren Bildteil ist die pulsweitenmodulierte Ausgangsspannung $u_0(t)$ wiedergegeben. Oben ist ein Betriebsfall aus dem linearen Steuerbereich aufgezeichnet. Die Amplitude der Steuerspannung ist kleiner als der

Scheitelwert der Dreieckspannung; dadurch wird der Aussteuergrad m_a kleiner als eins. Der Zusammenhang zwischen Steuer- und Ausgangsspannung ist linear.

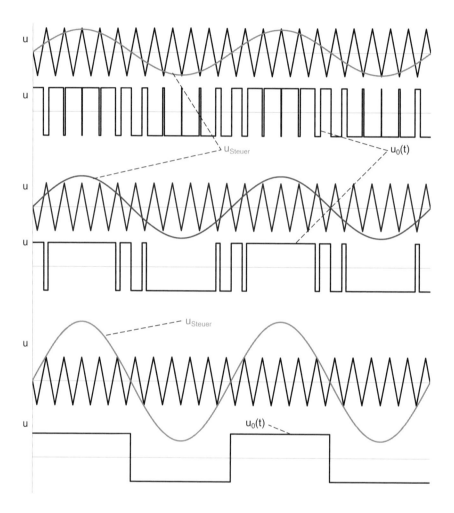

Bild 5.20 Steuerbereiche der Pulsweitenmodulation beim einphasigen Wechselrichter; oben: linearer Steuerbereich, Mitte: Bereich der Übermodulation, unten: Grundfrequenztaktung

Der mittlere Bildteil zeigt einen Betriebsfall aus dem Bereich der Übermodulation. Der Scheitelwert der Steuerspannung übersteigt den Scheitelwert der Dreieckspannung. Dadurch entfallen im Bereich des Steuerspannungsscheitelwertes drei Schnittpunkte zwischen Steuerspannung und Dreieckspannung. Dies hat zur Folge, dass auch die Ausgangsspannung $u_0(t)$ Spannungspulse einbüßt. Der Zusammenhang zwischen Steuer- und Ausgangsspannung ist in diesem Bereich nicht mehr linear: Trotz Vergrößerung der Steuerspannungsamplitude wächst die Grundschwingung der Ausgangsspannung nicht mehr in gleichem Maße wie die Steuerspannung.

Der untere Bildteil zeigt den Fall, dass die Schalter nicht gepulst, sondern nur noch getaktet werden, und wiederholt die schon bekannte Situation der Grundfrequenztaktung. Der Scheitelwert der Steuerspannung ist hier so groß, dass mit Ausnahme der Nulldurchgänge der Steuerspannung überhaupt keine Schnittpunkte mit der Dreieckspannung mehr vorliegen. Umschaltungen in der Ausgangsspannung entstehen daher nur noch zweimal pro Periode der Steuerspannung. Der Scheitelwert der Grundschwingung berechnet sich jetzt nach Gl. (5.1).

5.3 Dreiphasiger spannungseinprägender Wechselrichter

Lernziele

Der Lernende …

- zeichnet das Schaltbild einschließlich der Komponenten, die für einen praxisgerechten Betrieb erforderlich sind
- schätzt auftretende Oberschwingungsspektren ab
- unterscheidet zwischen linearem Steuerbereich, Übermodulation und Grundfrequenztaktung

5.3.1 Grundlegender Aufbau und Steuerverfahren

Zur Speisung von Drehstrommotoren, die mit veränderlicher Drehzahl arbeiten, oder auch bei unterbrechungsfreien Stromversorgungen größerer Leistung muss typischerweise eine dreiphasige Last betrieben werden. Grundsätzlich wäre eine Lösung mit drei einphasigen Wechselrichtern zwar möglich. Allerdings müssten die Mittelpunkte der Zwischenkreise sowie die Sternpunkte der Last zugänglich sein. Bei dieser Lösung wären 12 Schalter erforderlich.

Der dreiphasige Wechselrichter entsteht aus dem einphasigen Wechselrichter nach Abschnitt 5.2.1, der mit einer Halbbrücke aufgebaut ist. Das Prinzipschaltbild aus **Bild 5.4** wird um zwei weitere Halbbrücken ergänzt. Jede Halbbrücke ist mit einem Pol der dreiphasigen Last verbunden. **Bild 5.21** zeigt das Schaltbild eines solchen dreiphasigen Wechselrichters, der mit 6 Schaltern im Wechselrichterteil auskommt. Je nach geforderter elektrischer Leistung kann der Netzanschluss einphasig oder dreiphasig ausgeführt sein.

Als Last wird in **Bild 5.21** für jede Phase eine Induktivität und eine Wechselspannungsquelle angesetzt. Eine derartige Last dient als Nachbildung einer Drehfeldmaschine. Alle Induktivitäten haben den gleichen Wert und ergeben zusammen mit den Wechselspannungsquellen ein symmetrisches System. Die Wechselspannungen bilden die Rotationsspannungen des Motors nach.

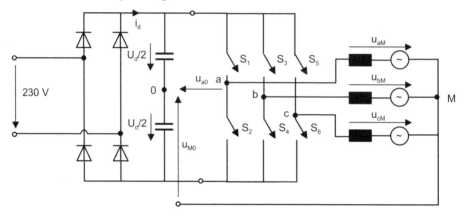

Bild 5.21 Prinzipaufbau eines dreiphasigen spannungseinprägenden Wechselrichters mit einphasiger Einspeisung

Schaltungstechnisch wird der Mittelpunkt des Zwischenkreises hier nicht benötigt. Zum einfachen Verständnis der Schaltung ist es aber sinnvoll, ihn als gedanklichen Bezugspunkt für Spannungen zu verwenden. In **Bild 5.21** ist er daher eingezeichnet und mit der Ziffer 0 kenntlich gemacht. Er dient als Bezugspunkt der Spannungen U_{a0}, U_{b0}, U_{c0} und U_{M0}.

5.3.1.1 Grundfrequenztaktung

Die prinzipielle Funktionsweise wird am Beispiel der Grundfrequenztaktung erläutert. Ebenso wie beim einphasigen Wechselrichter entspricht hierbei eine Schaltperiode genau einer Periodendauer T der Ausgangswechselspannung U_{aM}. Um ein symmetrisches Drehspannungssystem zu erzeugen, werden die Schalterpaare (S_1, S_2), (S_3, S_4) und (S_5, S_6) gegeneinander um jeweils 120° versetzt angesteuert.

In jeder Halbbrücke ist immer genau ein Schalter geschlossen und der andere geöffnet. Ist der obere Schalter der ersten Halbbrücke geschlossen, so ist

5.3 Dreiphasiger spannungseinprägender Wechselrichter

$$u_{a0}(t) = \frac{U_d}{2} \tag{5.6}$$

Ist der obere Schalter geöffnet und stattdessen der untere geschlossen, so wird

$$u_{a0}(t) = -\frac{U_d}{2} \tag{5.7}$$

Die Spannung zwischen der Lastklemme a und dem Mittelpunkt 0 des Zwischenkreises ist unabhängig vom Schaltzustand der anderen beiden Halbbrücken. Für die beiden Spannungen U_{b0} und U_{c0} gelten vergleichbare Zusammenhänge, allerdings jeweils um 120° – also den dritten Teil der Periodendauer T – gegeneinander verschoben. Die Zeitverläufe der drei Spannungen sind im oberen Teil von **Bild 5.22** abgedruckt.

Die eigentlich gesuchten Zeitverläufe sind die der Phasenspannungen $u_{aM}(t)$, $u_{bM}(t)$ und $u_{cM}(t)$. Sie werden über die Hilfsgröße $u_{M0}(t)$ ermittelt. Diese Hilfsgröße bezeichnet die Spannung zwischen dem Sternpunkt der Last und dem Mittelpunkt 0 des Zwischenkreises. Unter Verwendung dieser Hilfsgröße kann für jede Phasenspannung eine Gleichung abgeleitet werden. Es gelten:

$$\begin{aligned} u_{aM} &= u_{a0} - u_{M0} \\ u_{bM} &= u_{b0} - u_{M0} \\ u_{cM} &= u_{c0} - u_{M0} \end{aligned} \tag{5.8}$$

Für ein symmetrisches Drehspannungssystem gilt zusätzlich

$$u_{aM} + u_{bM} + u_{cM} = 0 \tag{5.9}$$

Man kann nun die drei Teilgleichungen aus Gl. (5.8) addieren und die Summe mit Gl. (5.9) gleichsetzen; dann ergibt sich

$$u_{aM} + u_{bM} + u_{cM} = u_{a0} - u_{M0} + u_{b0} - u_{M0} + u_{c0} - u_{M0} \overset{!}{=} 0$$

Daraus erhält man eine Bestimmungsmöglichkeit für die Hilfsgröße u_{M0}:

$$\begin{aligned} u_{a0} + u_{b0} + u_{c0} &= 3 \cdot u_{M0} \\ u_{M0} &= \frac{1}{3}(u_{a0} + u_{b0} + u_{c0}) \end{aligned} \tag{5.10}$$

Die Addition nach Gl. (5.10) wird grafisch mit den drei oberen Zeitverläufen in **Bild 5.22** durchgeführt; daraus ergibt sich der Zeitverlauf für die Hilfsgröße u_{M0}, der in der Bildmitte dargestellt ist.

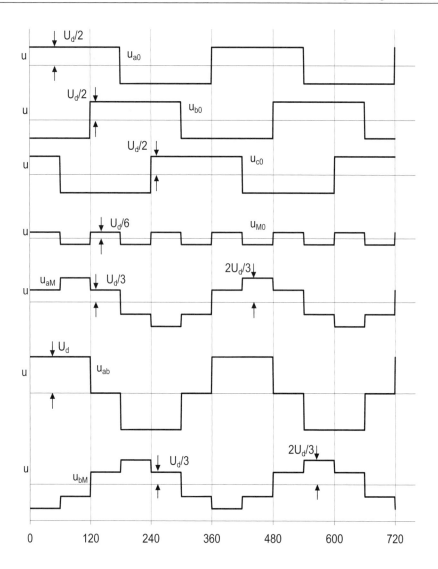

Bild 5.22 Grundfrequenztaktung beim dreiphasigen Wechselrichter; oben: Spannungsverläufe $u_{a0}(t)$, $u_{b0}(t)$, $u_{c0}(t)$, Mitte: Spannungsverlauf $u_{M0}(t)$, Phasenspannung $u_{aM}(t)$, unten: verkettete Spannung $u_{ab}(t)$, Phasenspannung $u_{bM}(t)$

Die erste Zeile aus Gl. (5.8) liefert eine Möglichkeit zur Bestimmung der Strangspannung $u_{aM}(t)$. Eine grafische Lösung dieser Beziehung ist im mittleren Bildteil gezeigt.

Die Phasenspannung hat einen charakteristischen treppenförmigen Verlauf. Die einzelnen Stufen beanspruchen eine Zeitdauer von $T/6$ und haben die Amplituden $\pm U_d/3$ und $\pm 2U_d/3$.

Die Phasenspannungen u_{bM} und u_{cM} haben prinzipiell die gleiche Kurvenform wie u_{aM}, nur eben um jeweils 120° verschoben. Sie können wie u_{aM} aus Gl. (5.8) grafisch abgeleitet werden. Eine weitere Möglichkeit ist in den unteren beiden Teilbildern dargestellt. Hier wird zunächst der Zeitverlauf der verketteten Spannung u_{ab} ermittelt. Diese erhält man aus

$$u_{ab} = u_{a0} - u_{b0}$$

Unter Kenntnis von u_{aM} und u_{ab} kann daraus ebenso u_{bM} bestimmt werden

$$u_{bM} = u_{aM} - u_{ab}$$

Die grafischen Additionen sind in **Bild 5.22** durchgeführt worden. Aus dieser Analyse geht hervor, dass der Laststernpunkt M sowie der Mittelpunkt des Zwischenkreises nicht auf gleichem Potenzial liegen. Zwischen beiden Punkten liegt eine Potenzialdifferenz; diese Spannung u_{M0} ist eine Rechteckspannung. Sie hat die dreifache Frequenz und ein Drittel der Amplitude der Spannung zwischen Last und Zwischenkreismittelpunkt. Sternpunkt und Mittelpunkt des Zwischenkreises dürfen daher auf keinen Fall miteinander verbunden werden.

Ersatzschaltbilder

Aus dem vorigen Abschnitt ist ersichtlich, dass die Strangspannungen nur die vier diskreten Werte $\pm U_d/3$ und $\pm 2U_d/3$ annehmen können. Dieses Verhalten ist charakteristisch für den dreiphasigen spannungseinprägenden Wechselrichter in der vorliegenden Form nach **Bild 5.21**. Eine anschauliche Begründung anhand von Ersatzschaltbildern wird nachfolgend gegeben.

Schaltungen, die sich aus ein oder mehreren Halbbrücken zusammensetzen, werden stets so gesteuert, dass immer genau ein Schalter pro Halbbrücke geschlossen und der verbleibende Schalter geöffnet ist. Beim dreiphasigen Wechselrichter liegen die drei Lastklemmen a, b und c daher entweder auf dem Potenzial $+U_d/2$ oder auf $-U_d/2$. In **Bild 5.23** ist ein Schaltzustand dargestellt, bei dem S_1, S_4 und S_6 geschlossen sind. Der linke Bildteil zeigt den Schaltzustand in der Darstellungsweise von **Bild 5.21**. Im rechten Bildteil ist der Gleichrichter weggelassen und es sind lediglich der Zwischenkreis und der Wechselrichter gezeichnet. Der abgebildete Schaltzustand ist identisch zum linken Bildteil; allerdings ist die Last anders dargestellt. Zur Verbesserung der

Übersichtlichkeit wird die dreiphasige Last hier unter Vernachlässigung der Wechselspannungen nur durch die Induktivitäten L_a, L_b und L_c nachgebildet. Der obere Anschlusspunkt des Zwischenkreises wird mit ZKO der untere mit ZKU bezeichnet.

In diesem Schaltzustand liegt die Phase a auf dem Potenzial $+U_d/2$. Die beiden Phasen b und c hingegen liegen auf dem Potenzial $-U_d/2$. Alle drei Phasen sind über den Sternpunkt M miteinander verbunden. Zwischen ZKO und M liegt die Induktivität L_a der Phase a. Aufgrund des momentanen Schaltzustandes wirkt als sichtbare Reaktanz zwischen ZKU und M allerdings die Parallelschaltung der Induktivitäten L_b und L_c.

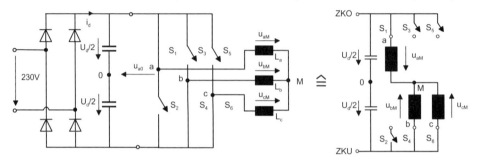

Bild 5.23 Ersatzschaltbild für einen Schaltzustand beim dreiphasigen Wechselrichter

Sind alle Induktivitäten der Last gleich groß, dann erhält man nach Gl. (5.11) für die wirksame Induktivität der Parallelschaltung den Wert $L/2$.

$$\text{mit } L_a = L_b = L_c = L$$
$$(L_b \| L_c) = \frac{L_b \cdot L_c}{L_b + L_c} = \frac{L}{2} \tag{5.11}$$

Damit kann man sagen, dass für den Schaltzustand aus **Bild 5.23** die Zwischenkreisspannung U_d über ZKO, M und ZKU an der Reihenschaltung zweier Induktivitäten liegt. Die erste Induktivität hat die Größe L, die zweite die Größe $L/2$. Mit der bekannten Formel für den Spannungsteiler können somit die Spannungen u_{aM}, u_{bM} und u_{cM} aus dem Verhältnis der Induktivitäten und der Zwischenkreisspannung U_d ermittelt werden. Mit den Zählpfeilen aus **Bild 5.23** erhält man

$$\frac{u_{aM}}{U_d} = \frac{L_a}{(L_b \| L_c) + L_a} = \frac{L_a}{\frac{L_b \cdot L_c}{L_b + L_c} + L_a} = \frac{L}{\frac{L}{2} + L} = \frac{L}{\frac{3}{2}L} = \frac{2}{3}$$

$$u_{aM} = \frac{2}{3} \cdot U_d$$

5.3 Dreiphasiger spannungseinprägender Wechselrichter

Bei der Berechnung von u_{bM} und u_{cM} muss beachtet werden, dass deren Zählpfeil entgegengesetzt zu U_d liegt. Dies wird durch das Minuszeichen berücksichtigt.

$$\frac{-u_{bM}}{U_d} = \frac{-u_{cM}}{U_d} = \frac{(L_b \| L_c)}{(L_b \| L_c) + L_a} = \frac{\frac{L_b \cdot L_c}{L_b + L_c}}{\frac{L_b \cdot L_c}{L_b + L_c} + L_a} = \frac{\frac{L}{2}}{\frac{L}{2} + L} = \frac{\frac{L}{2}}{\frac{3}{2}L} = \frac{1}{3}$$

$$u_{bM} = u_{cM} = -\frac{1}{3} \cdot U_d$$

Die oben berechneten Werte gelten allerdings nur für den Schaltzustand, der in **Bild 5.23** gezeichnet ist. Jede Umschaltung in einer Halbbrücke bewirkt eine Änderung des Schaltzustandes und damit eine veränderte Spannungsaufteilung auf die drei Phasen. Bei den drei Halbbrücken des dreiphasigen Wechselrichters ergeben sich insgesamt acht mögliche Schaltzustände für die Last. Diese sind in **Bild 5.24** dargestellt. Sie werden mit Zustand 0 bis Zustand 7 bezeichnet.

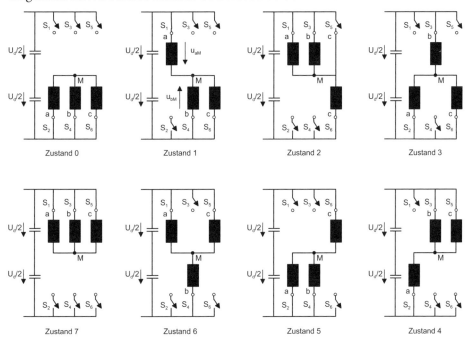

Bild 5.24 Mögliche Schaltzustände beim dreiphasigen Wechselrichter

In den Zuständen 1 bis 6 sind immer zwei Induktivitäten parallel geschaltet. Damit betragen die Strangspannungen in diesen Fällen immer $\pm U_d/3$ oder $\pm 2U_d/3$.

Im Zustand 0 sind alle oberen, im Zustand 7 alle unteren Schalter geschlossen. Somit liegen in beiden Fällen alle Lastklemmen auf gleichem Potenzial. Damit ist die Phasenspannung bei diesen beiden Schaltzuständen immer null.

Beispiel 5.6 Ermittlung der Phasenspannungen für alle Schaltzustände

Geben Sie für jeden Schaltzustand an, welche Schalter geschlossen sind und ob das Potenzial der jeweiligen Phase (a, b, c) bezogen auf den Punkt 0 $+U_d/2$ oder $-U_d/2$ beträgt. Wie groß werden die Phasenspannungen u_{aM}, u_{bM} und u_{cM}?

Lösung:

Zustand	U_{a0}	U_{b0}	U_{c0}	Schalter	U_{aM}	U_{bM}	U_{cM}
0	$-U_d/2$	$-U_d/2$	$-U_d/2$	S_2, S_4, S_6	0	0	0
1	$+U_d/2$	$-U_d/2$	$-U_d/2$	S_1, S_4, S_6	$2/3\,U_d$	$-1/3\,U_d$	$-1/3\,U_d$
2	$+U_d/2$	$+U_d/2$	$-U_d/2$	S_1, S_3, S_6	$1/3\,U_d$	$1/3\,U_d$	$-2/3\,U_d$
3	$-U_d/2$	$+U_d/2$	$-U_d/2$	S_2, S_3, S_6	$-1/3\,U_d$	$2/3\,U_d$	$-1/3\,U_d$
4	$-U_d/2$	$+U_d/2$	$+U_d/2$	S_2, S_3, S_5	$-2/3\,U_d$	$1/3\,U_d$	$1/3\,U_d$
5	$-U_d/2$	$-U_d/2$	$+U_d/2$	S_2, S_4, S_5	$-1/3\,U_d$	$-1/3\,U_d$	$2/3\,U_d$
6	$+U_d/2$	$-U_d/2$	$+U_d/2$	S_1, S_4, S_5	$1/3\,U_d$	$-2/3\,U_d$	$1/3\,U_d$
7	$+U_d/2$	$+U_d/2$	$+U_d/2$	S_1, S_3, S_5	0	0	0

Die Ergebnisse von **Beispiel 5.6** werden nun grafisch umgesetzt. Dazu wird das abc-Koordinatensystem verwendet, dessen Koordinatenachsen gegeneinander um 120° gedreht sind (**Bild 5.25**).

Anschließend werden alle Zustände von 0 bis 7 in das Koordinatensystem eingetragen. In dieser Darstellung wird beispielsweise die Lage von Zustand 2 auf der Achse c in negativer Richtung durch einen grauen Pfeil gekennzeichnet. Die Länge dieses Pfeils beträgt $2/3\,U_d$, da im Zustand 2 u_{cM} laut **Beispiel 5.6** den Wert $-2/3\,U_d$ annimmt. Gestrichelte Linien bilden ausgehend von der Pfeilspitze die Projektionen auf die Achsen a und c. Diese Projektionen markieren auf den Achsen a und c ebenfalls Vektoren, deren Länge $1/3\,U_d$ beträgt.

5.3 Dreiphasiger spannungseinprägender Wechselrichter

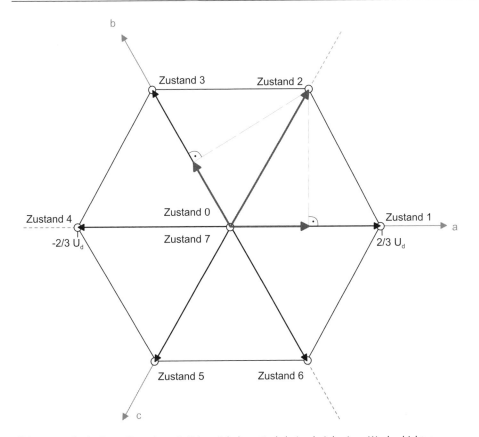

Bild 5.25 Grafische Darstellung der möglichen Schaltzustände beim dreiphasigen Wechselrichter

Oberschwingungen

Wendet man ein Rechenprogramm zur Fourier-Analyse auf den Spannungsverlauf u_{aM} aus **Bild 5.22** an, so erhält man das Oberschwingungsspektrum des dreiphasigen Wechselrichters in Grundfrequenztaktung das in **Bild 5.26** dargestellt ist. Bemerkenswert ist, dass neben den Oberschwingungen geradzahliger Ordnung auch alle Oberschwingungen mit durch drei teilbaren Ordnungszahlen verschwinden. Dies ist eine Eigenschaft des symmetrischen Drehspannungssystems.

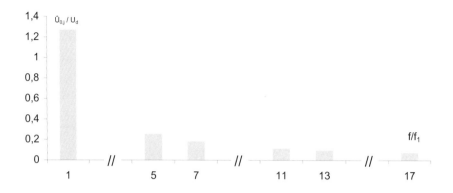

Bild 5.26 Oberschwingungsspektrum des dreiphasigen Wechselrichters bei der Grundfrequenztaktung

5.3.1.2 Unterschwingungsverfahren

Beim einphasigen Wechselrichter wurde das Unterschwingungsverfahren eingeführt. Der Vergleich der Dreieckspannung mit *einer* sinusförmigen Spannung ergibt dort die Umschaltzeitpunkte so, dass eine gepulste Ausgangsspannung entsteht, die *eine* sinusförmige Grundschwingungskomponente enthält. Beim dreiphasigen Wechselrichter sind drei um 120° verschobene Ausgangsspannungen mit sinusförmiger Grundschwingung gefordert. Daher werden dort drei Steuerspannungen $u_{Steuer1}$, $u_{Steuer2}$ und $u_{Steuer3}$ mit gleichen Scheitelwerten verwendet, die ihrerseits aber ebenfalls um 120° gegeneinander verschoben sind. Dieses Verfahren ist schaltungstechnisch einfach umzusetzen und erzeugt ein akzeptables Oberschwingungsspektrum. In der analogen Praxis spielt es immer noch eine bedeutende Rolle. Hierzu gibt es zahlreiche Weiterentwicklungen, die besonders auf die digitale Realisierung mittels Mikroprozessoren zugeschnitten sind.

Die drei Steuerspannungen werden mit *einer* Dreieckspannung verglichen. An den Schnittpunkten zwischen der Dreieck- und der jeweiligen Steuerspannung ergeben sich die Umschaltzeitpunkte für die betreffende Halbbrücke. Mit den Bezeichnungen aus **Bild 5.21** gilt für die drei Steuerspannungen aus **Bild 5.27** folgender qualitativer Zusammenhang:

- Der obere Schalter (S_1) der ersten Halbbrücke wird dann eingeschaltet, wenn die Steuerspannung $u_{Steuer1}$ größer als die Dreieckspannung ist; ist die Dreieckspannung größer als $u_{Steuer1}$, wird der untere Schalter (S_2) eingeschaltet.

- Der obere Schalter (S_3) der mittleren Halbbrücke wird dann eingeschaltet, wenn die Steuerspannung $u_{Steuer2}$ größer als die Dreieckspannung ist; ist die Dreieckspannung größer als $u_{Steuer2}$, wird der untere Schalter (S_4) eingeschaltet.
- Der obere Schalter (S_5) der rechten Halbbrücke wird dann eingeschaltet, wenn die Steuerspannung $u_{Steuer3}$ größer als die Dreieckspannung ist; ist die Dreieckspannung größer als $u_{Steuer3}$, wird der untere Schalter (S_6) eingeschaltet.

Die Kurvenformen der jeweiligen Strangspannungen u_{aM}, u_{bM} und u_{cM} werden mit derselben Vorgehensweise abgeleitet, wie sie bei der Erläuterung der Grundfrequenztaktung gewählt wurde. Die unten beschriebenen Zeitverläufe sind in **Bild 5.27** dargestellt.

Aus dem Vergleich der Steuerspannungen mit der Dreieckspannung ergeben sich die gepulsten Ausgangsspannungen u_{a0}, u_{b0} und u_{c0}, da die Gl. (5.8) bis (5.10) unverändert gelten. Wie bei der Analyse der Grundfrequenztaktung sind auch diese Spannungen auf den Mittelpunkt 0 des Zwischenkreises bezogen. Ihre Amplitude beträgt jeweils $U_d/2$.

Aus diesen Verläufen kann wiederum der Zeitverlauf der Hilfsspannung u_{M0} ermittelt werden. So erhält man aus u_{M0} und den Zeitverläufen von u_{a0}, u_{b0} und u_{c0} die gesuchten Strangspannungen u_{aM}, u_{bM} und u_{cM}. Die verkettete Spannung zwischen zwei Lastklemmen ergibt sich, indem man die Differenz der Spannungen zwischen den Lastklemmen und dem Zwischenkreismittelpunkt bildet. Ihre Amplitude ist gleich der Zwischenkreisspannung U_d (**Bild 5.27** unten).

$$u_{ab} = u_{a0} - u_{b0} = u_{aM} - u_{bM} \tag{5.12}$$

Wie bei der Grundfrequenztaktung hat die Hilfsspannung u_{M0} eine deutlich höhere Frequenz als die Grundschwingung. Auch beim Unterschwingungsverfahren dürfen der Mittelpunkt des Zwischenkreises und der Laststernpunkt auf keinen Fall miteinander verbunden werden.

Die Strangspannungen der Last u_{aM}, u_{bM} und u_{cM} haben prinzipiell denselben Verlauf, sind gegeneinander aber um 120° verschoben. Damit bilden sie – wie gefordert – ein symmetrisches Drehspannungssystem. Als einhüllende Kurvenform ist bei allen Phasenspannungen die treppenförmige Struktur zu erkennen, die sich für die Grundfrequenztaktung ergibt. Die Amplituden der einzelnen Treppenstufen betragen auch hier $\pm U_d/3$ und $\pm 2U_d/3$. Im Vergleich zur reinen Treppenform der Grundfrequenztaktung werden je nach Aussteuergrad durch die Pulsweitenmodulation zusätzliche Umschaltungen eingefügt.

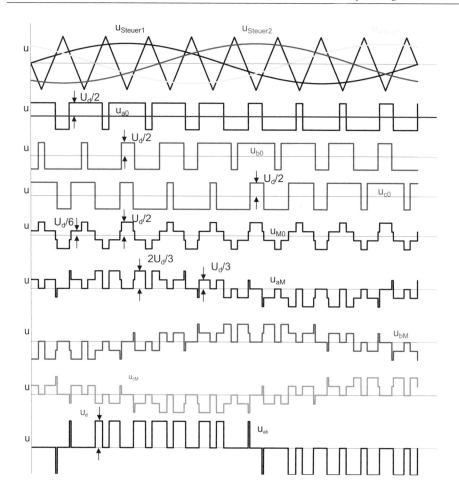

Bild 5.27 Pulsweitenmodulation nach dem Unterschwingungsverfahren beim dreiphasigen Wechselrichter; oben: Steuerspannung, Dreieckspannung und Spannungsverläufe $u_{a0}(t)$, $u_{b0}(t)$, $u_{c0}(t)$, Mitte: Spannungsverlauf $u_{M0}(t)$, Phasenspannung $u_{aM}(t)$, unten: Phasenspannung $u_{bM}(t)$, Phasenspannung $u_{cM}(t)$, verkettete Spannung $u_{ab}(t)$

Linearer Steuerbereich

Für die drei Spannungsgrundschwingungen zwischen Lastklemmen und Zwischenkreismittelpunkt gelten prinzipiell die Beziehungen des einphasigen Wechselrichters. Allerdings beträgt die Amplitude der gepulsten Ausgangsspannungen u_{a0}, u_{b0} und u_{c0} beim dreiphasigen Wechselrichter gemäß **Bild 5.27** nicht U_d, sondern nur $U_d/2$. Dies

5.3 Dreiphasiger spannungseinprägender Wechselrichter

wird bei der Ableitung des Steuergesetzes dadurch berücksichtigt, dass man in Gl. (5.5) U_d durch $U_d/2$ ersetzt. Für die Grundschwingung $u_{a0,1}$ erhält man

$$u_{0a,1}(t) = \frac{U_d}{2} \cdot \frac{u_{Steuer}(t)}{\hat{U}_\Delta} = \frac{U_d}{2} \cdot \frac{\hat{U}_{Steuer} \cdot \sin(\omega_1 t)}{\hat{U}_\Delta}$$

$$u_{0a,1}(t) = \frac{U_d}{2} \cdot \frac{\hat{U}_{Steuer}}{\hat{U}_\Delta} \cdot \sin(\omega_1 t) = \frac{U_d}{2} \cdot m_a \cdot \sin(\omega_1 t)°)$$

Die beiden verbleibenden Spannungen $u_{b0,1}$ und $u_{c0,1}$ sind gegenüber $u_{a0,1}$ prinzipiell identisch, aber auch um 120° phasenverschoben.

$$u_{0b,1}(t) = \frac{U_d}{2} \cdot \frac{\hat{U}_{Steuer}}{\hat{U}_\Delta} \cdot \sin(\omega_1 t - 120°) = \frac{U_d}{2} \cdot m_a \cdot \sin(\omega_1 t - 120°)$$

$$u_{0c,1}(t) = \frac{U_d}{2} \cdot \frac{\hat{U}_{Steuer}}{\hat{U}_\Delta} \cdot \sin(\omega_1 t + 120°) = \frac{U_d}{2} \cdot m_a \cdot \sin(\omega_1 t + 120°)$$

Die verkettete Spannung kann nach Gl. (5.12) beispielsweise aus der Differenz von u_{a0} und u_{b0} berechnet werden. Diese Gleichung lässt sich auch dann verwenden, wenn lediglich die Grundschwingung der verketteten Spannung zu berechnen ist. Für diese ergibt sich Folgendes:

$$u_{ab,1}(t) = u_{0a,1}(t) - u_{0b,1}(t)$$

$$u_{ab,1}(t) = \frac{U_d}{2} \cdot m_a \cdot \sin(\omega_1 t) - \frac{U_d}{2} \cdot m_a \cdot \sin(\omega_1 t - 120°) \qquad (5.13)$$

$$u_{ab,1}(t) = \frac{U_d}{2} \cdot m_a \cdot \left(\sin(\omega_1 t) - \sin(\omega_1 t - 120°)\right)$$

Eine mathematische Formelsammlung [Bronstein79], die die Additionstheoreme für trigonometrische Funktionen enthält, liefert

$$\sin(x) - \sin(x - 120°) = 2 \cdot \cos\left(\frac{x + (x - 120°)}{2}\right) \cdot \sin\left(\frac{x - (x - 120°)}{2}\right)$$

$$\sin(x) - \sin(x - 120°) = 2 \cdot \cos\left(\frac{(x - 120°)}{2}\right) \cdot \sin\left(\frac{+120°}{2}\right)$$

$$\sin(x) - \sin(x - 120°) = 2 \cdot \cos(x - 60°) \cdot \sin(60°) = 2 \cdot \cos(x - 60°) \cdot \frac{\sqrt{3}}{2}$$

$$\sin(x) - \sin(x - 120°) = 2 \cdot \frac{\sqrt{3}}{2} \cdot \cos(x - 60°) = \sqrt{3} \cdot \cos(x - 60°)$$

Hierbei wurde zur Vereinfachung x statt $\omega_1 t$ geschrieben. Mit dieser Hilfe kann die letzte Zeile in Gl. (5.13) umgeformt werden:

$$u_{ab,1}(t) = \frac{U_d}{2} \cdot m_a \cdot (\sin(\omega_1 t) - \sin(\omega_1 t - 120°))$$

$$u_{ab,1}(t) = \frac{U_d}{2} \cdot m_a \cdot \sqrt{3} \cdot \cos(\omega_1 t - 60°)$$

$$\hat{U}_{ab,1} = \frac{U_d}{2} \cdot m_a \cdot \sqrt{3}$$

Für den Scheitelwert der verketteten Spannung erhält man letztendlich

$$\hat{U}_{ab,1} = \sqrt{3} \cdot \hat{U}_{a0,1} = \sqrt{3} \cdot \frac{U_d}{2} \cdot m_a = 0{,}866 \cdot U_d \cdot m_a \qquad (5.14)$$

Auch hier ist der Zusammenhang zwischen Steuerspannung und Grundschwingung der verketteten Spannung linear, solange der Aussteuergrad m_a kleiner als 1 ist. Wie beim einphasigen Wechselrichter wird dieser Bereich als linearer Steuerbereich bezeichnet.

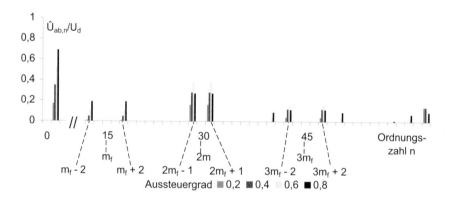

Bild 5.28 Spektren beim dreiphasigen Wechselrichter für $m_f > 10$ und verschiedene Aussteuergrade m_a

Oberschwingungen

Ebenso wie beim einphasigen Wechselrichter enthalten die verketteten Spannungen und somit auch die Strangspannungen u_{aM}, u_{bM} und u_{cM} aufgrund der Pulsweitenmodulation neben der gewünschten Grundschwingung auch unerwünschte Oberschwingungen.

5.3 Dreiphasiger spannungseinprägender Wechselrichter

In **Bild 5.28** sind die auf die Zwischenkreisspannung U_d bezogenen Scheitelwerte der verketteten Spannung für die Ordnungszahlen n dargestellt. Diese Werte ergeben sich für Frequenzverhältnisse $m_f > 10$, die sowohl ungeradzahlig als auch durch drei teilbar sind ($m_f = 15$, $m_f = 21$ usw.). Oberschwingungen mit durch drei teilbaren Vielfachen der Schaltfrequenz liegen nicht vor. Lediglich die Seitenbänder sind besetzt, wenn deren Ordnungszahl nicht durch drei teilbar ist. Die Amplituden der einzelnen Oberschwingungen hängen jeweils stark vom Aussteuergrad ab.

Übung 5.1

Ein dreiphasiger Wechselrichter wird mit einer Schaltfrequenz von 8 kHz betrieben. Die Ausgangsfrequenz beträgt 200 Hz, der Aussteuergrad liegt bei 0.8. Schätzen Sie Amplitude und Frequenz der Oberschwingung mit dem höchsten Scheitelwert ab.

Synchronisierte Taktung

Um Schwebungen in der Ausgangsspannung zu verhindern, wird beim einphasigen Wechselrichter die synchronisierte Taktung verwendet. Diese Vorgehensweise muss auch beim dreiphasigen Wechselrichter genutzt werden, wenn die Ausgangsfrequenz so groß wird, dass Frequenzverhältnisse $m_f < 10$ entstehen. Gegenüber dem einphasigen Wechselrichter sind zusätzliche Einschränkungen erforderlich, weil die nachfolgenden Bedingungen für alle drei Steuerspannungen gleichermaßen erfüllt werden müssen.

- Die Frequenz der Dreieckspannung f_S ist ein ungerades ganzzahliges Vielfaches der Ausgangsfrequenz f_1.
- Die Nulldurchgänge aller Steuerspannungen fallen mit den Nulldurchgängen der Dreieckspannung so zusammen, dass beide dort entgegengesetzte Steigungen aufweisen.

Diese Bedingungen können nur dann für alle Steuerspannungen eingehalten werden, wenn das Frequenzverhältnis m_f ein ganzzahliges Vielfaches von drei ist.

$$m_f = \frac{f_S}{f_1} = m \cdot 3 \quad \text{mit } m = 1, 2, 3 \text{ usw.}$$

Bei drehzahlveränderlichen Drehstromantrieben muss die Grundfrequenz der Ausgangsspannung verändert werden können. Im Bereich der synchronisierten Taktung, also bei hohen Ausgangsfrequenzen und damit kleinen Frequenzverhältnissen, ist die Schaltfrequenz ebenfalls zu variieren. Dies bedeutet, dass die Dreieckspannung passend zu den sinusförmigen Steuerspannungen unter Berücksichtigung aller Symmetriebedingungen nachgeführt werden muss.

Bei großen Frequenzverhältnissen $m_f > 10$ ist dieses Vorgehen im Allgemeinen nicht erforderlich. In diesen Fällen wird die freie Taktung angewandt. Darunter versteht man den Einsatz einer Dreieckspannung deren Frequenz hoch, konstant und unabhängig von der Steuerspannung ist.

Übung 5.2

Gegeben ist in **Bild 5.29** der Verlauf von Dreieck- und Steuerspannungen eines dreiphasigen Wechselrichters, der nach dem Unterschwingungsverfahren arbeitet.

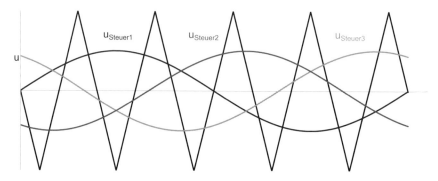

Bild 5.29 Dreieck- und Steuerspannungen zur Übung 5.2

Ermitteln Sie den Aussteuergrad m_a sowie das Frequenzverhältnis m_f. Beurteilen Sie, ob die ermittelten Werte technisch sinnvoll sind.

Übung 5.3

Die Drehzahl eines Drehstrommotors soll stufenlos verändert werden. Bei unterschiedlichen Drehzahlen müssen unterschiedliche Strangspannungen an den Motor angelegt werden.

 Verwenden Sie zur Lösung das Applet dreiphasiger U-Wechselrichter.

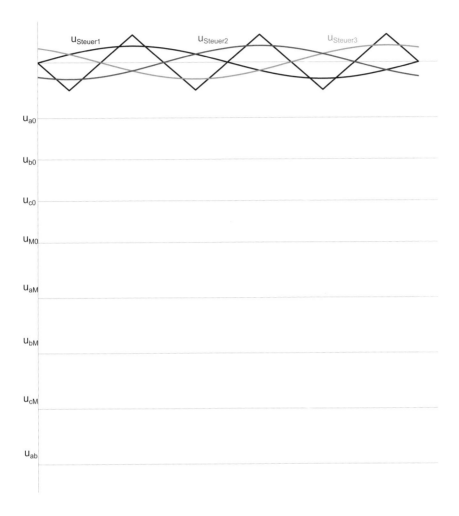

Bild 5.30 Liniendiagramm zur Übung 5.3

a) Welche prinzipiellen Möglichkeiten existieren, die Amplituden der Strangspannungen zu verändern?
b) Die Zwischenkreisspannung beträgt $U_d = 540$ V. Welche Amplitude der Phasenspannung U_{aM} ergibt sich, wenn $\hat{u}_{Steuer} = 0{,}6 \cdot \hat{u}_{Dreieck}$ ist?
c) Ermitteln Sie in **Bild 5.30** aus den gegebenen Verläufen zunächst $u_{a0}(t)$, $u_{b0}(t)$, und $u_{c0}(t)$. Bestimmen Sie danach $u_{M0}(t)$ und anschließend $u_{aM}(t)$, $u_{bM}(t)$, $u_{cM}(t)$

sowie den Zeitverlauf der verketteten Spannung $u_{ab}(t)$. Geben Sie die Höhe der einzelnen Spannungspulse an.

Übermodulation

Auch beim dreiphasigen Wechselrichter ergibt sich die maximale Ausgangsspannung nicht bei $m_a = 1$, sondern erst bei der Grundfrequenztaktung. Werden die Amplituden der Steuerspannungen über den Scheitelwert der Dreieckspannung hinaus erhöht, so ist der Zusammenhang zwischen dem Aussteuergrad m_a und der Grundschwingungsamplitude der Wechselrichterausgangsspannung ebenfalls nicht mehr linear. Der Abschnitt zwischen dem linearen Steuerbereich und der Grundfrequenztaktung wird auch beim dreiphasigen Wechselrichter der Bereich der Übermodulation genannt. Dort ändert sich auch das Oberschwingungsspektrum. Im Vergleich zum Spektrum aus **Bild 5.28**, das für den linearen Aussteuerbereich gilt, ergeben sich andere Amplituden. In den Seitenbändern kommen weitere Ordnungszahlen hinzu.

Für ein Frequenzverhältnis von $m_f = 15$ sind in **Bild 5.31** die Steuerbereiche des dreiphasigen Wechselrichters gezeigt. Dargestellt ist die Amplitude der verketteten Spannung bezogen auf die Zwischenkreisspannung U_d in Abhängigkeit vom Aussteuergrad m_a.

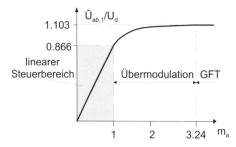

Bild 5.31 Steuerbereiche beim dreiphasigen Wechselrichter für $m_f = 15$; GFT: Grundfrequenztaktung

Der lineare Aussteuerbereich ist grau schraffiert und liegt vor, solang m_a kleiner eins ist. An der Grenze zur Übermodulation beträgt der Scheitelwert der verketteten Spannung lt. Gl. (5.14) das 0.866-fache der Zwischenkreisspannung U_d. Beim hier zugrunde liegenden Frequenzverhältnis $m_f = 15$ wird der Steuerbereich der Grundfrequenztaktung (GFT) bei einem Aussteuergrad von 3.24 erreicht.

Übung 5.4

Die Frässpindel einer Feinfräsmaschine wird durch einen Drehstromasynchronmotor mit einem Polpaar angetrieben und soll eine maximale Drehzahl von 120000 min^{-1} erreichen. Die maximale Leistung beträgt 500 W. Wählen Sie einen passenden Stromrichter und ein geeignetes Steuerverfahren.

5.3.2 Ergänzende Komponenten

Für industrielle Anwendungen ist der in **Bild 5.21** dargestellte Aufbau des dreiphasigen Wechselrichters in der vorliegenden Form nicht ausreichend.

Zum einen werden Zwischenkreiskondensatoren mit vergleichsweise großen Kapazitätswerten verwendet. Diese Kapazitäten sind beim Zuschalten der Netzspannungen noch ungeladen. Sie stellen im ersten Moment gewissermaßen einen Kurzschluss dar und führen zu hohen Ladeströmen, die den Netzgleichrichter gefährden. Daher wird ein Ladewiderstand in den Zwischenkreis eingebracht, der den Ladestrom auf unkritische Werte begrenzt. An diesem Widerstand entstehen natürlich stromabhängige Verluste. Diese Verluste sind im Dauerbetrieb unerwünscht. Deshalb wird der Ladewiderstand nach dem Aufladen der Kondensatoren kurzgeschlossen.

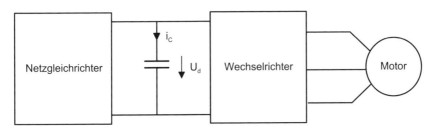

Bild 5.32 Vereinfachte Betrachtung beim Bremsbetrieb des Motors

Zum anderen müssen unzulässige Überhöhungen der Zwischenkreisspannung vermieden werden. Bei Antriebsanwendungen besteht die Last des Wechselrichters aus einem Drehstrommotor. Ein Erhöhen der Motordrehzahl erfordert zusätzliche Energie, die aus dem Zwischenkreis entnommen wird und den Motor beschleunigt. Vermindert man die Drehzahl, so wird diese Energie wieder frei und über den Wechselrichter zurück in den Zwischenkreis gespeist.

Vereinfachend kann man sich vorstellen, dass beim Abbremsen des Motors ein Strom vom Wechselrichter in den Zwischenkreiskondensator zurückfließt, da der Netzgleichrichter aus **Bild 5.21** ja mit Dioden aufgebaut ist und ein Rückspeisen in das Wechselstromnetz nicht zulässt. In **Bild 5.32** wird dieser Strom mit i_C bezeichnet.

Wie jeder Strom, der in einen Kondensator fließt, transportiert auch i_C Ladungsträger auf die Kapazität. Am Kondensator gilt folgende Gleichung

$$i_C = C \cdot \frac{dU_C}{dt} = C \cdot \frac{dU_d}{dt} \qquad \Rightarrow \qquad dU_d = \frac{i_C}{C} \cdot dt$$

$$\Delta U_d = \frac{i_C}{C} \cdot \Delta t$$

Daraus ergibt sich, dass der Spannungsanstieg ΔU_d am Kondensator umso größer ist, je länger der Strom i_C in den Kondensator fließt und je kleiner der Kondensator ist. Beim Bremsbetrieb steigt die Zwischenkreisspannung daher an. Eine Erhöhung der Spannung über einen Maximalwert hinaus muss aufgrund der begrenzten Spannungsfestigkeit von Kondensator und Wechselrichtertransistoren unterbunden werden. Hierzu wird ein Tiefsetzsteller verwendet. Er besteht aus dem Schalter S_{Br} und dem zugehörigen Lastwiderstand R_{Br}. Dieser Steller entlädt den Zwischenkreiskondensator über den Widerstand R_{Br}, so dass die Zwischenkreisspannung U_d stets kleiner als der zulässige Maximalwert bleibt. Er wird auch Bremssteller genannt.

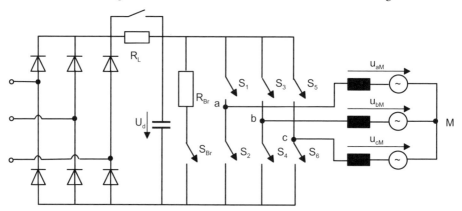

Bild 5.33 Dreiphasiger Wechselrichter mit B6-Brückengleichrichter und Zusatzkomponenten

Bild 5.33 zeigt den dreiphasigen Wechselrichter mit den erläuterten Zusatzkomponenten und einem dreiphasigen Netzanschluss mittels einer netzgeführten B6-Brücke.

Übung 5.5

Welche Alternativen zum Bremssteller gibt es, um die vom Motor im Bremsbetrieb zurückgespeiste Energie zu beherrschen?

5.4 Lösungen

Übung 5.1

Bei den in der Aufgabe angegebenen Werten beträgt das Frequenzverhältnis

$$m_f = \frac{8000}{200} = 40$$

Dieser hohe Wert erlaubt die Verwendung von **Bild 5.28** zur Abschätzung der entstehenden Oberschwingungen. Für den Aussteuergrad $m_a = 0.8$ liegen die Oberschwingungen mit der höchsten Amplitude in den Seitenbändern der doppelten Schaltfrequenz an den Stellen $2m_f \pm 1$. Die Ordnungszahlen der gesuchten Oberschwingungen betragen demnach 79 und 81.

Daraus bestimmt man deren Frequenz zu

$$f_{OS,79} = 79 \cdot f_1 = 79 \cdot 200\,\text{Hz} = 15.8\,\text{kHz}$$
$$f_{OS,81} = 81 \cdot f_1 = 81 \cdot 200\,\text{Hz} = 16.2\,\text{kHz}$$

Den Scheitelwert dieser Oberschwingungen liest man ab zu $0.27\,U_d$. Angegeben ist hier der Scheitelwert der verketteten Spannung. Die zugehörige Strangspannung ist um $\sqrt{3}$ kleiner.

Übung 5.2

Aus den Zeitverläufen liest man ab:

$m_a = 0.5$ $\qquad\qquad m_f = 5$

Bei einem Frequenzverhältnis von fünf müssen Dreieck- und Steuerspannungen synchronisiert werden. Eine wichtige Randbedingung bei der Synchronisation ist, dass das Frequenzverhältnis ungerade und ein Vielfaches von drei sein muss. Dies ist hier nicht erfüllt. Aus diesem Grunde fallen die Nulldurchgänge der Steuerspannungen u_{Steuer2} und u_{Steuer3} nicht mit denen der Dreieckspannung zusammen. Daher ist das Frequenzverhältnis für diese Anwendung nicht geeignet.

Übung 5.3

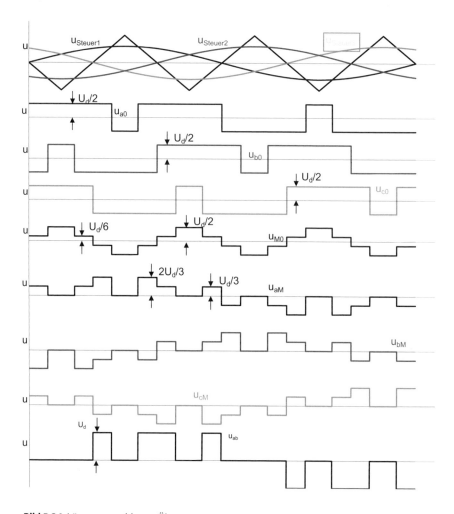

Bild 5.34 Lösungsvorschlag zu Übung 5.3

a) Grundsätzlich existieren mehrere Möglichkeiten zur Veränderung der Amplitude der Ausgangsspannung:
   - Pulsamplitudenmodulation: Mt einer Stelleinrichtung, beispielsweise dem eingangsseitigen steuerbaren Gleichrichter, wird die Amplitude der Zwischenkreisspannung verstellt. Der ausgangsseitige Wechselrichter kann in Grundfrequenztaktung oder mit einem vorher berechneten Pulsmuster betrieben werden und dient lediglich zur Verstellung der Ausgangsfrequenz.

Die Höhe der Ausgangsspannung wird über die Änderungen der Zwischenkreisspannung erreicht.
- Pulsweitenmodulation: Bei der Pulsweitenmodulation nutzt man den ausgangsseitigen Wechselrichter zur Verstellung der Frequenz *und* der Amplitude. Der Eingangsgleichrichter kann ungesteuert ausgeführt sein. Die Zwischenkreisspannung wird nicht gezielt verändert. Die Veränderung der Ausgangsspannungsamplitude kann z. B. mit dem Unterschwingungsverfahren erfolgen.

b) Mit den gegebenen Zahlenwerten erhält man den Aussteuergrad $m_a = 0.6$. Er ist kleiner als eins, daher arbeitet der Stromrichter im linearen Steuerbereich. Hier gilt für den Scheitelwert der verketteten Spannung:

$$\hat{U}_{ab,1} = \frac{U_d}{2} \cdot m_a \cdot \sqrt{3} = \frac{540\,\text{V}}{2} \cdot 0.6 \cdot \sqrt{3} = 280.6\,\text{V}$$

Teilt man die verkettete Spannung durch $\sqrt{3}$, so erhält man die Strangspannung. Somit ergibt sich der Scheitelwert der Strangspannung aus

$$\hat{U}_{aM} = \frac{\hat{U}_{ab,1}}{\sqrt{3}} = \frac{\frac{U_d}{2} \cdot m_a \cdot \sqrt{3}}{\sqrt{3}} = \frac{540\,\text{V}}{2} \cdot 0.6 = 162\,\text{V}$$

Die geforderten Zeitverläufe können aus den Schnittpunkten zwischen Dreieck- und Steuerspannungen nacheinander konstruiert werden. Die Strangspannung $u_{bM}(t)$ ist gegenüber $u_{aM}(t)$ um 120° nach rechts verschoben. Die Strangspannung $u_{cM}(t)$ ist gegenüber $u_{bM}(t)$ ebenfalls um 120° nach rechts verschoben. Die verkettete Spannung erhält man aus der Differenz der Strangspannungen $u_{aM}(t) - u_{bM}(t)$.

Übung 5.4

Damit der Asynchronmotor eine Drehzahl von $120000\,\text{min}^{-1}$ erreicht, muss er mit einem Drehspannungssystem passender Grundfrequenz f_1 versorgt werden. Dieses Drehspannungssystem wird von einem dreiphasigen Wechselrichter erzeugt. Die erforderliche Frequenz f_1 berechnet sich aus

$$f_1 = \frac{120000\,\text{min}^{-1}}{60} = 2000\,\frac{1}{\text{s}} = 2000\,\text{Hz}$$

Eine Leistung von 500 W kann ohne weiteres mit MOSFET-Transistoren erreicht werden. Bei diesen Transistoren sind Schaltfrequenzen größer als 40 kHz möglich.

Daher ergibt sich selbst bei der hohen Ausgangsfrequenz von 2000 Hz ein Frequenzverhältnis deutlich größer als 10.

$$m_\mathrm{f} = \frac{f_\mathrm{S}}{f_1} = \frac{40000\,\mathrm{Hz}}{2000\,\mathrm{Hz}} = 20$$

Unter diesen Voraussetzungen lässt sich das Unterschwingungsverfahren im linearen Steuerbereich einsetzen.

Übung 5.5
  a) Antriebsanwendungen, bei denen mehrere Motoren betrieben werden, sind beispielsweise Verpackungsmaschinen, Werkzeugmaschinen oder Roboter. Bisweilen werden in solchen Anlagen mehrere Wechselrichter an einem gemeinsamen Zwischenkreis betrieben. Dann existiert lediglich ein gemeinsamer Netzgleichrichter, der den Zwischenkreis und alle daran angeschlossenen Wechselrichter und Motoren mit Energie versorgt. Im Allgemeinen bremsen und beschleunigen hier nicht alle Motoren gleichzeitig. Somit kann teilweise die erforderliche Energie zum Beschleunigen eines Motors durch die beim Bremsen eines anderen Motors am selben Zwischenkreis frei werdende Energie gedeckt werden. Trotzdem wird man auch hier auf einen Bremssteller nicht völlig verzichten können.
  b) Alternativ zu einem Diodengleichrichter kann ein Stromrichter eingesetzt werden, der Energie aus dem Zwischenkreis in das Netz zurückspeisen kann. Ein solcher Stromrichter ist beispielsweise der in Abschnitt 3.5 vorgestellte B6-Umkehrstromrichter. Dieser muss mit Thyristoren ausgeführt sein und ist erheblich aufwändiger als eine passive Diodenbrücke. Wirtschaftlich lohnt der Zusatzaufwand nur bei höheren Leistungen.

A   Literaturverweise

[Bronstein79]	*Bronstein, N.*: Taschenbuch der Mathematik. 6. Auflage, Deutsch Harri 2005
[Felderhoff97]	*Felderhoff, R.*: Leistungselektronik. 2. Auflage, Hanser 1997
[Hofer95]	*Hofer, K.*: Moderne Leistungselektronik und Antriebe. VDE-Verlag 1995
[LM2575]	*NN.*: Datenblatt zum Baustein LM2575. National Semiconductor 1999
[Mohan03]	*Mohan, N.*: Power Electronics. 3. Edition, Wiley 2003
[Schlienz03]	*Schlienz, U.*: Schaltnetzteile und ihre Peripherie. 2. Auflage, Vieweg 2003
[Zastrow07]	*Zastrow, D.*: Elektronik. 7. Auflage, Vieweg 2007
[Brosch00]	*Brosch, P.*: Leistungselektronik. Vieweg 2000
[Hirschmann90]	*Hirschmann, W.*: Schaltnetzteile. SIEMENS AG 1990
[Jäger00]	*Jäger, S.*: Leistungselektronik, Grundlagen und Anwendungen. 5. Auflage, VDE-Verlag 2000
[Jäger01]	*Jäger, S.*: Übungen zur Leistungselektronik. VDE-Verlag 2001
[Stephan01]	*Stephan, W.*: Leistungselektronik interaktiv. Fachbuchverlag Leipzig 2001

B Sachwortverzeichnis

A
abschaltbare Thyristoren 70
Abwärtswandler 166
aktiver Bereich 68, 69
Ansteuerleistung 66
Ansteuerschaltungen
– beschleunigtes Abschalten 219
– CMOS-Gatter 218
– Gegentaktstufe 218
– Grundlagen 215
– High-Side-Treiber 221
– Impulsübertrager 222
– Treiber-IC 220
Ansteuerstufen 216
Arbeitspunkt 68
arithmetischer Mittelwert 15
Ausgangskennlinienfeld 68
Ausschaltenergie 79
Ausschaltverluste 69
Aussteuergrad 253, 254, 257, 258, 262, 273, 276, 280, 285

B
B2C 147, 150
– Mittelwert 150
– Ventilspannung 149
– Welligkeit 150
B6C 142, 150
– Mittelwert 144, 145
– Welligkeit 144, 145
Bahnwiderstand 75
Basisstrom 66
Betriebsquadranten
– bei Stromrichtern 38
Bipolar-Transistor 65, 68, 226
– Kennlinien 65
– mit isoliertem Steueranschluss 67
– Schaltbedingungen 66
– Schaltverhalten 66
– Schaltzeichen 65
Blindleistung 30, 31, 33, 34, 36, 37, 141
Boost Converter 185
Brückenschaltung 142, 147
Buck Converter 166

D
Diode 50, 52
– Abschaltvorgang 53
– Datenblattangaben 53
– Durchlassverluste 74
– Ersatzschaltbild 51, 73
– ideales Schaltverhalten 52
– Kennlinien 50
– reales Schaltverhalten 52
– Schaltbedingung 52
– Schaltverluste 78
– Schaltzeichen 50
– Verlustleistung 51
– verschiedene Typen von Dioden 53
Drehstrombrückenschaltung 142
Durchlassspannung 47, 50, 51, 53, 55, 67
Durchlassverluste 48, 49, 51, 60, 64, 66, 67, 69, 72, 73

E

Effektivwert 15, 17, 39, 40, 42, 120
- Abschätzung 26
- Berechnung 20
- RMS 18
- überschlägige Berechnung 23

einphasiger Wechselrichter
- Ausgangsspannung 247

Einraststrom 56
Einschaltverluste 69, 78
Ersatzschaltbild
- für Mittelwerte 136
- Kühlkörper 79
- Schaltzustände beim dreiphasigen Wechselrichter 267

Erwärmung 72

F

Formfaktor 22, 23
Fourier 30, 36, 244
- Zerlegung 31

Freilaufdiode 181, 188
Frequenzverhältnis 253, 254, 257, 258, 259, 260, 261, 277, 280, 283, 286

G

Gate-Emitter-Spannung 68
Gate-Source-Kapazität 63
Gatestrom 55
Gate-Turn-Off-Thyristor 70
Gesamteffektivwert 22
Gesamtverlustleistung
- Berechnung 85

Glättungsdrossel 105
Glättungszeitkonstante 106
Gleichgröße 14
Gleichrichter
- als Einspeisung für Tiefsetzsteller 165
- bei Zwischenkreisumrichter 240
- M1 92
- Toleranz der Netzspannung 179
- vollgesteuert 155

- Wechselanteil 22

Gleichspannungs-Zwischenkreis 240
Gleichstromsteller 164
- Anwendungen 165

Grundfrequenztaktung 244
GTO 49, 70, 164, 260

H

Haltestrom 56
Helligkeitssteuerung
- mit Stromrichter 11
- mit Vorwiderstand 11

Hochsetzsteller 181, 182, 185, 187
- Lückbetrieb 185
- Schaltbild 182
- Zeitverläufe 183

I

ideale Stromglättung 105
ideelle Gleichspannung 95, 96
IGBT 67, 68, 164, 215, 226
- Berechnung der Verluste 78
- Blockierspannung 67
- Datenblattangaben 67
- Durchlassspannung 67
- Durchlassverluste 76
- Kennlinien 67
- Schaltbedingungen 68
- Schaltverhalten 68
- Schaltverluste 77
- Schaltzeichen 67
- SOA-Diagramm 69
- Verlustberechnung 87
- Verluste 76

IGCT 49, 71, 164
Integrated-Gate-Commutated-Thyristor 71
Inversdiode 64

K

Klirrfaktor 22, 23, 43
Kommutierung 126, 129
- bei M3C 132

- Berechnung der Spannungsänderung 133
- Ersatzschaltbild 127
- fremdgeführter Stromrichter 163
- selbstgeführter Stromrichter 164
- Spannungsabfall bei Kommutierung 134
- Spannungsabfall durch Kommutierung 131
- Ventilstromverlauf 129
- Wechselrichtergrenze 134
Kommutierungsinduktivität 134
kritische Spannungssteilheit 56
Kühlkörper 79, 80, 83
Kühlung 72, 79

L
Leistung
- beim Wechselstromsteller 34, 35
Leistungsbilanz
- bei Stromrichtern 28
Leistungsfaktor 30
- bei sinusförmigen Größen 28
Leistungshalbleiter 49, 72
Lückbetrieb
- Hochsetzsteller 186
- Tiefsetzsteller 176, 177
Lückgrenze
- Hochsetzsteller 185
- Tiefsetzsteller 178

M
M1 91, 150
- Welligkeit 97
M1C
- Funktionsweise 94
M1U 93
M2 98, 150
- arithmetischer Mittelwert 103
- Mittelwert 102
- natürlicher Zündzeitpunkt 99
- Teilaussteuerung 102
- Vollaussteuerung 100

- Welligkeit 101
M3 109, 143, 150
- arithmetischer Mittelwert 111
- mit verbundenen Anoden 137
- Strangströme 118
- Teilaussteuerung 115
- Ventilspannung 113, 114
- Ventilströme 119
- Vollaussteuerung 111
- Welligkeit 111
Mischgröße 14
Mittelpunktschaltung
- M1 91
- M2, M2C 98
- M3, M3C 109
Mittelwert 15, 31, 35, 40, 41, 73, 94, 95, 166, 177, 200, 203, 207
- Abschätzung 26
- Berechnung 20
- Berechnung durch Treppenfunktion 16
- exakte Berechnung 17
- überschlägige Berechnung 23
MOSFET 61, 68, 164, 166, 169, 226
- Ansteuerschaltungen 215
- Ausschalten 62
- Datenblattangaben 64
- Durchlassverluste 75
- Durchlasswiderstand 64
- Einschalten 62
- Kennlinie 63
- Schaltbedingungen 65
- Schaltverluste 77
- Schaltzeichen 63
- selbstleitend 62
- selbstsperrend 62

N
natürlicher Zündzeitpunkt 94, 99
netzgeführte Stromrichter 163
N-Kanal-FET 64
N-Kanal-MOSFET 65, 85, 217, 220, 225
N-Kanal-MOS-Transistoren 215

NPN 164
NPN-Transistor 65, 66

O

Oberschwingung 23, 31, 33, 36, 170, 242, 244, 247, 271, 283
– dreiphasiger Wechselrichter 276
– Grundfrequenztaktung 248
– Zeitverläufe 245
Ordnungszahl 31, 244, 247, 257, 271, 277, 280, 283

P

P-Kanal-MOSFET 65, 75, 85
PNP 164
Pulsamplitudenmodulation 249, 284
Pulsweitenmodulation 169, 200, 217, 250, 251, 252, 273, 285
– bipolar 246
– bipolar, zwei Spannungsniveaus 201, 202, 203, 210
– Steuerbereiche 262
– synchronisiert 259
– unipolar, drei Spannungsniveaus 204, 205, 207, 209, 213
– unsynchronisiert 260
– Unterschwingungsverfahren 253, 256
PWM2 201
PWM3 207, 213

R

RC-Glieder 59
Rückstromspitze 58, 59

S

Sägezahnspannung 167, 168
Sättigungsbereich 68
Schaltbetrieb 13
schalten 11
Schalter 12, 56, 92, 93, 164, 181, 188, 190, 195, 205
– aktiv 49

– Eigenschaften von realen Schaltern 48
– eingeschaltet 198
– gesperrt 46
– ideal 45
– leitend 46
– öffnen 46
– passiv 49
– real 45, 47
– Schaltvorgang idealer Schalter 47
– Schaltvorgang realer Schalter 48
– schließen 46
– Steuersignal 46
– stromführend 198
Schaltfrequenz 169
– idealer Schalter 46
Schalthandlung 46
Schaltleistung 70
Schaltverluste 48, 72, 75, 77, 78, 216
Schaltvorgang 46
Scheitelwert 15, 36, 57, 249
Schleusenspannung 50, 51, 56, 60, 215
selbstgeführte Stromrichter 163
selbstsperrend 65, 85
SOA-Diagramm 69, 70
Spannungsbelastbarkeit 56
Spannungsspitze 59
Spannungssteilheit 57
Speicherladung 58
Speicherzeit 57
Sperrschicht 80, 83
Sperrschichttemperatur 49, 56, 64, 70, 72, 79, 83, 84, 89
Sperrspannung 49, 53, 56, 57
Sperrstrom 47, 50
Sperrverluste 48, 49, 72
Sperrwandler 182, 185
Step-Down Converter 166
steuerbare Stromrichter 93
Steuerblindleistung 33, 37
Steuergesetz 95
Steuerimpuls 71

Steuerkreis 49
Steuersignal 49
Steuerverluste 49, 72
Steuerwinkel 95
Stromabriss 58
stromgesteuertes Bauelement 66
Stromglättung 103
Stromgrundschwingung 32
Stromrichter 163
Stromwärmeverluste 75
Stromwelligkeit 103

T
Tastgrad 177, 186
THD 23
Thyristor 18, 49, 54, 55, 56, 71, 111
– Abschalten 56
– Abschaltvorgang 58
– Blockieren 55
– Datenblattangaben 56
– Durchlassverluste 74
– Ersatzschaltbild beim Abschaltvorgang 59
– Kennlinie 54
– kontrolliertes Zünden 55
– Leiten 55
– Schaltbedingungen 56
– Schaltverhalten 54
– Schaltzeichen 54
– Sperren 54
– Sperrspannung 54
– Strombelastbarkeit 60
– unkontrolliertes Zünden 55
– Verlustleistung 74
Tiefpassfilter 171
Tiefsetzsteller 45, 166, 282
– Ausgangsspannung 176
– Berechnung der Stromwelligkeit 173
– grundlegende Zeitverläufe 168
– Grundschaltung 167
– Kennlinien 178, 180
– Lückbetrieb 176

– Lückbetrieb bei konstanter Ausgangsspannung 179
– Lückbetrieb bei konstanter Eingangsspannung 177
– realer Aufbau 169
– Stromwelligkeit 171
Trägerspeichereffekt 57
Transformatorbauleistung 139
Transistor 49, 61, 164
– Durchlassverluste 75
– Gemeinsamkeiten der versch. Typen 68
– sicherer Arbeitsbereich 69
– Verluste 75
Treiberschaltungen 217
TSE-Beschaltung 58, 59

U
Überlappung 130
Überspannungsschutz 56
Umgebungstemperatur 83
Umkehrstromrichter 151, 286
– mit B6C 151
Umrichten von Wechselstrom 239
Umrichter 239
Umschaltverluste 164
Unterschwingungsverfahren 252, 254, 256, 261
– dreiphasiger Wechselrichter 272
– linearer Steuerbereich 274
– Oberschwingungen 255
– Spektren 258
– synchronisierte Taktung 258
– unsynchronisierte Taktung 260
– Vierquadrantensteller 250

V
Ventilspannung 100, 113
Verluste 13, 28, 45, 49, 281
Verschiebungsblindleistung 33
Verzerrungsblindleistung 33, 35, 36, 37
Vierquadrantensteller 196
– einphasiger Wechselrichter 246

Vollaussteuerung 96
Vollbrücke 196

W
Wärmetransport 79
Wärmewiderstand 60, 80, 84, 88
Wechselanteil 96
Wechselgröße 14
Wechselrichter
- Bremsbetrieb 281
- dreiphasig 263
- dreiphasig mit Grundfrequenztaktung 266
- einphasig 242, 243
- Ersatzschaltbild 268
- Grundfrequenztaktung 249
- linearer Steuerbereich 257
- mit einer Halbbrücke 243
- mit Vierquadrantensteller 246
- Photovoltaikmodul 241
- Pulsweitenmodulation 274
- spannungseinprägend 240
- Spektren 276
- Steuerbereich 280
- synchronisierte Taktung 277
- unterbrechungsfreie Stromversorgung 242
- Unterschwingungsverfahren 250
- Vollbrücke 197
- Zerhacken einer Gleichspannung 240
- Zusatzkomponenten 282
Wechselrichterbetrieb 124
- bei netzgeführtem Stromrichter 152
Wechselrichtergrenze 134
Wechselstromsteller 32
Welligkeit 22

Z
Zündimpuls 56
Zündwinkel 95, 97
Zweiquadrantensteller
- mit Spannungsumkehr 189
- mit Stromumkehr 187
- synchrone Taktung 190
- Taktung eines Transistors 195
- zeitlich versetzte Taktung 192
Zwischenkreisumrichter 239
- mit eingeprägter Spannung 240

C   Formelzeichen

a_i	Fourier-Koeffizienten	I_{TAVM}	maximaler Thyristorstrom, Mittelwert
b_i	Fourier-Koeffizienten	I_{TRMSM}	maximaler Thyristorstrom, Effektivwert
C	Kapazität		
$\cos\varphi_1$	Leistungsfaktor der Grundschwingung	k	Sicherheitsfaktor
		L	Induktivität
C_{th}	spezifische Wärmekapazität	L_k	Kommutierungsinduktivität
D	Tastgrad	m	Masse
$(du/dt)_{CR}$	kritische Spannungssteilheit	m_a	Aussteuergrad
f	Frequenz	m_f	Frequenzverhältnis
f_0	Ausgangsfrequenz	n	Ordnungszahl der Oberschwingungen
$f_{0,1}$	Grundfrequenz der Ausgangsspannung		
		P	Leistung
$f_{0,n}$	n-te Oberschwingung der Ausgangsspannung	P_1, p_1	Wirkleistung
		P_{OS}	Oberschwingungsleistung
f_C	Eckfrequenz des Tiefpassfilters	P_V	Verlustleistung
f_{OS}	Oberschwingungsfrequenz	Q	Ladung, Blindleistung
f_S	Schaltfrequenz	Q_1	Grundschwingungsblindleistung
F	Fläche, Formfaktor	Q_d	Verzerrungsblindleistung
i_{BE}	Basis-Emitter-Strom	Q_{rr}	Speicherladung
I_C	Kollektorstrom	R	ohmscher Widerstand
I_D	Diodenstrom, Drainstrom	R_D	Durchlasswiderstand einer Diode
I_{FAVM}	maximaler Diodenstrom, Mittelwert	r_D	differentieller Durchlasswiderstand einer Diode
I_{FRMSM}	maximaler Diodenstrom, Effektivwert	$R_{DS(on)}$	Bahnwiderstand
		R_{ir}	ohmscher Innenwiderstand eines netzgeführten Stromrichters
i_G	Gatestrom		
I_H	Haltestrom		
I_L	Einraststrom	R_{ix}	induktiver Innenwiderstand
$I_{L,g}$	Strom an der Lückgrenze	R_{th}	Wärmewiderstand
I_{RM}	Rückstromspitze	S	Gesamtscheinleistung
I_T	Thyristorstrom	S_1	Grundschwingungsscheinleistung
		S_{OS}	Oberschwingungsscheinleistung

t	Zeit	$U_{F(T0)}$	Durchlassspannung einer Diode
t_{aus}	Ausschaltzeit	U_{GE}	Gate-Emitter-Spannung
t_C	Schonzeit	$U_{GE(th)}$	Schwellwert der Gate-Emitter-Spannung
t_d	Verzögerungszeit		
t_{ein}	Einschaltzeit	U_{GS}	Gate-Source-Spannung
t_f	Freiwerdezeit	$U_{GS(th)}$	Schwellwert der Gate-Source-Spannung
t_{rr}	Rückwärtserholzeit		
t_s	Speicherzeit	U_{RRM}	maximale Sperrspannung einer Diode
T_S	Schaltperiode		
THD_U	Klirrfaktor der Spannung	U_{Steuer}	Steuerspannung
THD_I	Klirrfaktor des Stroms	U_{SZ}	Sägezahnspannung
U_a, U_b, U_c	Strangspannungen am Ausgang des dreiphasigen Wechselrichters	U_{TT0}	Durchlassspannung eines Thyristors
		V	Volumen
U_0	Ausgangsspannung	w_i	Stromwelligkeit
$U_{0,1}$	Grundschwingung der Ausgangsspannung	w_u	Spannungswelligkeit
U_{0F}	ungefilterte Ausgangsspannung des Tiefsetzstellers	W_{Son}	Verlustenergie beim Einschalten
		W_{Soff}	Verlustenergie beim Abschalten
U_{aM}	Strangspannung am Drehstrommotor	α	Steuerwinkel, Zündwinkel
U_{bM}	Strangspannung am Drehstrommotor	γ	Löschwinkel
		ω_1	Netzkreisfrequenz
U_{cM}	Strangspannung am Drehstrommotor	φ_1	Phasenwinkel der Grundschwingung
U_{AN}	Ausgangsspannung der Halbbrücke A	λ	totaler Leistungsfaktor
U_{BE}	Basis-Emitter-Spannung	τ	Zeitkonstante, Zeitpunkt
U_{BN}	Ausgangsspannung der Halbbrücke B	Ω	mechanische Kreisfrequenz
		Δ	kleiner Unterschied
U_{CE}	Kollektor-Emitter-Spannung	Ψ	Spannungs-Zeit-Fläche
U_d	Gleichspannung, Zwischenkreisspannung	η	Wirkungsgrad
		ϑ	Temperatur
U_D	Diodenspannung		
U_{di0}	maximaler Mittelwert der gleichgerichteten Spannung		
U_{DS}	Drain-Source-Spannung		
u_{d-}	Wechselanteil der Gleichspannung		
U_Δ	Dreieckspannung		
U_N	Netzspannung		
$U_{(BR)}$	Durchbruchspannung		
U_d	gleichgerichtete Spannung		